"十四五"职业教育国家规划教材

土木建筑大类专业系列新形态教材

U0185446

绿色建筑智能化技术

（第二版）

刘大君　韩　颖　刘运清
吴　玫　潘　飞　成　立　◉编　著

清华大学出版社
北　京

内 容 简 介

本书共 5 个模块,分别为绿色建筑的智能化、绿色建筑环境监测与控制、绿色建筑的节能环保、绿色建筑的新能源应用和绿色建筑的系统集成。

本书内容覆盖面较广,知识点较多,既注重基本理论,又结合实际应用。书中包含大量的实际工程案例,配套立体化的教学资源,支持线上线下混合式学习。

本书适用于土木建筑类专业学习绿色建筑智能化新技术的教学,也可作为建筑业施工人员继续教育培训以及建筑企业员工培训的教材。

图书在版编目(CIP)数据

绿色建筑智能化技术/刘大君等编著.—2 版.—北京:清华大学出版社,2024.3
土木建筑大类专业系列新形态教材
ISBN 978-7-302-65650-0

Ⅰ.①绿⋯ Ⅱ.①刘⋯ Ⅲ.①生态建筑-智能化建筑-教材 Ⅳ.①TU18

中国国家版本馆 CIP 数据核字(2024)第 048716 号

责任编辑:杜 晓
封面设计:曹 来
责任校对:袁 芳
责任印制:杨 艳

出版发行:清华大学出版社
    网 址:https://www.tup.com.cn,https://www.wqxuetang.com
    地 址:北京清华大学学研大厦 A 座   邮 编:100084
    社 总 机:010-83470000   邮 购:010-62786544
    投稿与读者服务:010-62776969,c-service@tup.tsinghua.edu.cn
    质量反馈:010-62772015,zhiliang@tup.tsinghua.edu.cn
    课件下载:https://www.tup.com.cn,010-83470410
印 装 者:三河市龙大印装有限公司
经 销:全国新华书店
开 本:185mm×260mm 印 张:15 字 数:361 千字
版 次:2021 年 10 月第 1 版 2024 年 3 月第 2 版 印 次:2024 年 3 月第 1 次印刷
定 价:55.00 元

产品编号:101765-01

序

　　建筑业作为我国国民经济的重要支柱产业,在过去几十年取得了长足的发展。随着科技的进步,目前建筑业正在进行工业化、数字化、智能化升级和加快建造方式转变。工业化、数字化、智能化、绿色化成为建筑行业发展的重要方向。例如,BIM(Building Information Modeling)技术的应用为各方建设主体提供协同工作的基础,在提高生产效率、节约成本和缩短工期方面发挥重要作用,在设计、施工、运维方面很大程度上改变了传统模式和方法;智能建筑系统的普及提升了居住和办公环境的舒适度和安全性;人工智能技术在建筑行业中的应用逐渐增多,如无人机、建筑机器人的应用,提高了工作效率、降低了劳动强度,并为建筑行业带来更多创新;装配式建筑改变了建造方式,其建造速度快、受气候条件影响小,既可节约劳动力,又可提高建筑质量,并且节能环保;绿色低碳理念推动了建筑业可持续发展 。2020 年 7 月,住房和城乡建设部等 13 个部门联合印发《关于推动智能建造与建筑工业化协同发展的指导意见》(建市〔2020〕60 号),旨在推进建筑工业化、数字化、智能化升级,加快建造方式转变,推动建筑业高质量发展,并提出到2035 年,"'中国建造'核心竞争力世界领先,建筑工业化全面实现,迈入智能建造世界强国行列"的奋斗目标。

　　然而,人才缺乏已经成为制约行业转型升级的瓶颈,培养大批掌握建筑工业化、数字化、智能化、绿色化技术的高素质技术技能人才成为土木建筑大类专业的使命和机遇,同时也对土木建筑大类专业教学改革,特别是教学内容改革提出了迫切要求。

　　教材建设是专业建设的重要内容,是职业教育类型特征的重要体现,也是教学内容和教学方法改革的重要载体,在人才培养中起着重要的基础性作用。优秀的教材更是提高教学质量、培养优秀人才的重要保证。为了满足土木建筑大类各专业教学改革和人才培养的需求,清华大学出版社借助清华大学一流的学科优势,聚集优秀师资,以及行业骨干企业的优秀工程技术和管理人员,启动 BIM 技术应用、装配式建筑、智能建造三个方向的土木建筑大类新形态系列教材建设工作。该系列教材由四川建筑职业技术学院胡兴福教授担任丛书主编,统筹作者团队,确定教材编写原则,并负责审稿等工作。该系列教材具有以下特点。

(1)思想性。该系列教材全面贯彻党的二十大精神,落实立德树人根本任务,引导学生践行社会主义核心价值观,不断强化职业理想和职业道德培养。

(2)规范性。该系列教材以《职业教育专业目录(2021年)》和国家专业教学标准为依据,同时吸取各相关院校的教学实践成果。

(3)科学性。教材建设遵循职业教育的教学规律,注重理实一体化,内容选取、结构安排体现职业性和实践性的特色。

(4)灵活性。鉴于我国地域辽阔,自然条件和经济发展水平差异很大,部分教材采用不同课程体系,一纲多本,以满足各院校的个性化需求。

(5)先进性。一方面,教材建设体现新规范、新技术、新方法,以及现行法律、法规和行业相关规定,不仅突出BIM、装配式建筑、智能建造等新技术的应用,而且反映了营改增等行业管理模式变革内容。另一方面,教材采用活页式、工作手册式、融媒体等新形态,并配套开发数字资源(包括但不限于课件、视频、图片、习题库等),大部分图书配套有富媒体素材,通过二维码的形式链接到出版社平台,供学生扫码学习。

教材建设是一项浩大而复杂的千秋工程,为培养建筑行业转型升级所需的合格人才贡献力量是我们的夙愿。BIM、装配式建筑、智能建造在我国的应用尚处于起步阶段,在教材建设中有许多课题需要探索,本系列教材难免存在不足之处,恳请专家和广大读者批评、指正,希望更多的同仁与我们共同努力!

胡兴福

2023年7月

第二版前言

随着现代社会的飞速发展,建筑物的体量和数量不断扩大。贯彻新发展理念是我国在新时代发展壮大的必由之路,绿色发展理念贯穿经济社会发展各领域,全面绿色转型步伐稳健。在当前碳达峰、碳中和的时代背景下,建筑行业要不断转型升级,降低建筑能耗,发展绿色建筑。绿色建筑的建设将智能化技术应用其中,在环境监测与控制、节能环保、新能源应用等方面得到了优化,促进了绿色建筑行业的现代化发展。绿色建筑节能环保,与自然和谐共生,可以使人们乐享生态、健康、舒适的生活,不断实现人民对美好生活的向往。

经市场调研和网络搜索,目前国内外只有"绿色建筑概论""智能建筑概论""智能建筑设备自控系统"等独立的理论讲授课程,而将绿色建筑与智能化技术相结合的课程尚属空白。因此,本书编著者紧跟建筑行业的发展方向,与企业合作开发教材,将绿色建筑与智能化技术有机融合,旨在满足建筑行业全产业链读者学习绿色建筑智能化新技术的需要。

本书主要介绍智能化技术在绿色建筑中的应用,以及绿色建筑智能化技术的标准、评价及发展方向。通过学习,学生应了解公共绿色建筑、住宅绿色建筑及工业绿色建筑等典型绿色建筑的现状,掌握智能化技术在绿色建筑中的应用,具备绿色建筑智能化系统的总体规划和市场宣传的能力,养成自主探究的学习习惯,具备爱岗敬业、严谨负责、勇于创新的职业素质。

本书贯彻落实党的二十大报告精神,紧紧围绕"培养什么人、怎样培养人、为谁培养人"这一教育的根本问题,以立德树人为根本任务,系统构建了课程思政体系,将家国情怀、社会责任、工匠精神、标准意识、法治意识、职业态度等课程思政元素有机融入教学内容,潜移默化地提升学生的思想政治素养。

本书共有 5 个模块组成,主要内容如下。

模块 1 绿色建筑的智能化,介绍了绿色建筑的相关概念、标准和技术,智能建筑的相关概念和子系统,智能化系统与绿色建筑的关系,以及绿色建筑智能化发展前景。引导学生了解建筑全生命周期各阶段对环境、社会可持续发展的影响,渗透社会主义核心价值观,培养节能与低碳意识。

模块 2　绿色建筑环境监测与控制,介绍了建筑环境检测技术、通信技术以及建筑设备自控技术。通过介绍我国通信事业发展的历史过程和我国通信领域的现状,尤其是作为祖国骄傲的第五代通信(5G)技术,通过一个个激动人心的数据,增强学生的民族自豪感、荣誉感及民族自信。

模块 3　绿色建筑的节能环保,介绍了绿色照明控制系统,水处理控制系统,建筑遮阳设备的监控系统,呼吸墙和呼吸幕墙,节能电梯。本模块紧跟建筑节能技术前沿,介绍我国具有自主知识产权的节能技术和科技领军人物,建立学生的民族自豪感与自尊心,强化科技报国责任担当,提高学生的职业素养与职业品德,培养学生的大国工匠精神。

模块 4　绿色建筑的新能源应用,介绍了太阳能监控系统、风力发电监控系统以及地源热泵监控系统。为实现碳达峰、碳中和,需要应用新能源,引导学生树立绿色可持续发展的理念。本模块介绍中国光伏产业的发展历程,仅用短短十多年,中国从无法自己生产高纯度多晶硅,到如今拥有完备的产业链,让中国拥有了光伏电池世界第一的产能,光伏总装机容量世界第一、发电量世界第一,中国在光伏发电领域再次领先世界。本模块旨在培养学生精益求精的大国工匠精神,激发学生科技报国的家国情怀和使命担当。

模块 5　绿色建筑的系统集成,介绍了能源监测与管理系统,信息集成系统。引导学生通过所学的知识和技能解决现实工程的系统集成问题,鼓励学生勇于创新和实践,培养学生的科学精神和创新能力,潜移默化地培养学生树立正确的世界观、人生观、价值观。

本书具有以下特点。

(1) 内容丰富化:包含多种绿色建筑类型及多种智能化技术,并含有大量的实际工程案例资源,在满足基础学习的前提下,尽量拓展知识面。

(2) 形式多样化:内容呈现形式多样,有电子教材、多媒体课件、动画、三维虚拟仿真、微课视频、工程案例等多种数字资源,支持线上线下混合式学习,推进教育数字化。

(3) 知识系统化:本书以绿色建筑为主线构建智能化技术的知识体系,每一个教学单元既独立存在,又承上启下,保证知识的有效迁移,促进知识体系的系统化构建。

本书由江苏城乡建设职业学院刘大君全面负责规划与统稿工作,由江苏城乡建设职业学院刘大君、韩颖、刘运清、吴玫、潘飞、成立共同编写,由江苏城乡建设职业学院王伟教授主审。本书的编写得到霍尼韦尔(中国)有限公司蒋澄、苏州泰克德环境科技有限公司王炼两位企业专家的大力支持,在此向他们表示衷心的感谢!

由于编著者的知识水平和经验有限,书中难免存在不足之处,敬请广大读者给予批评、指正。

编著者

2024 年 1 月

目　录

模块 1　绿色建筑的智能化

模块 2 绿色建筑环境监测与控制

模块 3 绿色建筑的节能环保

模块 4 绿色建筑的新能源应用

模块 5　绿色建筑的系统集成

模块 1

绿色建筑的智能化

第1讲 绿色建筑的相关概念

1.1 建筑的分类

1.1.1 公共建筑

公共建筑(public building)是指供人们进行各种社会公共活动的建筑。根据业态类型,公共建筑主要分为以下几种。

教育建筑:托儿所、幼儿园、学校等。

办公建筑:写字楼、政府行政办公楼、机构专用办公楼等。

科研建筑:研究所、实验室等。

商业建筑:商场、超市、宾馆、餐厅等。

金融建筑:银行、证券交易所、保险公司等。

文娱建筑:电影院、剧院、音乐厅、影城、会展中心、展览馆、博物馆等。

医疗建筑:医院、诊所、疗养院等。

体育建筑:体育馆、体育场、健身房等。

旅游建筑:酒店、娱乐场所等。

通信建筑:邮电、通信、数据中心、广播电视用房等。

交通建筑:机场、火车站、地铁站、汽车站、水路客运站等。

政法建筑:公安局、检察院、法院、派出所、监狱等。

民政建筑:养老院、福利院、殡仪馆等。

园林建筑:公园、动物园、植物园等。

公共建筑和居住建筑都属于民用建筑,民用建筑和工业建筑合称为建筑。大型公共建筑一般指建筑面积为 20000m² 以上的公共建筑。

随着时代的发展,人们对公共建筑提出了新的要求,如对自然能源的利用、人性化的设计和高度的智能化。未来公共建筑将融入高新科学技术,朝着建筑艺术、绿色建筑和建筑智能化三个方面相互融合的方向发展。

1.1.2 住宅建筑

住宅建筑是指供家庭居住使用的建筑(含与其他功能空间处于同一建筑中的住宅部分),简称为住宅。

我国住宅按层数划分为以下几种。

低层住宅：1～3 层。

多层住宅：4～6 层。

中高层住宅：7～9 层。

高层住宅：10 层及以上。

超高层住宅：30 层及以上，或高度超过 100m。

住宅建设是伴随人类发展的永恒主题。该类是指将各种家用自动化设备、电器设备、计算机及网络系统与建筑技术和艺术有机结合起来，使人感到生活便利、温馨舒适，并能激发人的创造性的住宅型建筑物。智能化住宅应具备安全防卫自动化、身体保健自动化、家务劳动自动化、文化娱乐自动化等功能。

建立在智能化住宅基础上的小区为智能化住宅小区。该类小区以一套先进、可靠的网络系统为基础，将住户和公共设施建成网络，并实现住户和社区的生活设施、服务设施的智能化管理。

住宅建筑按楼体结构形式，可分为砖木结构、砖混结构、钢混框架结构、钢混剪力墙结构、钢混框架-剪力墙结构、钢结构等；按房屋类型，可分为普通单元式住宅、公寓式住宅、复式住宅、跃层式住宅、花园洋房式住宅、小户型住宅(超小户型)等；按房屋政策属性，主要分为廉租房、已购公房(房改房)、经济适用住房、住宅合作社集资建房等。

1.1.3　工业建筑

工业建筑是指专供各类生产使用的建筑物和构筑物，是为生产产品提供工作空间场所、满足生产活动需要的建筑类型。工业建筑涉及范围较宽泛，从轻工业到重工业，从小型到大型，从生产车间到设备设施，凡是从事工业生产的建筑物与构筑物均属于这个范畴。

1. 按建筑层数分类

单层厂房主要用于重型机械制造等重工业，其设备梯基大、质量大，厂房以水平运输为主。厂房内一般按水平方向布置生产线。

多层厂房主要用于轻工业类的生产企业，多用于电子、化纤等轻工业，其设备较轻，体积较小，运输以电梯为主。多层厂房层高一般为 4～5m，多采用钢筋混凝土框架结构体系，或预制，或现浇，或两者相结合，也广泛采用无梁楼盖体系，如升板等类型。

层数混合厂房主要用于化工类的生产企业，多用于热电厂、化工厂等。

2. 按用途分类

工业建筑按用途可分为生产厂房、辅助生产厂房、动力用厂房、储存用房屋、运输用房屋等。

3. 按生产状况分类

工业建筑按生产状况可分为冷加工车间，热加工车间，恒温恒湿车间，洁净车间，其他种情况的车间，有爆炸可能性的车间，有大量腐蚀作用的车间，有防微震、高度噪声、电磁波干扰等车间。

工业建筑在 18 世纪后期最先出现于英国，后来出现在美国以及欧洲一些国家。苏联在 20 世纪 20—30 年代开始进行大规模工业建设。我国在 20 世纪 50 年代开始大量建造各种类型的工业建筑。工业建筑自产生之初，就一直与工业革命的新技术成果、新型材料、空间结构体系、工业化施工方法等密切联系在一起，成为反映时代发展、体现科技进步的载体。随着时代的变迁和工业技术的发展，现代工业建筑不仅是进行生产活动的场所，也是提升企业形象、营造企业文化的广告标志。

因此，现代工业建筑既要满足生产工艺的要求，又要满足建筑技术、建筑艺术、建筑环境、建筑空间和色彩等的要求，并将各方面进行整合，以构成独特的建筑形态，从而形成一个重要的建筑类型。

当今工业生产技术发展迅速，生产体制变革和产品更新换代较频繁，厂房在向大型化和微型化两极发展，同时普遍要求在使用上具有更大的灵活性。工业建筑的基本属性有以下几个方面。

（1）适应建筑工业化的要求。扩大柱网尺寸，平面参数、剖面层高尽量统一；楼面、地面荷载的适应范围扩大；厂房的结构形式和墙体材料向高强、轻型和配套化发展。

（2）适应产品运输的机械化、自动化要求。为提高产品和零部件运输的机械化和自动化程度，提高运输设备的利用率，尽可能将运输荷载直接放到地面，以简化厂房结构。

（3）适应产品向高、精、尖方向发展的要求，对厂房的工作条件提出更高要求。如采用全空调的无窗厂房（也称密闭厂房），或利用地下温湿条件相对稳定、防震性能好的地下厂房。地下厂房现已成为工业建筑设计中的一个新领域。

（4）适应生产向专业化发展的要求。不少国家采用工业小区（或称为工业园地）的做法，或集中一个行业的各类工厂，或集中若干行业的工厂，在小区总体规划的要求下进行设计，小区面积为几十公顷到几百公顷。

（5）适应生产规模不断扩大的要求。因用地紧张，多层工业厂房日渐增加，除独立的厂家外，也已出现多家工厂共用一幢厂房的"工业大厦"。

（6）提高环境质量的要求。除了为满足洁净生产工艺的要求、建设洁净厂房，为了保护环境，工业建筑中环境保护装备和污染物处理车间所占比重增加，已成为工业建筑设计的重要组成部分。

1.2 绿色建筑理念的形成

我国正处于工业化、城市化加速发展时期，我们不仅要注重单体建筑的效果，更需要全面考虑降低能源资源消耗、保护环境的总体效果。我国政府正在积极调整经济结构，转变经济增长方式，提出鼓励发展节能省地型住宅与公共建筑，要求制订并强制推行更严格的节地、节能、节水、节材（简称"四节"）标准，促进城镇发展质量和效益的提高。

教学视频：
绿色建筑理
念的形成

发展节能省地型住宅与公共建筑，必须用城乡统筹、循环经济的理念，挖掘建筑"四节"的潜力。"四节"都有各自的要求，必须统筹考虑，综合研究。节地的关键在于统筹城乡空间，节能是重点降低长期使用时的总能耗，节水是重点考虑水资源的循环利用，节材是重点研究新型工业化和产业化道路。

我国明确提出,将力争 2030 年前实现碳达峰、2060 年前实现碳中和。习近平总书记指出,要把碳达峰、碳中和纳入经济社会发展和生态文明建设整体布局,建立健全绿色低碳循环发展的经济体系,推动经济社会发展全面绿色转型。绿色建筑是实现"双碳"目标的重要发力点之一,如今,流水线上造房子、零能耗小屋、气凝胶材料等"黑科技"正在敲开低碳经济的大门,绿色建筑逐渐成为中国城市的新风尚。

(1)充分研究论证能源、资源对城镇布局、功能分区、基础设施配置及交通组织等方面的影响,确定适宜的城镇规模、运行模式,加强城镇土地、能源、水资源等利用方面的引导与调控,实现能源资源的合理、节约利用,促进人与自然的和谐。

(2)以科技创新为支撑,组织科技攻关、重大技术装备及产业化、新型能源和可再生能源,以及新材料、新产品的开发及推广应用。

(3)引进、吸收国际先进理念和技术,增强自主创新能力,发展适合国情、具有自主知识产权的适用技术。

(4)加大标准规范的编制力度,形成比较完善的建筑"四节"标准规范体系,并加强对标准执行的实施和监管。研究和制订促进住宅产业现代化的技术经济政策,将住宅产业化与新型工业化紧密结合起来,由骨干企业带动建立现代化的住宅生产体系。同时,充分重视对存量建筑的改造,把治理污染、降低能耗作为日常的基本工作。推进供水、供热、污水处理等市政公用事业改革,不断探索创新体制机制。

为了实现绿色建筑的建设目标,工程中会涉及大量的技术与政策问题,详见表 1-1。

表 1-1 工程中涉及的技术与政策问题

类 别	内 容
区域规划	城镇体系规划、城市总体规划、近期建设规划、控制性详细规划
建筑设计	自然采光、自然通风、室内设计、结构设计
建筑材料	墙体保温材料、门窗材料、墙面材料、涂料、结构材料、隔墙材料、遮阳百叶
建筑设备	照明节能控制、空调节能控制、节水型给水设备,变频调速应用,热能回收
能源系统	太阳能/风能/地热利用、热电联产、区域供冷热、吸收式制冷、冰蓄冷、燃料电池
资源利用	雨污水再生回收、生活垃圾再生利用(沼气等)、建筑垃圾再生利用
管理信息	环境监测、生态监测、能源与资源综合管理信息、社区信息共享、建筑智能化系统、社区通信网络系统
生态	绿化设计、生态系统设计、环境设计
技术标准	建筑节能标准、绿色建材技术标准、绿色建筑评价标准、节能与环保设备技术标准
政策法规	建筑节能标准的执行条例,供电、供水、供热、污水处理等市政公用事业体制改革,新能源与可再生能源推广应用奖励制度

由表 1-1 中所列项目可见,在建筑设备、资源利用、管理信息、生态等领域,有大量需要解决的智能控制与信息管理的课题。如果不能有效地实现各类设备系统的智能控制,不能完备地进行建筑物建设、运行与更新过程的信息管理,实现绿色建筑的目标将存在很大的障碍。

1.3　绿色建筑的定义

目前，人类的建筑经历了掩蔽、舒适建筑、健康建筑三个阶段。第一阶段是低能耗甚至无能耗的阶段，第二阶段和第三阶段是高能耗的阶段。随着人们对全球生态环境的关注和可持续发展等思想的深入，建筑物开始走向第四阶段——绿色建筑。

教学视频：
绿色建筑的
定义

该阶段主要具有以下特征：大量利用可再生能源和未利用能源，强调能源节约和建筑材料资源的循环使用，尽量减少建筑过程中对自然生态环境的损害。绿色建筑作为生态学和建筑学的结合，由美籍意大利建筑师保罗·索勒瑞在20世纪60年代首次提出。

教学视频：
绿色建筑体
系的构成及
特征

绿色建筑也称为生态建筑、可持续建筑，我国《绿色建筑评价标准》（GB/T 50378—2019）做出如下定义：在全生命期内，节约资源、保护环境、减少污染，为人们提供健康、适用、高效的使用空间，最大限度地实现人与自然和谐共生的高质量建筑。

绿色建筑的"绿色"，并不是指一般意义的立体绿化、屋顶花园，而是代表一种概念或象征，指建筑对环境无害，能充分利用自然环境资源，并且在不破坏环境基本生态平衡条件下建造的一种建筑，在此类建筑的全生命周期内，最大限度地节约资源（节能、节地、节水、节材），保护环境，减少污染，为人们提供健康、适用和高效的使用空间。与自然和谐共生的建筑，又称为可持续发展建筑、生态建筑、回归大自然建筑、节能环保建筑等。

绿色建筑以人、建筑和自然环境的协调发展为目标，应尽量减少使用合成材料，充分利用阳光，节省能源，为居住者创造一种接近自然的感觉；在利用天然条件和人工手段创造良好、健康的居住环境的同时，尽可能地控制和减少对自然环境的使用和破坏，充分体现向大自然索取和回报之间的平衡。

绿色建筑具有以下基本内涵：减轻建筑对环境的负荷，即节约能源及资源，提供安全、健康、舒适性良好的生活空间，与自然环境亲和，做到人、建筑与环境的和谐共处、永续发展。

绿色建筑设计理念分为节约能源、节约资源和回归自然三个方面。

（1）节约能源是指根据地理条件，设置太阳能采暖、热水、发电及风力发电装置，以充分利用环境提供的天然可再生能源。充分利用太阳能，采用节能的建筑围护结构以及采暖和空调，减少对采暖和空调的使用。根据自然通风的原理设置风冷系统，使建筑能够有效地利用夏季的主导风向。建筑应采用适应当地气候条件的平面形式及总体布局。

（2）节约资源是指建筑设计、建造和建筑材料的选择中，均考虑资源的合理使用和处置。在设计时，要考虑减少使用资源，力求使资源可再生利用，节约水资源，包括绿化的节约用水；建造时，应对地理条件有明确的要求，土壤中不存在有毒、有害物质，地温适宜，地下水纯净，地磁适中；选材时，绿色建筑应尽量采用天然材料，例如木材、树皮、竹材、石块、石灰、油漆等，要经过检验处理，确保对人体无害，室内空气清新，温湿度适当，倡导舒适和健康的生活环境，使居住者感觉良好，身心健康。

（3）回归自然是指建筑外部要强调与周边环境相融合，和谐一致、动静互补，保护自然生态环境。

绿色建筑不同于传统建筑,其建设理念跨越了建筑物本体,而追求人类生存目标的优化,是一个大系统多目标优化的典型案例。同时,绿色建筑必须采用大量的智能系统来保证实现建设目标,这一过程需要信息、控制、管理和决策,智能化、信息化是不可缺少的技术手段。住房和城乡建设部副部长仇保兴在《中国的能源战略与绿色建筑前景》一文中提出:"以智能化推进绿色建筑,节约能源,降低资源消耗和浪费,减少污染,是建筑智能化发展的方向和目的,也是绿色建筑发展的必由之路。"

1.4 绿色建筑的优势

一般而言,节能建筑是指按照节能设计标准进行设计和建造,使其在使用过程中降低能耗的建筑。而绿色建筑的范畴更为广泛,它是指为人们提供健康、舒适、安全的居住、工作和活动的空间,同时在建筑安全生命周期(物料生产、建筑规划、设计、施工、运营维护及拆除、回用过程)中实现较高的资源利用率(能源、土地、水资源、材料),可最低限度地影响环境的建筑物。因此,绿色建筑也称为生态建筑、可持续建筑。

与一般建筑相比,绿色建筑有以下四个优势。

(1)绿色节能建筑能耗显著降低。据统计,建筑在建造和使用过程中可消耗50%的能源,并产生34%的环境污染物。绿色建筑则大幅减少了能耗,和既有的建筑相比,它的耗能可降低70%~80%,丹麦、瑞士、瑞典等国家甚至提出了零能耗、零污染、零排放的建筑理念。

(2)绿色节能建筑产生出新的建筑美学。一般的建筑采用的是商品化的生产技术,建造过程的标准化、产业化,造成了大江南北建筑风貌大同小异、千城一面。而绿色建筑强调的是突出本地文化、本地原材料,尊重本地的自然、气候条件,这样在风格上完全是本地化的,并由此产生了新的建筑美学。绿色建筑向大自然的索取最小,这样的建筑可以让人体验到新建筑的美感,同时能更好地享受健康舒适的生活。

(3)绿色节能建筑可适四季之景。传统建筑与自然环境完全隔离,封闭的室内环境往往对健康不利,而绿色建筑的内部与外部采取有效连通,可针对气候变化进行自动调节。

(4)节能建筑环保理念贯穿始终。传统建筑多是在建造过程或使用过程中考虑到环境问题,而绿色建筑强调的是从原材料的开采、加工、运输、使用,直至建筑物的废弃、拆除的全过程,把节能、环保理念贯彻始终,强调建筑要对全人类、对地球负责。

1.5 绿色建筑的特点

绿色建筑应具有以下特点。

(1)绿色建筑要有利于保护环境。尽量保护和开发绿地,在建筑物周围种植树木,以改善景观,维持生态平衡,并取得防风、遮阴等效果;同时,有意识地节约土地,争取既不受到不良自然环境的危害,又将人类的建筑活动对生物多样性的影响降到最低程度。

(2)绿色建筑要有效地使用水、能源、材料和其他资源,要使建筑对于能源和资源的消耗降至最低程度。建筑物的围护结构、外墙、窗户、门与屋顶应该采用高效保温隔热构造,减小建筑物的体形系数,以减少采暖和制冷能耗;并考虑充分利用太阳能(可尽量采取能获取更多太阳热量的建筑物朝向),良好的自然采光系统;保证建筑物具有良好的气密性,同时夏季又有充分的自然通风条件;回收并重复使用资源。

(3)绿色建筑重视室内空气质量。防止由于油漆、地毯、胶合板、涂料及胶黏剂等含有挥发性气体造成对室内空气的污染;围护结构保温效果好的建筑物应具备良好的通风系统。

(4)绿色建筑要尊重地方文化传统,积极保护建筑物附近有价值的古代文化或建筑遗址。

(5)绿色建筑追求建筑造价与使用运行管理费用经济的整体合理性,既不能单纯强调低建造成本,使建筑付出高昂的使用代价,也不应为一个不切实际的目标付出过高的初始投资(图 1-1)。

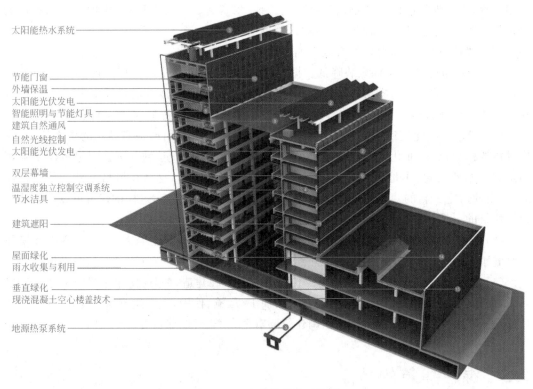

太阳能热水系统

节能门窗
外墙保温
太阳能光伏发电
智能照明与节能灯具
建筑自然通风
自然光线控制
太阳能光伏发电

双层幕墙
温湿度独立控制空调系统
节水洁具

建筑遮阳

屋面绿化
雨水收集与利用

垂直绿化
现浇混凝土空心楼盖技术

地源热泵系统

图 1-1　绿色建筑技术总览图

1.5.1　绿色公共建筑的特点

1. 办公建筑的特点

办公建筑是指供机关、团体和企事业单位办理行政事务和从事各类业务活动的建筑物。

办公建筑是现代社会中集中体现先进设计思路和科学技术的代表性建筑,也是现代城市中最具生命力和创造力的场所。但正是由于这样的定位,许多现代化办公楼的设计者忽视了建筑以人为本的基本原则,回避了建筑与自然生态系统和谐贯通的传统,使办公楼成为现代科技不断累加的城市"航母"。国内到处可见由混凝土、钢和玻璃构筑的现代办公建筑,并不断产生热岛效应和光污染。面对全球范围内日益严峻的环境破坏和能源危机,绿色办公建筑的概念渐渐浮出水面。

绿色办公建筑应具备以下特征。

1)舒适的办公环境

随着人们对环境要求的逐步提高,改善人们的生活工作环境,提高人们的生活质量,成为绿色办公楼的主要发展方向。环境的舒适性主要体现在优良的空气质量、温湿度环境、视觉环境、声环境等方面。

2)与生态环境的融合

最大限度地获取和利用自然采光和通风,创造一个健康、舒适的环境。如果人们长期处于人工环境中,易出现"病态建筑综合征"等,如疲劳、头痛、全身不适、皮肤及黏膜干燥等。因此,在现代办公建筑中,应把自然采光、自然通风与技术手段相结合。

3)自调节能力

这种自调节能力一方面是指建筑具有调节自身采光、通风、温度和湿度等的能力;另一方面指建筑又应具有自我净化能力,应尽量减少自身污染物的排放,包括污水、废气、噪声等。

2. 医院建筑的特点

医院是维系人类健康、延续人类生命的场所。医院特殊的服务救治功能对环境健康有更高的要求,而功能的特殊性又增加了医院系统与环境的复杂关联。传统医院偏重于满足基本的功能使用和管理要求,但医疗环境存在各种问题。人们对医院的某些抱怨,可能与一些医护工作者的职业素质和医院的运营模式有关,但人们一直忽视建筑设计的不合理性。因此,一方面,医院需要顺势而动,融入绿色建筑思想,进行"绿色化的改造",使医院建筑在整体的环境中合理地定位,与相关系统形成良性互动;另一方面,"生理—心理—社会—医学"模式使医院对人的健康予以关怀的思想已经由原有的生理范围拓展到了心理、社会适应性的层面,通过建筑手段,塑造温馨愉悦的空间环境,缩短患者从家庭到医院的心理距离。通过情感因子的注入,转变医疗"机器"这一固有形象,带给身处其中的人们安逸平和的心态。

绿色医院应具备以下特征。

1)以人为本

人性化设计要求包含三个方面:基于人体舒适度和人体工程学的角度,为建筑物提供舒适的室内外空间和微气候;健康要求,包括心理健康和生理健康;可调节性和变更,即由用户来控制室内环境参数,对所处的环境进行调节。

2)与自然的协调共存

充分利用自然资源、能源;实施环保策略,解决人流、物流混杂交叉与医疗垃圾处理的问题,避免物品的污染,改善医院环境;使用绿色健康建材,在满足建筑物防潮、隔热及安全(消防、地震)等的前提下,从而减少对环境的污染。

3. 学校建筑的特点

学校作为人才的"摇篮",其建筑具有文化意识的象征意义,需关注总体规划和单体建筑与周围环境的融合、历史的沿革和文化的继承，这是一种注重人文环境的建筑思想。随着我国全民素质教育水平的提高，资源枯竭、环境污染加剧的现状，给学校建筑提出了新的课题，建筑节能和校园环境保护则成为建设绿色校园的重要内容之一。根据住房和城乡建设部、教育部、财政部的要求，为建立高等学校校园节能工作的长久机制，推进和深化节约型校园的建设，住房和城乡建设部建筑与科学技术司、教育部发展规划司委托同济大学、天津大学、重庆大学、深圳市建筑科学研究院共同编制《高等学校校园建筑节能监管系统建设技术导则》，有力地推动了绿色校园的发展。

绿色校园应具备以下特征。

1）良好的环境

良好的环境能够诱发更多的思想灵感和智慧火花，而绿色建筑强调更多地利用自然光、自然通风，改善室内空气质量，为师生提供健康、舒适、安全的居住、学习、工作和活动空间。学校建筑的视听环境、通风和室内空气质量等因素会对学生的学习质量和身心健康产生很大的影响。国外一些试验证明，在自然采光的学校内学习的学生更健康，并且平均每年学生多出勤的天数为3.2～3.8天；有良好光线的图书馆可以显著地使噪声降低；拥有自然采光的学校可以使学生的心情处于更积极的状态。可见，营建绿色建筑，为学生提供更健康、舒适的学习环境，应是学校追求的目标。

2）单体的差异性

学校建筑主要用来满足教学、科研及生活需要，各单体建筑（如教室、图书馆、办公室、食堂等）的使用功能不同，设计要求也不同。例如，图书馆、阶梯教室、学生餐厅等建筑进深较大，对采光、通风、排气的要求比较高；而大型实验室则是"能源大户"，能耗管理就比较重要。因此，校园建筑设计需要根据具体的功能要求，选择有针对性的绿色建设方案。

4. 商场

商场建筑具有建筑面积大、客流密度和各种电器密度高、能量传输距离长、能量转换设备多等特点。而且，商场一般每天运行12h以上，全年基本没有节假日。因此，与其他类型公共建筑相比，商场单位面积耗电密度高、全年总耗电量大，有巨大的节能潜力。

绿色商场应具备以下特征。

1）舒适与节能并重

舒适健康的室内环境关系到人们的健康和工作、生活的质量，不能以取消舒适环境的代价换取节能的效益。例如，冬季在大型商场购物的消费者穿着厚外套感觉热，脱去大衣又会感觉凉，而且大衣拿在手上也比较麻烦。这是由于部分商场供暖的温度标准照搬住宅的温度标准，不仅浪费了商场的能源，而且给消费者带来不便。据调查，冬季大型商场的室温保持在15～18℃时，顾客穿着外套会感觉到比较舒适，免去了脱去外套的麻烦，这一改变就可以达到舒适与节能的平衡。当然，不同地域冬季气温条件的不同，室温标准也会有变化。

2）私利与公利并重

以往对商场建筑的研究主要集中在商场的内部空间构成和外部形态设计，侧重于商业环境的研究，而忽略了对商场室内环境的研究。商场建筑属于获益型建筑，节能的许多要求与其经营方式产生矛盾，难以达到令人满意的结果。因此，兼顾经营者的私利和消费者的公利是必须解决的问题。

1.5.2 绿色住宅建筑的特点

在创建节约型社会的倡导下,绿色住宅建筑无疑是当前住宅建筑界、工程界、学术界和企业界最热门的话题之一。"绿色"的目标是节能、节水、节地、节材,创造健康、安全、舒适的生活空间。绿色住宅建筑具有以下特点。

(1) 对环境影响最小的民用建筑,应最大限度地体现节能环保的原则。建设绿色生态小区时,应充分考虑对绿色能源(如太阳能、风能、地热能、废热资源等)的使用,在使用常规能源时,也应进行能源系统优化。建设小区时,应提倡采用先进的建筑体系,充分考虑节地原则,以提高土地使用效率,增加住宅的有效使用面积和使用年限。

此外,应充分体现节约资源的原则,如注重节水技术与水资源循环利用技术,以及尽量使用可重复利用材料、可循环利用材料和再生材料等,充分节约各种不可再生资源。

(2) 具有生态性。绿色住宅建筑是与大自然相互作用而联系起来的统一体,在它的内部,以及它与外部的联系上,都具有自我调节的功能。绿色住宅在设计、施工、使用中都应尊重生态规律、保护生态环境,在环保、绿化、安居等方面,应使住宅建筑的生态环境处于良好状态。例如,优先选用绿色建材、物质利用和能量转化、废弃物管理与处置等,保护环境,防止污染。上述功能都体现了生态性原理。因此,绿色建筑技术也是保护生态、适应生态、减少环境污染的建筑技术。

(3) 应提供健康的人居环境。健康性是绿色建筑的一个重要特征,也是衡量其建设成果的重要标志。应选用绿色建材,以居住与健康的价值观为目标,促进住宅产业化发展。营造符合人类社会发展和人性需求的健康文明新家园,满足居住环境的健康性、环保性、安全性,保证居民生理、心理和社会多层次的健康需求。为了推动绿色建筑和健康住宅的发展,建设部于 2001 年颁布了《健康住宅建设技术要点》,指出人居环境健康性的重要意义,提出保障环境健康的措施和要求,明确了对空气污染、装修材料、水环境质量、饮用水标准、污水排放、生活垃圾处理等多个条款的具体指标,为建造健康住宅指出明确的方向。

(4) 体现可持续发展。应借助高度创新性、高度渗透性和高度倍增性的信息技术来提高住宅的科技含量。如采用中水处理、雨水回收装置,使用节水型产品;利用太阳能及风能,为居民提供生活热水、取暖及电力;应用节能型家用电器(包括空调)与高效的智能照明系统;在居住小区中采取各类措施节省能源、资源,包括污水收集与排放、小区内外绿色和绿化保护;应用防止污染气体、噪声隔离、再生能源与垃圾处理等技术。应用计算机网络技术、数字化技术、多媒体技术打造数字社区、网络社区、信息社区,使住户充分享受现代科学技术所带来的时代文明。

(5) 不以牺牲人们生活品质为代价。绿色住宅建筑的环保节能并不是以牺牲人们的舒适度和生活品质为代价的。绿色住宅建筑不一定是豪华的,但必须满足住宅建筑功能,为使用者创造舒适的环境,提供优质的服务。绿色住宅建筑不仅需要维持健康、舒适、安全的室内空间,还需要创造和谐的室外空间,融入周围的生态环境、社会环境中。

(6) 绿色建筑和智能化住宅密切相关。就节能、环保而言,智能建筑也可称为生态智能建筑或绿色智能建筑。生态智能建筑能处理好人、建筑和自然三者之间的关系,既要创造舒适的空间环境,又要保护好周围的大环境,符合安全、舒适、方便、节能、环保的要求。

1.5.3 绿色工业建筑的特点

绿色建筑的设计理念已经深入工业建筑设计领域，目前，许多产业基地的项目设计在很大程度上体现了工业建筑设计以人为本、可持续发展、保护生态的绿色建筑本质；强调由内到外的理性构成、组合，应用新技术、新材料，创造出简洁明快的形体，体现出现代工业的时代气息。

绿色工业建筑在工业建筑的全生命周期内，最大限度地节能、节地、节水、节材，保护环境和减少污染，为生产、科研人员提供适用、健康、安全和高效的使用空间，是与自然和谐共生的工业建筑。绿色工业建筑具有以下特点。

（1）注重可持续发展，尊重自然，保护生态，节约自然资源和能源，最大限度地提高建筑资源和能源的利用率，尽可能减少人工环境对自然生态平衡的负面影响。为此，绿色工业建筑应利于工作人员的身心健康，避免或最大限度地减少环境污染，采用耐久、可重复使用的环保型绿色建材，充分利用清洁能源，并加强绿化，改善环境。

可持续发展的工业建筑设计包括以下几方面的内容。

① 绿色设计。从原材料、工艺手段、工业产品、设备到能源的利用，从工业的营运到废物的二次利用等所有环节都不对环境构成威胁。绿色设计应摒弃盲目追求高科技的做法，强调高科技与适宜技术并举。

② 节能设计。节能是可持续发展工业建筑最普遍、最明显的特征。它包括两个方面：一是建筑营运的低能耗；二是建造工业建筑过程本身的低能耗。这两点可以在利用太阳能、自然采光及新产品的应用中得以体现。

③ 洁净设计。洁净设计强调在生产和使用的过程中做到尽量减少废弃污染物的排放，并设置废弃物的处理和回收利用系统，以实现无污染。这是工业建筑可持续发展的重要措施，强调对建设用地、建筑材料、采暖空调等资源、能源的节约和循环使用。其中，最重要的是循环、再生使用。因此，有效地利用资源和能源，满足技术的有效性和生态的可持续发展，建造负责任的、具有生态环境意识的工业建筑成为必然。

（2）保证良好的生产环境。满足生产工艺要求是工业建筑设计方案的基本出发点。同时，工业建筑还应满足以下几个方面。

① 良好的采光和照明。一般厂房多为自然采光，但采光均匀度较差。如纺织厂的精纺和织布车间多为自然采光，但应首先解决日光直射问题。如果自然采光不能满足工艺要求，才辅以人工照明。

② 良好的通风。如采用自然通风，要了解厂房内部状况（如散热量、热源状况等）和当地气象条件，设计好排风通道。某些散发大量余热的热加工和有粉尘的车间（如铸造车间）应重点解决好自然通风问题。

③ 控制噪声。除采取一般降噪措施外，还可设置隔声间。

④ 对于某些在温度、湿度、洁净度、无菌、防微震、电磁屏蔽、防辐射等方面有特殊工艺要求的车间，则要在建筑布局、结构以及空气调节等方面采取相应措施。

⑤ 要注意厂房内外整体环境的设计，包括色彩和绿化等。

（3）空间和使用功能应适应企业发展的变化，要求建筑空间具有包容性，功能具有综合性,使用具有灵活性、适应性和可扩展性。同时,绿色工业建筑应具有独特的建筑技术和艺术形式,体现现代生态文化的内涵和审美意识,创造自然、健康、舒适,具有传统地方文化意蕴和现代气息的建筑环境艺术。

(4) 在工业建筑的全生命周期中,实现高效率地利用资源(如能源、土地、水资源、材料等)。全生命周期是指产品从孕育到毁灭的整个生命历程,对建筑物这个特殊产品而言,就是指从建材生产、建筑规划、设计、施工、运营维护及拆除、回用这样一个孕育、诞生、成长、衰弱和消亡的过程。初始投资最低的建筑并不是成本最低的建筑。在建设初期,为了提高建筑的性能,必然要增加一部分初始投资,如果采用全生命周期模式核算,将在有限增加初期成本的条件下大幅节约长期运行费用,进而使全生命周期总成本下降,并取得明显的环境效益。按现有的经验来看,初期增加 $5\%\sim10\%$ 的成本用于新技术、新产品的开发利用,将为长期运行成本节约 $50\%\sim60\%$。此外,绿色工业建筑应在方案设计过程前期就引入采暖、通风、采光、照明、材料、声学、智能化等多个技术工种,提倡一种在项目前期就有多个工种、多个责任方参与的"整体设计"或者"参与设计"理念,以真正实现节能环保的建设目标。

(5) 注重智能化技术的应用。当前人们普遍谈论的建筑智能化主要是指民用建筑。实际上,工业建筑特别是研究生产高新技术产品现代化工厂和实验室,其智能化系统应用也是相当广泛的。工业建筑的智能化与民用建筑相比,有相同或相似之处,也有其自身特点。工业建筑范围很广,要求各不相同,如何达到产品生产所需的环境要求,符合动力条件,以及工厂如何安全、高效、可靠、经济运行,以确保产品成品率和产品可靠性、长生命及达到设计产量,是工业建设的目标。作为满足这些功能与技术要求的重要措施之一的智能化系统,必须是成熟、实用、可靠及先进的技术和产品,并具有开放、可扩展、可升级及兼容的特性。

学习笔记

第2讲 绿色建筑的标准和技术

2.1 绿色建筑的评价标准

2.1.1 国(境)外成功的绿色建筑评估体系

目前世界上与绿色建筑评价体系相关的方法、工具多达百种以上,其中有 26 个绿色建筑评估体系。以下介绍美国 LEED、英国 BREEAM、德国 DGNB、加拿大 GBC2000、日本 CASBEE、法国 HQE 以及我国绿色建筑标准评价体系。

1. 美国能源与环境设计评估体系(LEED)

由美国绿色建筑协会(USGBO)建立并推行的能源与环境设计评估体系国际问世于 1995 年,是目前世界各国的各类建筑环保评估、绿色建筑评估以及建筑可持续性评估标准中最完善、最有影响力的评估标准。制订 LEED 评估体系的目的是推广整体建筑一体设计流程,用可以识别的全国性"认证"来改变市场走向,促进绿色竞争和绿色供求。这项评估体系在可持续场地规划、能源利用与大气保护、节水、材料与资源、室内环境质量和创新设计流程六个方面都有加分,其中的每个方面又包括 2~8 个子条款,每个子条款又包括若干细则,共 41 个指标。每个维度指标的分值不同,从高到低依次是能源利用与大气保护(17 分)、室内环境质量(15 分)、可持续场地规划(14 分)、材料与资源(13 分)、节水(5 分)、创新设计流程(5 分)。项目总计 69 分,26~32 分认证通过;33~38 分为银级;39~51 分为金级;52~69 分为白金级,见图 2-1。

Certified	Silver	Gold	Platinum
一般认证	银色认证	黄金认证	白色认证
(26~32分)	(33~38分)	(39~51分)	(52~69分)

图 2-1 美国 LEED 认证

每个方面都有若干基本前提条件,若不满足,则不予参评整个系统。LEED 的评分原则如下:①满足前提条件方可参评;②选择条款,计算得分;③累加得到总分。

LEED 围绕设计方案组织并提供推荐措施,同时参评者自选条款,自备文件,透明性强,大大方便了资料的收集工作。美国绿色建筑委员会的 LEED 认证具有一定的权威性,除评估系统文本外,LEED 还提供了一套内容十分丰富全面的使用指导手册,其中不仅解释了每个子项的评价意图、思路及相关的环境、经济和社区因素、评价指标来源等,还对相关设计方法和技术提出建议和分析,并提供了参考文献目录(包括网址和文字资料)和实例分析。LEED已在美国和其他国家得到广泛的应用,我国已有多幢建筑申请并获得 LEED 的认证。

2. 英国建筑研究所环境评估法(BREEAM)

英国由于自身的地理特点(如国土资源相对狭小、四面环海等),以及经济发展较早等原因,对环境问题甚为关注,是绿色建筑起步比较早的国家之一。建筑研究所环境评估法(Building Research Establishment Environmental Assessment Method,BREEAM),于1990 年由英国建筑研究院(Building Research Establishment,BRE)提出,是世界上第一个绿色建筑综合评估系统,也是国际第一套实际应用于市场和管理的绿色建筑评价办法。其目的是为绿色建筑实践提供指导,以期减少建筑对全球和地区环境的负面影响。因为该评估体系采取"因地制宜、平衡效益"的核心理念,也使它成为目前全球唯一兼具"国际化"和"本地化"特色的绿色建筑评估体系。它既是一套针对绿色建筑的评估标准,也为绿色建筑的设计设立了最佳实践方法,也因此成为描述建筑环境性能最权威的国际标准。目前颁发超过 56 万张证书,通过评估的建筑超过 220 万个,覆盖全球 78 个国家。

为了易于人们理解和接受该评估法,BREEAM 最初采用了一个相当透明、开放和比较简单的评估架构,主要为一些评估条款,覆盖了管理、能源、健康舒适、污染、交通运输、土地使用、生态环境、材料、水资源消耗和使用效率等方面,分别归类于"全球环境影响""当地环境影响"及"室内环境影响"三个环境表现类别。目前 BREEAM 按照各地的项目具体情况来定制标准体系,主要有六大类认证体系:BREEAM New Construction 新建建筑、BREEAM Communities 社区建筑、BREEAM In-Use 运行建筑、BREEAM Refurbishment旧建筑改造建筑、Eco Homes 生态家园、Code for Sustainable Homes 可持续家园。BREEAM 结果按照各部分权重进行计分,计分结果分为五个等级,分别是:①大于或等于30%为通过(pass);②大于或等于 45%为良好(good);③大于或等于 55%为优秀(very good);④大于或等于 70%为优异(excellent);⑤大于或等于85%为杰出(outstanding)。最后则由 BRE 给予被评估建筑正式的"等级认证",见图 2-2。如果想获得更高的评分,BRE 建议在项目设计之初,设计人员应较早地考虑 BREEAM 的评估条款,客户

BREEAM®

图 2-2 英国的 BREEAM

可在最终评估报告及评定之前进行改进,以获得更高的评级。BREEAM 这种评估程序充分体现了其辅助设计与辅助决策的功能。目前,BREEAM 已对英国的新建办公建筑市场中 25%~30%的建筑进行了评估,成为各国类似评估手册中的成功范例。

受 BREEAM 的启发,不同的国家和研究机构相继推出了不同类型的建筑评估系统,不少参考或直接以 BREEAM 作为范本,如我国香港特别行政区的《建筑环境评估法》HK-BEAM、加拿大的 BEPAC、挪威的 Eko Profile 等。

3. 德国可持续建筑评价标准(DGNB)

德国可持续建筑评价标准是在德国政府的大力支持下,基于德国的高质量建筑工业水准发展而来。与 LEED 和 BREEAM 等国际采用的标准相比,DGNB 属于第二代绿色建筑评估体系。该体系克服了第一代绿色建筑标准主要强调生态等技术因素的局限性,强调从可持续性的三个基本维度(生态、经济和社会)出发,不仅强调减少对环境和资源的压力,同时发展适合用户服务导向的指标体系,使可持续建筑标准帮助指导更好的建筑项目规划设

计,塑造更好的人居环境。德国可持续建筑评价标准一方面体现了以德国为代表的欧洲高质量设计标准;另一方面也致力于构建适合世界上不同地区制度、经济、文化和气候特征的认证模式,以利于可持续建筑标准的推广和国际化进程。

DGNB认证体系由生态质量、经济质量、社会及功能质量、技术质量、过程质量、场地质量六个方面,共61条评价条文构成。其中,生态质量、经济质量、社会及功能质量和技术质量的权重占比均为22.5%,过程质量的权重占比为10%,场地质量应单独进行评估。DGNB的适用评价对象较广,基本涵盖了所有的建筑类型,如办公建筑、商业建筑、工业建筑、居住建筑、教育建筑、酒店建筑及城市开发建筑等。在评价等级的划分方面,DGNB依据对各条标准的评分,结合评估公式计算出质量认证要求的建筑达标度,按达标度的高低进行等级评定:50%以上为铜级;65%以上为银级;80%以上为金级。

4. 加拿大绿色建筑挑战2000(GBC2000)

绿色建筑挑战(Green Building Challenge,GBC)是由加拿大自然资源部(Natural Resources Canada)发起并领导,截至2000年10月,共有19个国家参与制定的一种评价方法,用以评价建筑的环境性能。GBC2000的评估范围包括新建和改建翻新建筑,评估手册共有四卷,包括总论、办公建筑、学校建筑、集合住宅。评价的标准共分八个部分,包括环境的可持续发展指标、资源消耗、环境负荷、室内空气质量、可维护性、经济性、运行管理和术语表。GBC2000采用定性和定量的评价依据相结合的方法,其评价操作系统称为GB Tools,也采用评分制。

GB Tools的指标体系综合了定性及定量评价方法,实行树状形式分类。环境性能评价包含四个标准分类层次,从高到低依次为环境性能问题、环境性能问题分类、环境性能标准、环境性能子标准,由六个领域、120多项指标构成,基本上涵盖了建筑环境评价的各个方面。与第一代环境评价工具相比,GB Tools增加了舒适性、室内环境质量、持久性等新的评价范畴,更加注重生命周期的全过程评价(life cycle assessment,LCA)。GB Tools采用的评价尺度为相对值而不是绝对值,所有评价指标的取值范围均为2~5个,这些数值可以反映被评价建筑物的"绿"的程度。这种相对的评价尺度有助于GB Tools在国际上的推行,不同的国家或地区可以结合自己的实际情况和要求进行重新设置。

5. 日本建筑物综合环境性能评价体系(CASBEE)

2001年4月,日本国内由产(企业)、政(政府)、学(学者)联合成立了建筑物综合环境评价研究委员会,并合作开展了项目研究,形成一套与国际接轨的标准和评价方法,称为建筑物综合环境性能评价体系(CASBEE)。CASBEE办公建筑分册的第一个版本发布于2002年,之后更新发展迅速,目前已形成一个较为完整的评价体系。但不可否认的是,相较于BREEAM及LEED,CASBEE在日本以外国家的发展相对落后。日本CASBEE以各种用途、规模的建筑物作为评价对象,从"环境效率"定义出发,试图评价建筑物在限定的环境性能下,通过措施降低环境负荷的效果。

CASBEE将评估体系分为Q(建筑环境性能、质量)与LR(建筑环境负荷的减少),见图2-3。建筑环境性能、质量包括以下内容:Q_1——室内环境;Q_2——服务品质;Q_3——室外环境。建筑环境负荷包括以下内容:LR_1——能源;LR_2——建材;LR_3——用地外环境。每个项目都含有若干个子项。CASBEE采用5分评价制:满足最低要求评分为1;达到一般水平评分为3。参评项目最终的Q或LR得分为各个子项得分乘以其对应权重系数的结果之和,得出 SQ 与 SLR。评分结果显示在细目表中,之后可计算出建筑物的环境性能效率,即 BEE 值。

图 2-3 日本的 CASBEE 认证

6. 法国 HQE

法国 HQE 绿色建筑标识是与英国 BREEAM、美国 LEED 类似的绿色建筑评价标识。该标识在法国具有重要的影响力,法国多数建筑已经自愿申请 HQE 标识。由于在法国得到 HQE 认证的建筑的出租率较一般建筑高,目前每年有 10% 的新建住宅申请 HQE 认证。如巴黎最大的拉德芳斯商务区即将扩建几座高层建筑,由于竞争激烈,这些建筑均申请了 HQE 认证,甚至 HQE 和 LEED 双认证。HQE 标识分为 14 个评价目标,见表 2-1。

表 2-1 法国的 HQE 认证

建筑对室外环境的影响控制	建筑对室内环境质量的创造
建 设 类	舒 适 类
目标 1:建筑与环境的和谐关系(场地维护) 目标 2:建设产品与建设方式的选择 目标 3:施工现场对环境的最低影响(清洁施工现场)	目标 8:热舒适 目标 9:声舒适 目标 10:视觉舒适 目标 11:嗅觉舒适
管 理 类	健 康 类
目标 4:能源管理 目标 5:水管理 目标 6:废弃物管理 目标 7:维护与维修管理	目标 12:室内空间卫生条件 目标 13:室内空气质量 目标 14:水质

HQE 认证对不同类型的建筑有不同类型的证书,如 HQE Logement(住宅建筑 HQE)、HQE Hospital(医院建筑 HQE)、HQE Tertiaire(第三产业建筑 HQE)等。HQE 对上述 14 个目标划分为高、中、低三个评价等级:超高能效等级在项目预算可承受的范围内,尽可能达到的最大水平的等级(类似于中国绿标的优选项);高能效等级达到比设计标准的要求高一层次的等级(类似于中国绿标的一般项);基本等级达到相关设计标准(如法国 RT2005)或者常用的设计手段的等级(类似于中国绿标的控制项)。较其他评价方法不同的是,HQE 没有划分为 1 星、2 星、3 星,或金、银、铜等级别。HQE 的评价方式是,用户根据实际情况,选择 14 个目标中至少 3 个目标达到超高能效等级,至少 4 个目标达到高能效等级,并保证其余目标均达到基本等级,才能得到 HQE 证书。在最终颁发的 HQE 证书中,会标出该项目的 14 个目标各自达到的等级,而证书本身没有等级。也就是说,法国的绿色建筑只有得到 HQE 认证与未得到 HQE 认证之分。

2.1.2 中国绿色建筑评估体系

我国政府从基本国情出发,从人与自然和谐发展、节约能源、有效利用资源和保护环境的角度,提出发展"节能省地型住宅和公共建筑"的目标,其主要内容是节能、节地、节水,节材与环境保护,注重以人为本,强调可持续发展。从这个意义上讲,节能省地型住宅和公共建筑与绿色建筑、可持续建筑的提法不同,但内涵相通,具有某种一致性,是具有中国特色的绿色建筑和可持续建筑理念。

我国资源总量和人均资源量都严重不足,同时我国的消费增长速度惊人,在资源再生利用率方面也远低于发达国家。我国各地域在气候、地理环境、自然资源、经济社会发展水平与民俗文化等方面存在巨大差异,而且正处在工业化、城镇化加速发展时期,因此我国发展绿色建筑是一项意义重大而十分迫切的任务。借鉴国际先进经验,建立一套适合我国国情的绿色建筑评价体系,反映建筑领域可持续发展理念,对积极引导大力发展绿色建筑,促进节能省地型住宅和公共建筑的发展,具有十分重要的意义。

《国务院关于做好建设节约型社会近期重点工作的通知》(国发〔2005〕21号)及《建设部关于建设领域资源节约今明两年重点工作的安排意见》(建科〔2005〕98号)中,均提出了完善资源节约标准的要求,并提出了编制《绿色建筑评价标准》等标准的具体要求。根据建设部建标示函〔2005〕63号的要求,由中国建筑科学研究院、上海市建筑科学研究院会同中国城市规划研究院、清华大学、中国建筑工程总公司、中国建筑材料科学研究院、国家给水排水技术中心、深圳市建筑科学研究院、城市建设研究院等单位共同编制《绿色建筑评价标准》(*Assessment Standard for Green Building*,ASFGB)。在编制过程中,借鉴国际先进经验,结合我国国情,重点突出"四节"与环保要求,体现过程控制,努力做到定量和定性相结合,系统性与灵活性相结合。同时,相关专家借鉴国外同类标准,进行了专题分析研究,召开了专家研讨会,开展了试评工作,经反复讨论、修改,形成《绿色建筑评价标准》,并于2006年3月7日由建设部与国家质量监督检验检疫总局联合发布。

自2006年我国发布第一部《绿色建筑评价标准》(GB/T 50378—2006)以来,我国绿色建筑正式开始起步;2014年,在旧国家标准的基础上进行了修订,形成了《绿色建筑评价标准》(GB/T 50378—2014),绿色建筑的数量迎来井喷式的增长,多数省份也已逐步将绿色建筑设计的要求纳入施工图审查环节中。该标准逐渐规范和引导我国绿色建筑实现从无到有、从少到多、从个别城市到全国范围,从单体到城区,再到城市的规模化发展,发挥了重要的作用。根据我国住房和城乡建设部2019年第61号公告,国家标准《绿色建筑评价标准》(GB/T 50378—2019)于2019年8月1日起正式实施,原《绿色建筑评价标准》(GB/T 50378—2014)同时废止。新标准作为规范和引领我国绿色建筑发展的根本性技术标准,自2006年第1版发布以来,历经十多年的"3版2修",此次修订之后的新标准总体上达到国际领先水平。

新标准主要有六大方面的变化。

(1)重构评价指标体系:塑造以人为本的安全耐久、健康舒适、生活便利、资源节约、环境宜居五大指标体系。

(2)重新设定评价阶段:新版取消设计评价,但允许在设计阶段依据相关技术内容进行预评价。

（3）增加绿色建筑基本级：新标准在原三个星级的基础上，新增基本级，即变成基本级、一星级、二星级、三星级这四个等级。

（4）扩展内涵和技术要求：新标准更关注人和环境的关系，新增建筑工业化、海绵城市、垃圾资源化利用、健康宜居、建筑信息模型等相关技术要求。

（5）提升建筑性能：新标准考虑人在建筑中的安全、健康、舒适方面的内容，增加健康舒适指标体系，且从使用者视角来考虑问题。

（6）新增的其他变化：拓展绿色建材内涵，一星级、二星级、三星级需全装修交付，加强耐久性、停车场标配充电设施，新增绿色金融说明等。

与旧版标准站在建设者角度的节地与室外环境、节能与能源利用、节水与水资源利用、节材与材料资源利用、室内环境质量、施工管理、运营管理的七大指标体系不同，新版标准站在管理者、使用者角度制定安全耐久、健康舒适、生活便利、资源节约、环境宜居五大指标体系。这将让使用者受益，提高建筑的价值，见图 2-4。

图 2-4　2019 年绿建新标准评价体系的变化

新版标准带来若干变化，有思路方面，如要求未来建筑从使用者视角出发考虑，注重人的安全、健康；有体系完善方面，如进一步推行属地化、市场化管理，加强过程监管和后续监管；还有与国际接轨方面，如新标准星级划分的变化，见图 2-5。

图 2-5　2019 年绿建新标准星级划分的变化

此外，改变重设计、轻运行的现状，将有利于建筑运营者管理并降低管理成本；等级由三级变为四级，将有利于对标 LEED，便于理解和宣传；增加绿色金融评价，有助于获得更低成本的资金，这些都对开发商、运营者有现实意义，2019 年绿建新标准评分体系的变化与评分标准见图 2-6 和表 2-2。

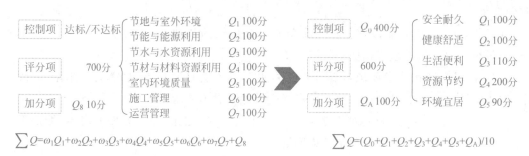

图 2-6 2019 年绿建新标准评分体系的变化

表 2-2 2019 年绿建新标准评分标准

项 目	控制项基础分值	评价指标评分项满分值					提高与创新加分项满分值
		安全耐久	健康舒适	生活便利	资源节约	环境宜居	
预评价分值	400	100	100	70	200	100	100
评价分值	400	100	100	100	200	100	100

自 21 世纪以来,我国越来越将建立环境友好型、资源节约型社会作为发展的重心,绿色建筑也正是国家可持续发展战略目标中重要的一环,近年国家绿色建筑政策汇总见表 2-3。

表 2-3 近年国家绿色建筑政策汇总

时 间	政 策	主 要 内 容
2022 年 2 月 18 日	《关于推动城乡建设绿色发展的意见》	到 2025 年,城乡建设绿色发展体制机制和政策体系基本建立,建设方式绿色转型成效显著,碳减排扎实推进,城市整体性、系统性、生长性增强,"城市病"问题缓解,城乡生态环境质量整体改善,城乡发展质量和资源环境承载能力明显提升,综合治理能力显著提高,绿色生活方式普遍推广。 到 2035 年,城乡建设全面实现绿色发展,碳减排水平快速提升,城市和乡村品质全面提升,人居环境更加美好,城乡建设领域治理体系和治理能力基本实现现代化,美丽中国建设目标基本实现
2022 年 3 月 1 日	《"十四五"建筑节能与绿色建筑发展规划》	以习近平新时代中国特色社会主义思想为指导,深入贯彻党的十九大和十九届历次全会精神,立足新发展阶段,完整、准确、全面贯彻新发展理念,构建新发展格局,坚持以人民为中心,坚持高质量发展,围绕落实我国 2030 年前碳达峰与 2060 年前碳中和目标,立足城乡建设绿色发展,提高建筑绿色低碳发展质量,降低建筑能源资源消耗,转变城乡建设发展方式,为 2030 年实现城乡建设领域碳达峰奠定坚实基础

综上所述,各国绿色建筑的评价指标见表 2-4。

表 2-4　各国绿色建筑的评价指标

国　　家	评　价　指　标
LEED(美国)	通过、银级、金级、铂金级
BREEAM(英国)	通过、良好、优秀、优异、杰出
DGNB(德国)	铜级、银级、金级
GBC2000(加拿大)	评价尺度 2～5 个,相对值
CASBEE(日本)	根据环境性能效率指标 BEE,给予评价
HQE(法国)	至少 3 个超高效能等级、4 个高效能等级、其余基本等级
ASFGB(中国)	基本级、一星级、二星级、三星级

教学视频:
绿色建筑规
划设计技术

2.2　绿色建筑技术

2.2.1　节能和能源高效利用技术

国民经济要实现可持续发展,推行建筑节能势在必行。在建筑中积极提高能源使用效率,就能够大幅缓解国家能源紧缺的状况,推行节能减排政策符合全球发展趋势。

民用建筑分为居住建筑与公共建筑。在居住建筑中,可应用的绿色节能措施相对较少,主要体现在围护结构的节能;空调形式以分体机为主,近年来某些业主会选择更为美观的多联机,主要通过使用变频技术来实现节能;照明部分则通过使用节能灯替换原有的普通光源,同时在使用过程中加强节能意识,及时关闭无人区域的照明;在热水利用方面,已有一些住宅小区开始试点使用太阳能热水系统,通过太阳能加热生活用水来替代过去燃气或电加热的能源,取得了一定的成果。

公共建筑类型多样,并且随着建筑面积的不同,建筑能耗特点也不尽相同。一般空调能耗占据整个建筑能耗的 40%～60%,照明能耗占 20%～30%,插座能耗(即计算机、打印机、电视机等使用插座的用电设备)占 20%～30%,其他如电梯、炊事、泛光照明等占 10%左右。公共建筑可采取许多措施来达到绿色建筑的目标,如建筑围护结构隔热保温、建筑遮阳、自然通风、照明节能、空调系统节能、可再生能源利用等。

1. 围护结构节能

随着《民用建筑节能设计标准》(JGJ 26—2010)和《公共建筑节能设计标准》(GB 50189—2015)的颁布,传统材料增加墙体厚度来达到保温的做法已不能适应节能和环保的要求,而复合墙体越来越成为墙体的主流。复合墙体一般用块体材料或钢筋混凝土作为承重结构,与保温隔热材料复合,或在框架结构中用薄壁材料加保温、隔热材料作为墙体。目前建筑用保温、隔热材料主要有膨胀聚苯板、挤塑聚苯板、岩棉、矿渣棉、玻璃棉、膨胀珍珠岩、膨胀蛭石、加气混凝土及胶粉聚苯颗粒浆料等。

屋顶的保温措施也不容忽视,当建筑高度较低时,屋顶的保温对建筑节能的影响将会占主导。在寒冷地区的屋顶设保温层,可以阻止室内热量散失;在炎热地区的屋顶设置隔热降温层,可以阻止太阳的辐射热传至室内;而在夏热冬冷地区(黄河至长江流域),建筑节能则要冬夏兼顾。保温常用的技术措施是在屋顶材料中设置保温材料,如挤塑聚苯板、膨胀珍珠岩、玻璃棉等。屋顶隔热降温的方法有架空通风、屋顶蓄水或定时喷水、屋顶绿化等。目前对太阳能的利用主要集中于屋顶,比如在屋顶铺设光伏电板,很大程度上也能起到隔热的作用,见图2-7和图2-8。

图 2-7　屋顶绿化

图 2-8　屋顶光伏电板

门窗具有采光、通风和围护的作用,在建筑艺术处理上起着很重要的作用。然而,门窗又是最容易造成能量损失的部位。为了增大采光通风面积,或表现现代建筑的性格特征,建筑物的门窗面积越来越大,更有全玻璃的幕墙建筑。这就对外围护结构的节能提出了更高的要求。目前,对门窗的节能处理主要是改善材料的保温隔热性能和提高门窗的密闭性能。从门窗材料来看,近些年出现了铝合金断热型材、铝木复合型材、钢塑整体挤出型材、塑木复合型材及 UPVC 塑料型材等一些技术含量较高的节能产品;从玻璃形式来看,有双层中空玻璃、三层中空玻璃、高反射 LOW-E 玻璃等;不同的窗框与玻璃材料组合可有许多节能门窗形式,最小的传热系数可达到 $1.5W/(m^2 \cdot K)$,见图2-9和图2-10。

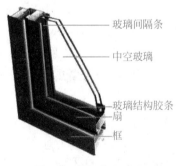

图 2-9　双层中空玻璃

图 2-10　三层中空玻璃

2. 建筑遮阳

建筑遮阳技术是一项投入少,节能效果明显,有利于提高居住和办公舒适性的建筑节能技术。目前这项技术越来越被人们所重视和接受,绿色建筑也更倾向于使用该技术,对于夏季炎热的地区来说,遮阳带来的节能效果十分显著。

我国的现代建筑大量采用了玻璃幕墙结构和大面积外窗,尽管在门窗的应用中采用了一定的节能措施,但由于没有实施遮阳技术,尤其是没有安装外遮阳的设备,这类建筑同样面临太阳光辐射产生的温室效应,需大量使用空调降温,造成巨大的能源浪费。在这种情况下,推广和使用建筑遮阳技术,夏季能有效阻隔太阳光辐射,冬季则可根据需要调整太阳光,既有明显的节能效果,还能改善室内光线柔和度,避免眩光,见图 2-11 和图 2-12。

图 2-11　建筑外遮阳系统

图 2-12　建筑内遮阳系统

3. 自然通风

自然通风是一种节能的绿色技术措施,且可改善室内的热舒适性,提高室内的空气品质,是人类历史上长期赖以调节室内环境的原始手段。自然通风在实现原理上有利用风压、热压、风压与热压相结合等几种形式。现代人类对自然通风的利用已经不同于以前开窗开门通风,而是综合利用室内外条件来实现,如根据建筑周围环境、建筑布局、建筑构造、太阳辐射、气候、室内热源等来组织和诱导自然通风。同时,在建筑构造上,通过中庭双层幕墙、门窗、屋顶等构件的优化设计,来实现良好的自然通风效果。这需要专业的气流模拟软件来模拟计算建筑周围的风场,帮助业主判断最佳的建筑形体、建筑朝向及开窗方式等。

自然通风效果与建筑构件有着密切关系,在设计建筑结构时,应考虑充分利用自然通风。各种自然通风技术中,双层玻璃幕墙则是一种较为先进的技术,对于开窗受限制的高层和超高层建筑来说,该技术是一种需要量身定制的节能措施。双层玻璃幕墙的双层玻璃之间留有较大的空间,常被称为"呼吸幕墙"。在冬季,双层玻璃层间形成阳光温室,来提高建筑围护结构的表面温度;在夏季,可利用烟囱效应在层间内通风。玻璃幕墙层间内气流和温度分布受双层墙及建筑的几何、热物理、光和空气动力特性等因素的影响。气流模拟结果表明,该结构可大幅减少建筑冷负荷,提高自然通风效率。双层玻璃幕墙具有能避免开窗带来的对室内气候的干扰,使室内免受室外交通噪声的干扰,夜间可安全通风。某沿街建筑的三维效果图及自然通风模拟效果图见图 2-13。

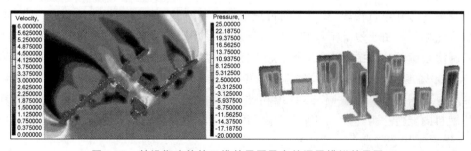
图 2-13　某沿街建筑的三维效果图及自然通风模拟效果图

4. 自然采光

现代科学研究发现,人们并不喜欢长时间恒久不变的照度,因为人类已经适应了随着时间、季节等周期性变化的天然光环境。天然光不仅具有比人工光更高的视觉效果,而且能够提供更为健康的光环境。长期不见日光,或者长期工作、生活在人工光环境下的人,容易发生季节性的情绪紊乱、慢性疲劳等疾病。

而且,作为大自然赠予人类的一笔财富,天然光取之不尽、用之不竭,且相比其他能源具有清洁、安全的特点。充分利用天然光,可以为建筑节省大量的照明用电。建筑物应充分利用太阳光,节省照明用电,间接减少自然资源的损耗及有害气体的排放。另外,如果提供相同的照度,自然光带来的热量比绝大多数人工光源的发热量都少,见图 2-14 和图 2-15。

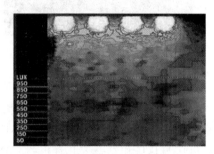

图 2-14　会议室自然采光与人工照明　　　　图 2-15　会议室自然采光与人工照明结合
　　　　结合效果模拟　　　　　　　　　　　　　　　参考平面照度分布云图

5. 太阳能光伏系统

目前,太阳能光伏系统作为一项技术与产业的复合体,其生产量每年以 30%～40% 的速度逐渐递增。

由于建筑用地紧张,往往将建筑本体与光伏器件相结合,形成光伏一体化建筑。光伏阵列一般安装在闲置的屋顶或外墙上,无须额外占用土地,这对于土地昂贵的城市建筑尤其重要。夏天是用电高峰的季节,也正好是日照量最大、光伏系统发电量最多的时期,可以对电网起到调峰作用。同时,光阵列吸收太阳能转化为电能,可大幅降低室外综合温度,减少墙体隔热和室内空调冷负荷,也可起到建筑节能的作用,见图 2-16。

6. 空调系统

地源热泵系统是利用浅层地能进行供热制冷的绿色能源利用技术,是热泵的一种。它主要利用地下土壤巨大的蓄热蓄冷能力及其温度终年保持恒定的特点,冬季期间把热量从地下土壤中转移到建筑物内,夏季期间再把地下土壤中的冷量转移到建筑物内,一个年度形成一个冷热循环。由于地下土壤和水体的温度在夏季比环境温度低,冬季却比环境温度高,因此其制冷系统的冷凝温度更低,冷却效果优于风冷式和冷却塔式,机组效率也大幅提高,可以节约 30%～40% 的制冷和采暖运行费用,输入 1kW 电能,可以产生 4～5kW 以上的热量和冷量。与锅炉(电、燃料)供热系统相比,锅炉供热只能将 90% 以上的电能或 70%～90% 的燃料内能转化为热量,供用户使用。因此地源热泵要比电锅炉加热节省 2/3 以上的电能,比燃料锅炉节省约 1/2 的能量。

传统空调系统一般将人工冷源——制冷机组产生的 7～12℃ 冷水,通入空气处理机组中,进而将所产生的低温干燥的新风送入房间,来统一调控房间的温湿度。在这种方式下,

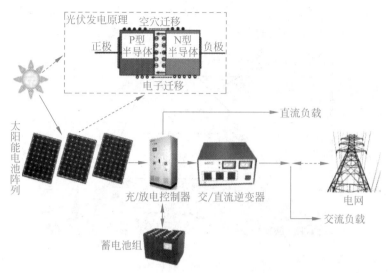

图 2-16 太阳能光伏系统工作示意图

本来可用高温冷水(16～18℃)处理的 50% 以上的显热负荷也需用低温冷水带走,制冷机组 COP(能效比)低,耗电量大。同时,由于在冷凝除湿方式下,送风接近饱和线,使空气处理的热湿比变化范围很小,无法适应室内任意变化的热湿比情况。送风温度过低时,还会给人造成不舒适的感觉,有时还必须再加热,造成冷热抵消能量的浪费。温湿度独立控制系统能通过将干燥的新风送入房间来控制房间的湿度,把由高温冷源产生的 16～18℃ 的冷水送入室内的风机盘管、辐射板等空调末端,带走房间的显热,控制房间温度,从而实现房间温湿度的独立、灵活调节,营造节能、健康、舒适的室内环境。温湿度独立控制的空调系统革新了传统空调的环境控制理念,并使我们有可能利用自然界的低品位能源(如地下水、冷却水、室外干空气等)来实现房间的空调,从而从冷源的选择到末端的设计及控制方案,发展出一系列适用于不同地域、不同气候特点的新型空调方式,见图 2-17。

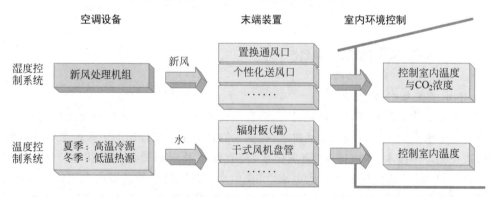

图 2-17 温湿度独立控制的空调系统示意图

冰水蓄冷空调系统也是一种重要的节能手段,其工作原理为在夜间建筑停止调节的状态下通过机组进行制冷、蓄冷过程,白天通过融冰进行供冷,以达到空气调节的效果。该系统实现了电力"削峰填谷",转移电力高峰负荷,平衡电力供应的目的。该系统提高了电厂侧发电效率,从而提高能源的利用效率;降低总电力负荷,缓解建设新电厂(机组)的压力;同时,由于各地均实行六时段分时电价,夜间机组制冷、蓄冷时为电力谷价,电费仅为电力高峰时期的 1/3,降低了用户空调系统的运行费用,见图 2-18 和图 2-19。

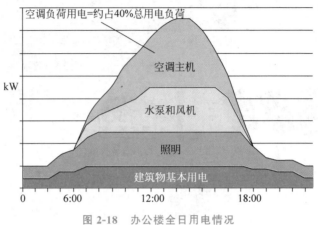

图 2-18　办公楼全日用电情况

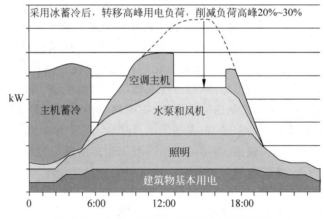

图 2-19　采用冰蓄冷后办公楼全日用电情况

2.2.2　节水技术和污水资源化

1. 中水的收集利用

我国水资源匮乏的形势日益严峻,因此开辟非传统水源、改善水环境成为社会各界广泛关注的热点。中水来源于建筑物的生活排水,包括人们日常生活中排出的生活污水和生活废水。生活废水包括冷却排水、沐浴排水、盥洗排水、洗衣排水及厨房排水等杂排水。中水是指各种排水经过处理后,达到规定的水质标准,可在生活、市政、环境等范围内杂用的非饮用水。

对于排水设施完善地区的建筑中水回用系统,中水水源取自本系统内的杂用水和优质杂排水。该排水经集流处理后供建筑内冲洗便器、清洗车、绿化等,其处理设施根据条件设于本建筑内部或临近外部。而对于排水设施不完善地区的建筑中水回用系统,其水处理设施无法达到二级处理标准,但通过中水回用系统可以减轻污水对当地河流的再污染,见图 2-20。

目前,应用较多的中水处理工艺主要有混凝、沉淀、过滤、生物处理和活性炭吸附等处理工艺,需根据原水水质的不同而采用某一工艺或某些工艺的组合。常见的中水处理工艺流

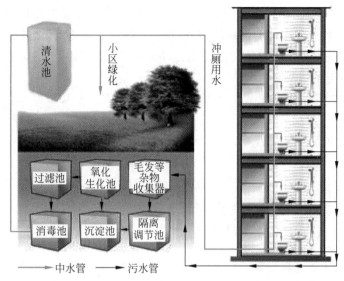

图 2-20 民用建筑中水回用示意图

程如下。

（1）对于优质杂排水，其处理工艺流程一般如下。

① 原水→毛发聚集器→调节池→微絮凝→过滤→消毒→出水。

② 原水→毛发聚集器→调节池→混凝→沉淀→消毒→出水。

（2）对于杂排水，其处理工艺流程一般如下。

① 原水→筛滤→调节池→微絮凝→过滤→活性炭吸附→微滤→过滤→消毒→出水。

② 原水→筛滤→调节池→生物接触氧化或生物转盘→沉淀→过滤→消毒→出水。

（3）对于生活污水，其处理工艺流程一般如下。

① 原水→筛滤→调节池→水解酸化→生物接触氧化→沉淀→过滤→消毒→出水。

② 原水→筛滤→调节池→生物接触氧化→沉淀→生物接触氧化→过滤→消毒→出水。

2. 空调冷凝水回收利用

冷凝水比自来水更纯净，可以用于工业生产、冷却塔和喷泉补充用水，甚至用于绿地浇洒等。冷凝水中矿物质的含量低，因此非常适合作为冷却塔的补充水。在小区合适位置设置蓄水箱，收集冷凝水用于绿化，可大大节省自来水。应当注意以下问题：冷凝水在空调机组的表冷器上形成和流动过程中会携带细菌和污染物。如果直接将冷凝水用于冷却塔的补水，可以不进行消毒处理，但如要储存，必须采取消毒措施。一般来说，储存的冷凝水比地下水、地表水更具有腐蚀性，所以相关的容器管道应当考虑使用抗腐蚀的材料。

2.2.3 节材和绿色建材使用

在建筑从建造到使用的过程中，除了消耗大量的能源，材料也是非常重要的一部分。发展绿色建筑，应加强建筑材料的循环再用，减少资源消耗，推广可循环利用的新型建筑体系，推广应用高性能、低材耗的建筑材料，节约水泥、钢材、砂石等，做到因地制宜地选择建筑材料。一般应遵循以下原则。

（1）科学合理规划。对于未达到使用年限且具有使用价值的建筑物，应该尽可能维修或改造后加以利用。除了加强管理、禁止建造违章建筑,还要防止随意拆房子。

（2）提高建筑物建筑功能的适应性,使建筑物在结束原设计用途之后,稍加改造即可用作其他用途,以使物尽其用。建筑物的高度、体量、结构形态要适宜,尽量避免因结构形态过高、怪异而增加材料的用量。

（3）提高散装水泥、商品混凝土和商品砂浆的使用率。使用散装水泥,可节约包装用纸,减少水泥浪费,还可减轻工人的劳动强度及改善工人的劳动环境。使用商品混凝土和商品砂浆,可以减少水泥、砂石现场散堆放、倒放等造成的损失,同时避免悬浮物污染环境。

（4）尽可能采用一次性装修方式,减少耗材、耗能和环境污染,降低人工损耗,节约材料。建筑的二次装修既浪费了第一次装修所用的材料和人工,又制造了大量的建筑垃圾,还会给房屋安全带来隐患,从而引起邻里纠纷。

（5）应通过采用耐久性好的建筑材料来延长建筑物的使用寿命,减少维修次数,避免因频繁维修或过早拆除而造成的浪费。

（6）采用有利于提高材料循环利用效率的结构体系,如钢结构、轻钢结构体系等。尽量采用可再生原料生产的建筑材料或可循环再利用的建筑材料,见图 2-21。

图 2-21 陶土地板和竹木外墙(绿色建材)

2.2.4 优化室内环境控制

绿色建筑对室内环境的评判要求相当严格。一般而言,室内温度、湿度和气流速度对人体热舒适感的影响最为显著,也最容易被人体所感知。舒适的室内环境有助于人的身体健康,进而提高学习、工作效率;而当人处于过冷、过热环境中,则会引起疾病,影响健康乃至危及生命。因此,绿色建筑要求采用中央空调系统的室内温度、湿度、风速等系数均应满足设计要求,同时室内新风量应符合标准要求,且设置的新风采气口应能保证所吸入的空气为室外新鲜空气。除此之外,室内空气中的污染物浓度、室内采光和照明、建筑外的隔声性能也要达到国家相关标准的要求。

 学习笔记

第3讲　智能建筑的相关概念

3.1　智能建筑的定义

国家标准《智能建筑设计标准》(GB 50314—2015)对智能建筑的定义如下：以建筑物为平台，基于对各类智能化信息的综合应用，集架构、系统、应用、管理及优化组合为一体，具有感知、传输、记忆、推理、判断和决策的综合智慧能力，形成以人、建筑、环境互为协调的整合体，为人们提供安全、高效、便利及可持续发展功能环境的建筑。

美国智能化建筑研究所对智能建筑作如下定义：智能化建筑通过对建筑的四个基本要素，即结构、系统、服务、管理，以及它们之间内在关联的最优化考虑，来提供一个投资合理但又拥有高效率的舒适、温馨、便利的环境，并帮助建筑物业主、物业管理人员和租用人实现在费用、舒适、便利和安全等方面的目标，当然还要考虑长远的系统灵活性及市场能力。

欧洲智能化建筑集团对智能建筑作定义：使其用户发挥最高效率，同时又以最低的保养、最有效地管理本身资源的建筑。能为建筑提供反应快、效率高和有力支持的环境，使用户达到其业务目标。

在日本，智能化建筑就是高功能大厦，其功能是方便有效地利用信息和通信设备；采用楼宇自动控制技术，使其具有高度的综合管理能力。

新加坡的智能化建筑必须具备以下三个条件。

(1) 安全、舒适的环境，即具有消防功能、温度和湿度控制功能，以及灯光及其他楼宇设备的控制功能。

(2) 良好的通信网络设施，使数据信息能够在大厦内传输。

(3) 足够的对外通信设施与通信能力。

智能建筑是一个发展中的概念，它随着科学技术的进步和人们对其功能要求的变化而不断更新，实现建筑智能化的目的是为用户创造一个安全、便捷、舒适、高效、合理的投资和低能耗的生活或工作环境，在建筑物内设置的任何设施与系统都要服从于这个目标，否则建筑智能化就失去了意义。

3.2 智能建筑的现行国家标准

我国智能建筑的现行国家标准为《智能建筑设计标准》(GB 50314—2015),其主要的内容如下。

1. 适用范围

本标准适用于新建、扩建和改建的住宅、办公、旅馆、文化、博物馆、观演、会展、教育、金融、交通、医疗、体育、商店等民用建筑及通用工业建筑的智能化系统工程设计,以及多功能组合的综合体建筑智能化系统工程设计。

2. 设计原则

智能建筑工程设计应以建设绿色建筑为目标,做到功能实用、技术适时、安全高效、运营规范和经济合理。智能建筑工程设计应增强建筑物的科技功能,提升智能化系统的技术功效,具有适用性、开放性、可维护性和可扩展性。

3. 智能建筑的概念

智能建筑应该是以建筑物为平台,基于对各类智能化信息的综合应用,集架构、系统、应用、管理及优化组合为一体,具有感知、传输、记忆、推理、判断和决策的综合智慧能力,形成以人、建筑、环境互为协调的整合体,为人们提供安全、高效、便利及可持续发展功能环境的建筑。

4. 智能化系统的工程架构

应以建筑物的应用需求为依据,通过对智能化系统工程的设施、业务及管理等应用功能做层次化结构规划,从而构成由若干智能化设施组合而成的架构形式。

智能化系统工程设施架构见图 3-1。

5. 智能化系统工程的系统配置

智能化系统工程应具有以下系统配置。

(1)智能化集成系统:为实现建筑物的运营及管理目标,基于统一的信息平台,以多种类智能化信息集成方式来形成的具有信息汇聚、资源共享、协同运行、优化管理等综合应用功能的系统。

(2)信息化应用系统:以信息设施系统和建筑设备管理系统等智能化系统为基础,为满足建筑物的各类专业化业务、规范化运营及管理的需要,由多种类信息设施、操作程序和相关应用设备等组合而成的系统。

(3)信息设施系统:为满足建筑物的应用与管理对信息通信的需求,将各类具有接收、交换、传输、处理、存储和显示等功能的信息系统整合,从而形成建筑物公共通信服务综合基础条件的系统。

(4)建筑设备管理系统:对建筑设备监控系统和公共安全系统等实施综合管理的

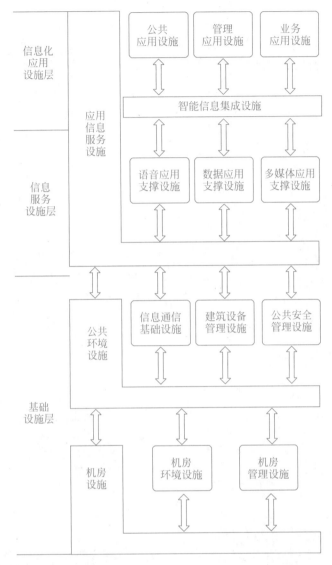

图 3-1 智能化系统工程设施架构

系统。

（5）公共安全系统：为维护公共安全，运用现代科学技术，具有以应对危害社会安全的各类突发事件而构建的综合技术防范或安全保障体系综合功能的系统。

（6）机房工程：为提供机房内各智能化系统设备及装置的安置和运行条件，以确保各智能化系统安全、可靠和高效地运行与便于维护的建筑功能环境而实施的综合工程。

智能化系统工程的系统配置见图 3-2。

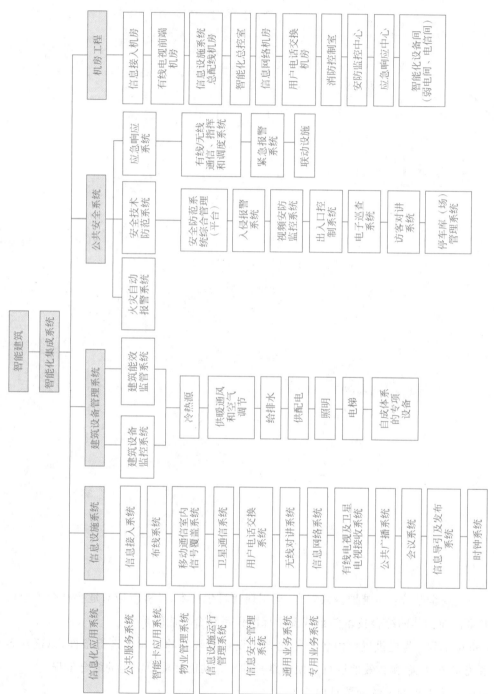

图 3-2 智能化系统工程的系统配置

3.3　建筑智能化的发展趋势

3.3.1　建筑智能化的发展历程

我国建筑智能化是逐步发展起来的,人们对工作和生活环境的需求越来越高,以及影响建筑智能化信息技术的不断进步,构成了推动建筑智能化不断发展的主要动力。我国建筑智能化的发展历程大体可以分为以下三个阶段。

1. 起始阶段

20世纪80年代末90年代初,随着改革开放的深入,我国国民经济持续发展,综合国力不断增强,人们对工作和生活环境的要求也不断提高,安全、高效和舒适的工作和生活环境已成为人们的迫切需要。同时,科学技术飞速发展,特别是以微电子技术为基础的计算机技术、通信技术和控制技术的迅猛发展,为满足人们的这些需求提供了技术基础。

在这一时期,智能建筑主要指针对一些涉外的酒店等高档公共建筑和特殊需要而兴建的工业建筑,所采用的技术和设备主要是从国外引进的。当时人们对建筑智能化的理解主要包括以下几点:在建筑内设置程控交换机系统和有线电视系统等通信系统,将电话、有线电视等接到建筑中,为建筑内用户提供通信手段;在建筑内设置广播、计算机网络等系统,为建筑内用户提供必要的现代化力办公设备;同时,利用计算机对建筑中的机电设备进行控制和管理,设置火灾报警系统和安防系统,为建筑和其中人员提供保护手段等。这时建筑中的各个系统是独立的,相互之间没有联系。

这个阶段建筑智能化的普及程度不高,主要是产品供应商、设计单位及业内专家推动建筑智能化的发展。政府的主要管理文件是《民用建筑电气设计标准》(GB 51348—2019)和《火灾自动报警系统设计规范》(GB 50116—2013)等。

2. 普及阶段

在20世纪90年代中期的房地产开发热潮中,房地产开发商在还没有完全弄清楚智能建筑内涵的时候,就发现了智能建筑这个标签的商业价值,于是"智能建筑""5A建筑",甚至"7A建筑"的名词出现在他们的促销广告中。在这种情况下,智能建筑迅速在中国推广起来。在20世纪90年代后期,沿海一带新建的高层建筑大多被称为智能建筑,并迅速向西部扩展。据不完全统计,到目前为止,全国各地累计已经建成或正在建设的各类智能建筑已达2000多个。可以说,这个时期房地产开发商是建筑智能化的重要推动力量。

从技术方面上来看,除了在建筑中设置上述各种系统,这个时期主要是强调对建筑中各个系统进行系统集成和广泛采用综合布线系统。应该说,引入综合布线这样一种布线方式技术,曾使人们对智能建筑的概念产生某些紊乱,错把综合布线当作智能建筑的主要内容。但它确实吸引了一大批通信网络和IT行业的公司进入智能建筑领域,促进了信息技术行业对智能建筑发展的关注。同时,由于综合布线系统对语音通信和数据通信的模块化结构,在建筑内部为语音和数据的传输提供了一个开放的平台,加强了信息技术与建筑功能的结合,对智能建筑的发展和普及产生了一定的推动作用。

系统集成就是将建筑各个子系统集成在一个统一的操作平台上,实现各系统的信息融合,协调各个系统的运行,以发挥建筑智能化系统的整体功能,实现建筑智能化各个子系统的信息共享,可以提升智能化系统的性能。但追求智能建筑一体化集成,不仅难度很大,而且增加了智能化系统的投资。因此,业内主要观点是应以楼宇自控系统为主的系统集成和利用开放标准进行系统集成。这一时期政府有关部门也加强了对建筑智能化系统的管理,2000年建设部出台了国家标准《智能建筑设计标准》;同年我国信息产业部颁布了《建筑与建筑群综合布线工程设计规范》和《建筑与建筑群综合布线工程验收规范》;公安部也加强了对火灾报警系统和安防系统的管理。建设部还在1997年颁布了《建筑智能化系统工程设计管理暂行规定》,规定了承担智能建筑设计和系统集成的必须具备必要的资格。2001年建设部在87号令《建筑业企业资质管理规定》中设立了建筑智能化工程专业承包资质,将建筑中计算机管理系统工程、楼宇设备自控系统工程、保安监控及防盗报警系统工程、智能卡系统工程、通信系统工程、卫星及共用电视系统工程、车库管理系统工程、综合布线系统工程、计算机网络系统工程、广播系统工程、会议系统工程、视频点播系统工程、智能化小区综合物业管理系统工程、可视会议系统工程、大屏幕显示系统工程、智能灯光、音响控制系统工程、火灾报警系统工程、计算机机房工程等内容统一为建筑智能化工程,纳入施工资质管理。

3. 发展阶段

我国对智能建筑的最大贡献是住宅小区智能化建设。20世纪末,在开展的住宅小区建设智能建筑是我国独有的现象。在住宅小区应用信息技术,主要是为住户提供先进的管理手段、安全的居住环境和便捷的通信娱乐工具。这和以公共建筑如酒店、写字楼、医院、体育馆等为主的智能大厦有很大的不同,住宅小区智能化正是信息化社会人们改变生活方式的重要体现。推动智能化住宅小区建设的主角是电信运营商,他们试图通过投资建设一个到达各家各户的宽带网络,为生活和工作在这些建筑内的人们提供他们所需要的各种智能化信息服务业务,用户通过这个网络接受和传送各种语音、数据和视频信号,满足信息交流、安全保障、环境监测和物业管理的需要。电信运营商以此网络开展各种增值服务,如安防报警、紧急呼救、远程抄表、电子商务、网上娱乐、视频点播、远程教育、远程医疗,以及其他各种数据传输和通信业务等,并以这些增值服务来回收投资。

目前,虽然还有人对这种发展建筑智能化的思路持怀疑态度,但这并不影响"宽带网"成为电信行业、建筑智能化行业乃至房地产行业最热门的话题。更重要的是,它将会改变人们进行建筑智能化建设的技术路线和运作模式,也许这标志着智能化已经突破一般意义上的建筑范畴,而逐渐延伸至整个城市、整个社会。

建设部住宅产业促进中心于1999年年底颁布了《全国智能化住宅小区系统示范工程建设要点与技术导则》(试行稿),组织实施全国智能化住宅小区系统示范工程,以此带动和促进我国智能化住宅小区建设,以适应21世纪现代居住生活的需要。原信息产业部于2001年出台了《关于开放用户驻地网运营市场试点工作的通知》《关于开放宽带用户驻地网运营市场的框架意见》,并在13个城市首先开展宽带用户驻地网运营市场开放、管理试点工作。在摸索出行之有效的管理办法、技术标准后,在全国推广,进一步推进中国的宽带建设。虽然文件将宽带驻地网运营定义为基础电信业务,但也规定了宽带用户驻地网运营许可证将按照增值业务许可证的发放方式来管理。目前这些文件是对住宅小区智能化进行管理的主要文件。

3.3.2 我国建筑智能化的发展趋势

未来信息技术将会迅猛发展,作为信息技术产物的建筑智能化系统也会发生深刻变化。同时,随着我国加入 WTO,管理制度与国际接轨,对建筑智能化系统的管理方式也必然会相应进行调整。这都将进一步促进建筑智能化系统的变革和发展,主要体现在以下三个方面。

1. 信息技术的进步将会改变建筑智能化系统的体系结构

建筑智能化系统是信息技术发展的产物,建筑中各种智能化系统无非是各种服务信息采集、传输和处理的工具。当今建筑智能化系统的技术基础——计算机技术、控制技术和通信技术都在迅速发展,其中通信技术的发展更为显著,互联网技术、移动通信技术以及作为信息载体的智能卡技术已深入人们生活和工作的各个方面。建筑智能化也应该顺应信息技术的发展,利用这些技术来解决智能建筑中的问题,把这些技术作为智能建筑的技术基础。

目前完全可以利用这些技术构筑一个统一的信息平台,并以此为建筑和建筑中的人们提供过去需要多个系统提供的服务;并且这个信息平台及其相应的服务可以从一栋建筑扩展到整个社区乃至整个城市。按此技术路线,建筑智能化系统将成为这个社会化信息平台的一个组成部分,而建筑智能化系统所提供的各种服务也将成为这个信息平台的一种服务功能。随着技术的进步,过去那种根据不同服务功能构成各种不同系统的体系结构将会发生根本改变,这不仅可以充分发挥系统的功能,还可以避免重复投资,从而提高经济效益。

2. 管理制度的变革将会消除建筑智能化系统发展的障碍

过去制约建筑智能化系统成为统一系统的原因是原有管理制度的不适应,建筑智能化工程涉及公安、消防、电信、广电和建设等多个行政主管部门。过去那种层层审批,一件事多个部门管理的管理模式严重制约了智能建筑的发展。随着我国加入 WTO,这一障碍将逐步得到消除。根据"职权一致"和"权责一致"的原则,国务院要求一件事只能由一个部门负责管理,如按照《产品质量法》和国家质检总局 5 号令规定,产品质量管理由国家质检总局管理;按照《建筑法》和《建筑法实施细则》的规定,工程设计和施工安装资质管理由住房和城乡建设部负责;而与建筑智能化系统相关的业务,如通信、消防、安防等,则分别由信息产业部、公安部消防局、公安部技防办等管理。同时,管理的手段将从控制市场准入、行政审批转为制定技术标准、规范市场公正竞争。

这种管理方式的变革有利于把建筑智能化系统作为统一的系统来实施。更重要的是,这将促进建筑智能化系统各项业务的发展。如公安部在放弃对安防产品质量监督和工程管理时,将大力发展安防报警服务业。可以预见,消防服务业、物业管理服务业、电信及其增值服务业等也都将得到长足的发展,这也必将促进建筑智能化系统工程的发展。

3. 对建筑智能化系统的功能、作用和服务模式需要重新认识和调整

从建筑智能化系统的发展历程可以看出,建筑智能化系统的功能已经发生很大变化。首先,建筑智能化系统主要作为建筑和机电设备的一部分,以满足对建筑及其机电设备管理的需要;其次,建筑智能化系统用来全面提升建筑的形象,并提高建筑的服务、管理及安全功能;最后,建筑智能化系统已经成为一个运营系统,为建筑内的人们提供各种增值服务。随着技术的进步和制度的变革,这种认识会不断得到强化。可以预见,在不久的将来,建筑智能化系统会成为一种基础设施,为生活和工作在建筑中的人们提供安防报警、消防报警、物业管理、远程抄表、电子商务、网上娱乐、远程教育、远程医疗、视频点播、信息查询、通信交流等增值业务,成为一个具有投资价值的服务系统。

为了实现这一目标,除了需要重新认识建筑智能化系统,还需要对建筑智能化系统的投资、建设、运行和管理模式进行调整,建立起一套社会化服务体系,从而满足不同的服务需求,降低智能化设施的维护管理成本,提高建筑智能化系统的价值。

 学习笔记

第4讲　智能建筑的子系统

本讲以办公建筑为例，说明智能化各子系统的发展现状及其主流产品的情况。

办公建筑智能化系统工程应符合下列规定。

（1）应满足办公业务信息化的应用需求。

（2）应具有高效办公环境的基础保障。

（3）应满足办公建筑物业规范化运营管理的需要。

通用办公建筑智能化系统应按表 4-1 的规定配置。

表 4-1　通用办公建筑智能化系统配置

智能化系统		普通办公建筑	商务办公建筑
信息化应用系统	公共服务系统	●	●
	智能卡应用系统	●	●
	物业管理系统	●	●
	信息设施运行管理系统	◎	●
	信息安全管理系统	◎	●
	通用业务系统　基本业务办公系统	按国家现行有关标准进行配置	
	专用业务系统　专用办公系统		
智能化集成系统	智能化信息集成（平台）系统	◎	●
	集成信息应用系统	◎	●
信息设施系统	信息接入系统	●	●
	布线系统	●	●
	移动通信室内信号覆盖系统	●	●
	用户电话交换系统	◎	◎
	无线对讲系统	◎	◎
	信息网络系统	●	●
	有线电视系统	●	●
	卫星电视接收系统	○	◎
	公共广播系统	●	●
	会议系统	●	●
	信息导引及发布系统	●	●
	时钟系统	○	◎
建筑设备管理系统	建筑设备监控系统	●	●
	建筑能效监管系统	◎	◎

智能化系统			普通办公建筑	商务办公建筑
公共安全系统	火灾自动报警系统		按国家现行有关标准进行配置	
	安全技术防范系统	入侵报警系统		
		视频安防监控系统		
		出入口控制系统		
		电子巡查系统		
		访客对讲系统		
		停车库(场)管理系统	◎	●
	应急响应系统		○	◎
机房工程	信息接入机房		●	●
	有线电视前端机房		●	●
	信息设施系统总配线机房		●	●
	智能化总控室		●	●
	信息网络机房		◎	●
	用户电话交换机房		◎	◎
	消防控制室		●	●
	安防监控中心		●	●
	应急响应中心		○	◎
	智能化设备间(弱电间、电信间)		●	●
	机房安全系统		按国家现行有关标准进行配置	
	机房综合管理系统		○	◎

注：●—应配置；◎—宜配置；○—可配置。

4.1 信息化应用系统

4.1.1 公共服务系统

公共服务系统应具有访客接待管理和公共服务信息发布等功能,并宜具有将各类公共服务事务纳入规范运行程序的管理功能。

公共服务系统整合公共数字化资源、管理手段与服务设施,建设能同时进行常规管理(覆盖日常公共运作,包括日常的政/事务信息收集、整理、归档与分发,也包括日常的政/事务信息发布、检查、监督、跟踪、反馈与调整)与应急管理(在紧急情况、突发事件与危机状态下,提供信息化和高效化的技术支持,包括对应急信息的监测、收集、处理,以及应急决策、应急举措、应急善后等,形成快速、高效、规范的应急机制,化解突发紧急事件和公共危机),提供常规服务与应急服务的电子平台,为大楼提供优质的常规管理与服务能力及应急管理与服务能力。

4.1.2 智能卡应用系统

智能卡应用系统应具有身份识别等功能,并宜具有消费、计费、票务管理、资料借阅、物品寄存、会议签到等管理功能,且应具有适应不同安全等级的应用模式。

采用生物识别技术是满足智能卡应用系统不同安全等级应用模式的主要技术方式之一,生物识别技术主要类型为指纹识别、掌纹识别、人脸识别、手指静脉识别等,均由于其特有的高仿伪特性而被高安全等级应用采纳。

随着科学技术的推广运用,现代社会许多行业的众多部门纷纷引进了 IC 卡智能管理系统,期望以此来改进提高管理档次,降低管理成本。一卡通是指单个功能组合后的产物。比如,某厂家生产出诸如门禁、停车场、巡更等单项智能管理系统,有其各自独立的设备和软件。在市场趋势下,厂家将这些系统组合在一起,安装在某一区域,因为是用同一张 IC 卡通行,所以称为一卡通。

一卡通即一卡多用。同一张 IC 卡,除了用于开门,还可用于考勤、餐厅就餐、保安巡更、停车场停车、人事档案、图书资料卡、娱乐室、俱乐部消费、内部购物等商务活动。

一卡通管理系统是针对智能楼宇、企业单位、智能小区对人员考勤、门禁、食堂等方面进行综合管理的需要,利用当今世界通行的计算机和智能卡技术开发的一套感应式智能卡应用系统。该系统可以方便地实现人员出入控制、考勤和门禁数据采集、统计和信息查询过程自动化,以及食堂售饭电子化等功能。该系统在提高内部的管理效率方面具有其他卡及应用系统无法比拟的优点,代表着智能卡技术的发展方向。

一卡通系统通过使用同一个数据库、统一的管理界面、统一资料录入、统一卡片授权、统一数据报表使各子系统数据达到共享。门禁可以节省保安人员,考勤机可以节省管理人员,消费机可以减少财务人员等,这些将带来直接的经济效益。

每张智能卡都关联了持卡人的基本信息和使用权限,可以记录持卡人的各种身份识别相关的活动。如考勤、借阅、机房使用、用水用电、门禁出入、停车场出入等内容,为企事业单位的考勤管理、门禁管理、资源管理、后勤工作等提供了基础数据。同时,智能卡可以设置或修改密码保证信息安全,具备挂失、补卡、补助发放、退款、撤户、查询等各种功能。

在内部食堂、售卖部等安装收银窗口机,能在多种场所进行统一的商务消费和结算统计。智能卡软件需要与企业 ERP 软件进行无缝衔接,通过 ERP 软件进行的人员信息操作,智能卡系统都能及时收到并进行处理。智能卡系统处理过后的及收到的有效数据也会返回给 ERP 软件进行审核并处理。两者之间互不干扰,紧密结合。智能卡系统结构示意图见图 4-1。

4.1.3 物业管理系统

物业管理系统应具有对建筑的物业经营、运行维护进行管理的功能。

物业管理系统是现代居住小区不可缺少的一部分。一个好的物业管理系统可以提升小区的管理水平,使小区的日常管理更加方便。将计算机的强大功能与现代的管理思想相结合,建立现代的智能小区,是物业管理发展的方向。重视现代化的管理,提供细致周到的服

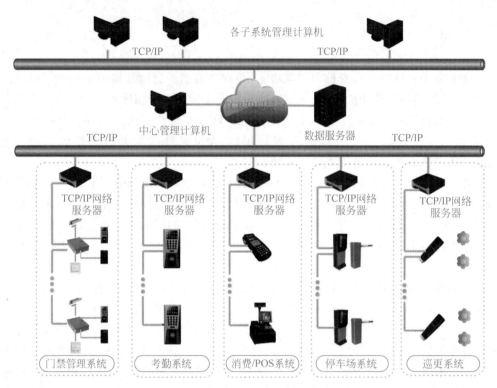

图 4-1　智能卡系统结构示意图

务,是小区物业工作的宗旨。应以提高物业管理的经济效益、管理水平,确保取得最大经济效益为目标。

基于物业管理行业的快速发展,物业管理呈现规模化、规范化、专业化、信息化的趋势,但由于物业行业从业人员问题、物业行业发展现状等各种条件的制约,物业行业信息化发展一直非常缓慢。物业公司作为社区资源的拥有者,如何利用信息化、互联网的手段来充分利用自己的社区资源,分享"互联网+"带来的红利,是摆在物业公司面前的一项课题。所以,物业管理软件在近两年发展得风生水起,物业管理软件厂家也在想方设法通过帮助物业建立社区运营方案来推动物业管理软件的销售。

未来物业行业的发展方向必定是面向业主、基于物业基础服务的社区生活服务综合平台,见图 4-2。

物业管理系统的主要功能包括以下几个方面。

(1) 人事管理子系统:从员工的招聘、任用到离职进行全面有效的管理,详细记录员工的个人资料、家庭成员、员工合同、岗位考核、在职培训、离职手续办理等资料。

(2) 房产信息管理:记录管理区、大楼、楼层、房间及配套硬件设施的基本信息。

(3) 客户信息管理:实现对业主购房、出租、退房的全过程管理,可以随时查询住户历史情况和现状,加强对业主及住户的沟通和管理。

(4) 租赁管理:提供给物业公司的房产租赁部人员使用,能够对所管物业房产的使用状态进行管理,可以按租赁状态等方式进行分类汇总、统计,还可以根据出租截止日期等租赁管理信息进行查询、汇总,预先对未来时间段内的租赁变化情况有所了解、准备,使租赁工

图 4-2　基于物业基础服务的社区生活服务综合平台

作的预见性更强。

（5）租赁合同管理：对租赁合同的中止、续签、延期、作废、变更等进行管理，可以进行实时查询统计。

（6）收费管理：物业收费管理信息系统是整个综合物业管理信息系统的日常业务管理模块，对物业管理公司的经营管理工作起至关重要的作用。在收费管理中，系统将收费分为社区、大楼、楼层、房间等多个级别。

（7）工程设备管理：建立设备基本信息库与设备台账，定义设备保养周期等属性信息；对设备运行状态监控，并生成运行记录、故障记录等信息，根据生成的保养计划自动提示到期需保养的设备；对出现故障的设备，从维修申请，到派工、维修、完工验收、回访等，实现过程化管理。

（8）客户服务管理：为客户订阅或收发邮件、书报期刊，为客户出差订票等是一些物业管理公司的服务性业务。

（9）保安消防管理：保安消防管理是企业正常运转的重要保证。本模块主要包括保安人员档案管理、保安人员定岗、轮班或换班管理、安防巡逻检查记录、治安情况记录及外人来访、物品出入管理等功能。

（10）保洁环卫管理：环卫管理主要包括绿化管理、保洁管理、联系单位三个方面。绿化管理即绿化安排与维护记录；保洁管理包括清洁用具管理、保洁安排及检查记录；联系单位即联系单位信息与联系记录。

（11）采购库存管理：物资管理信息系统为企业提供了一种管理库存的电子集成化方案，从采购、入库，到库内作业、出库、核算等。

（12）能耗管理：包括对公共区域仪表的定义、维护，定期抄表，对抄表结果进行查询统计，对不同年度、不同项目之间的能耗情况进行对比。

（13）资产管理：对公司固定资产、低值易耗等的台账进行登记管理、使用变更情况、折旧情况进行记录。

（14）质量管理：可实现公司月检、项目周检、班组日检的管理，并可生成不合格检查报告、不合格责任确认书等，可实现满意度调查问卷管理分析等。

（15）集团办公管理：内部沟通包括即时通信、内部邮件（支持短信群发）、文档管理、车辆管理、会议管理等。个人事务包括工作计划(日程安排)、工作日志(任务/计划完成反馈自动添加、临时工作录入)、未完成/持续进行工作自行添加至当日工作计划。

(16)合同管理:包括合同类别与供应商信息管理,合同签订审批流程管理,合同归档、变更、终止、解除、续订管理,合同收付款计划管理,支持合同件扫描归档、查询。

(17)票据管理:可对票据进行初始化、分发,将不同号段分发给不同的项目,可对票据使用情况、作废情况进行登记,收据换发票管理,对票据使用情况进行统计。

(18)决策支持:系统专门针对决策层的需求提供各种统计数据及分析图表,企业领导可随时随地查看公司最新运营统计资料,主要功能包括按管理区、大楼统计出费用收缴情况,统计收费率,做收费年、月、日报表;可分别按管理区、大楼统计出租率;所有统计功能均可生成柱状、饼状及曲线图。

(19)系统维护管理系统:主要模块包括系统初始化设置、系统编码管理、系统权限管理、操作日志、数据备份、数据恢复、清空数据。

(20)物业助手 App:物业人员可以通过 PDA、智能手机等移动终端设备实现消息、请假、报销、审批、物业验收、抄表录入、设备巡检、信息录入等功能,借助微型打印机则可以实现移动收费的功能。

(21)业主助手 App:业主通过智能手机等移动终端设备,可以实现报修、投诉、缴费、家政服务、房屋租售信息发布等功能。

4.1.4 信息设施运行管理系统

信息设施运行管理系统应具有对建筑物信息设施的运行状态、资源配置、技术性能等进行监测、分析、处理和维护的功能。

为满足对建筑信息设施的规范化进行高效管理,信息设施运行管理系统应包括信息基础设施层、系统运行服务层、应用管理层以及系统整体标准规范体系和安全保障体系等。

(1)信息基础设施层由基础硬件支撑平台(如网络、服务器、存储备份等)和基础软件支撑平台(如操作系统、中间件、数据库等)信息设施组成。

(2)系统运行服务层由信息设施运行综合分析数据库和若干相应的系统运行支撑服务模块组成。

信息设施运行综合分析数据库涵盖应用系统信息点标识、交换机配置与端口信息、服务器配置运行信息和操作系统、中间件、数据库应用状态等配置信息及相互通信状态信息。

系统运行支撑服务模块宜包括资源配置、预警定位、系统巡检、风险控制、事态管理、统计分析、角色管理、权限验证等其他应用服务程序,为设施维护管理、系统运行管理及主管协调管理人员提供快速的信息系统运行监管的操作,对信息化基础设施中软、硬件资源的关键参数进行实时监测。监测包括网络链路、网络设备、服务器主机、存储备份设备、安全监控设备、操作系统、中间件、数据库系统、WWW 服务、各类应用服务等。当出现故障或故障隐患时,可通过语音、数字通信等方式及时通知相关运行维护人员,并且可以根据预先设置程序对故障进行迅速定位、原因分析及建议解决办法。

(3)应用管理层是由设施维护管理、系统运行管理及主管协调管理人员,通过职能分工、权限分配等规定,提供系统面向业务的全面保障。

(4)系统整体标准规范和安全保障体系包括标准规范体系、安全管理体系。标准规范体系是整个系统建设的技术依据,遵循国家相关技术标准及规范,形成一套完整、统一的标准规范体系。安全管理体系是整个系统建设的重要支柱,贯穿于整个体系架构各层的建设过程中。

该系统是支撑各类信息设施应用的有效保障,随着人们对信息化应用需求的日益增长,以及对智能化系统安全运行的强烈依赖,应实施对建筑信息设施的信息化高效管理。该系统所起到的支撑各类信息化系统应用的有效保障作用,将被应用在更广泛的实际情况中。

信息设施运行管理系统架构见图4-3。在工程设计中,宜根据项目实际状况采用合理的架构形式,并配置相应的应用程序及应用软件模块。

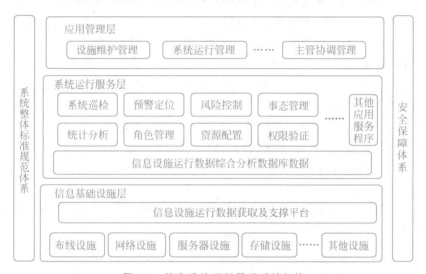

图4-3 信息设施运行管理系统架构

4.1.5 信息安全管理系统

在智能建筑的信息系统建设过程中,需按《计算机信息系统安全保护等级划分准则》(GB 17859—1999)、《信息安全技术 信息系统安全等级保护基本要求》(GB/T 22239—2008)、《信息安全技术 信息系统通用安全技术要求》(GB/T 20271—2006)、《信息安全技术 网络基础安全技术要求》(GB/T 20270—2006)、《信息安全技术 操作系统安全技术要求》(GB/T 20272—2019)、《信息安全技术 数据库管理系统安全技术要求》(GB/T 20273—2019)、《信息安全技术 服务器安全技术要求》(GB/T 21028—2007)和《信息安全技术 终端计算机系统安全等级技术要求》(GA/T 671—2006)等国家现行标准同步建设符合等级要求的信息安全设施。

IDC/ISP信息安全管理系统(ISMS)是IDC/ISP经营者建设的具有基础数据管理、访问日志管理、信息安全管理等功能的信息安全管理系统,以满足电信管理部门和IDC/ISP经营者的信息安全管理需求。每个IDC/ISP经营者建设一个统一的ISMS,并与电信管理部门建设的安全监管系统（SMMS）通过信息安全管理接口（ISMI）进行通信，实现电信管理部门的监管需求。

ISMS 与 SMMS 之间的关系见图 4-4。

图 4-4　ISMS 与 SMMS 之间的关系图

（1）IP 和域名对应关系自动检查，域名备案检查。

（2）图片、视频识别，OCR 识别（图片里文字识别），文本语义识别与审核。

（3）网站内容综合分析，系统可以设置网站中文字、图片、视频等内容的权重系数，通过综合分析网站中各种类型的违规占比，全面分析网站内容是否违规。

（4）DPI 高速采集卡零拷贝技术。

（5）IP 专线互联网爬虫/舆情分析。通过爬虫方式对域名网站内容进行爬取，分析网站是否备案及发现不良信息。

（6）系统拦截功能，基于五元组配置的专用拦截设备实现基于源 IP 地址、端口，目的 IP 地址、端口，以及特定协议、域名、指定的网站地址、URL 地址等违反信息进行拦截。

（7）高级监控功能，提供针对 SP、业务等维度违规告警功能，提供系统运行故障告警功能。

（8）系统综合管理，实现系统管理、报表管理、域名管理、用户管理、关键字管理等功能。

4.1.6　通用业务系统

通用业务系统是以符合该类建筑主体业务通用运行功能的应用系统，应满足建筑基本业务运行的需求。它运行在信息网络上，实现各类基本业务处理办公方式的信息化，具有存储信息、交换信息、加工信息及形成基于信息的科学决策条件等基本功能，并显现该类建筑物普遍具备基础运行条件的功能特征，它通常是以满足该类建筑物整体通用性业务条件状况功能的基本业务办公系统。

4.1.7　专用业务系统

专业业务系统以该类建筑通用业务应用系统为基础（基本业务办公系统），以实现该建筑物的专业业务的运营、服务和符合相关业务管理规定的设计标准等级，叠加配置若干支撑专业业务功能的应用系统。它通常是以各种类信息设备、操作程序和相关应用设施等组合的具有特定功能的应用系统。其系统配置应符合相关的规范、管理的规定，或满足相关应用的需要。

4.2　通信设施系统

4.2.1　信息接入系统

信息接入系统是外部信息引入建筑物及建筑内的信息融入建筑外部更大信息环境的前端结合环节,应以建筑物(或群体建筑)作为基础物理单元载体,并应具有对接智慧城市信息架构的技术条件,适应发挥信息资源更大化功效的云计算方式等,这是符合现代智能技术应用发展的趋向要求。应满足建筑物内各类用户对信息通信的需求,并应将各类公共信息网和专用信息网引入建筑物内;信息接入机房应统筹规划配置,并应具有多种类信息业务经营者平等接入的条件;系统设计应符合现行行业标准《有线接入网设备安装工程设计规范》(YD/T 5139—2019)等的有关规定。

目前,该系统主要由移动、电信等网络运营商投入并建设。而物联网以信息的统一、网络的融合、资源的共享、应用的互通以及终端的互兼等方式,将相关的信息服务融合在一起,将会成为未来的趋势。

4.2.2　布线系统

对于布线系统,目前主要存在两种模式:传统的网络布线模式和结构化的布线模式。结构化布线系统与传统网络布线的最大差别在于结构化布线与它所联结的设备相对无关。在传统的网络布线中,设备在哪里,线就敷到哪里;而结构化布线则是预先将布线系统敷设好,并在各办公室内预先装好信息插座,用户要做的仅是将需上网的终端设备与室内的信息插座相连,更重要的是,即便日后重新规划办公室空间、更换计算机主机或调整位置时,都可根据不同情况及所接设备调整内部跳线及互连机制,使之更适应设备的需要。

综合布线系统是智能化办公室建设数字化信息系统的基础设施,是将所有语音、数据等系统进行统一规划设计的结构化布线系统,为办公提供信息化、智能化的物质介质,支持将来语音、数据、图文、多媒体等综合应用。

综合布线系统(PDS)包含七个子系统:工作区子系统、水平子系统、垂直子系统、设备间子系统、管理子系统、进线间子系统和建筑群子系统。

综合布线系统的结构见图 4-5。

4.2.3　无线 AP 系统

无线网络已经成为企业办公的必备条件,由于企业环境中办公区域广,所以单一的无线路由器不能满足企业无线覆盖的需要。无线 AP 系统是企业部署无线网络的利器,它是沟通无线终端和企业有线网络的重要桥梁。尤其是在 BYOD(自带设备办公)成为大趋势的今天,员工手中的智能手机、平板电脑、笔记本电脑等都可以成为办公设备,经常会在办公区域内活动,非常依赖无线网络。无线 AP 系统结构示意图见图 4-6。

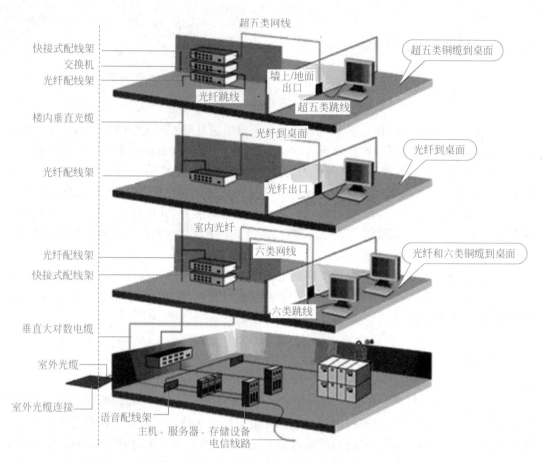

图 4-5 综合布线系统的结构

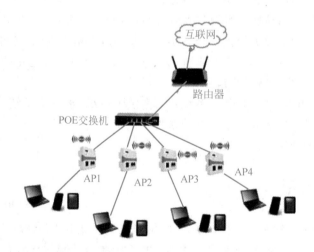

图 4-6 无线 AP 系统结构示意图

4.2.4 移动通信室内信号覆盖系统

建筑物规模大,对移动电话信号有很强的屏蔽作用。在大型建筑物的低层、地下商场、地下停车场等,移动通信信号覆盖弱,形成盲区和阴影区,无法正常使用手机;在中间楼层,由于来自周围不同基站信号的重叠,造成导频污染,手机频繁切换,甚至掉话,严重影响了手机的正常使用。另外,在有些建筑物内,虽然手机能够正常通话,但是用户密度大,基站信道拥挤,导致手机上线困难。

移动通信室内信号覆盖系统是针对室内用户群,主要是解决建筑物内移动通信网络的网络覆盖、网络容量、网络质量的一种移动信号方案。该系统应符合下列规定:应确保建筑物内部与外界的通信接续;应适应移动通信业务的综合性发展;对于室内需屏蔽移动通信信号的局部区域,应配置室内区域屏蔽系统;系统设计应符合现行国家标准《电磁环境控制限值》(GB 8702—2014)的有关规定。

移动通信室内信号覆盖系统利用室内天线分布系统,将移动通信基站的信号均匀分布在室内每个角落,从而保证室内区域拥有理想的信号覆盖。

移动通信室内信号覆盖系统分为信号源部分和信号分布部分,其系统结构示意图见图4-7。

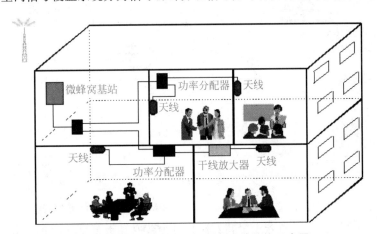

图 4-7 移动通信室内信号覆盖系统结构示意图

室内分布系统的信号源分为宏蜂窝作信源接入信号分布系统、微蜂窝作信源接入信号分布系统和直放站作信源接入信号分布系统三种形式。

移动通信室内信号覆盖系统一般由移动运营商投入和建设。

4.2.5 卫星通信系统

卫星通信系统实际上也是一种微波通信,它以卫星作为中继站转发微波信号,在多个地面端之间通信。卫星通信的主要目的是实现对地面的"无缝隙"覆盖,由于卫星工作于几百千米、几千千米甚至上万千米的轨道上,因此覆盖范围远大于一般的移动通信系统。但由于卫星通信要求地面设备具有较大的发射功率,因此不易普及使用。

卫星通信系统按建筑的业务需求进行配置;应满足语音、数据、图像及多媒体等信息的传输要求;卫星通信系统天线、室外单元设备安装空间和天线基座基础、室外馈线引入的管线及卫星通信机房等应设置在满足卫星通信要求的位置。

卫星通信系统由卫星端、地面端、用户端三部分组成。卫星端在空中起中继站的作用,即把地面端发上来的电磁波放大后,再返送回另一地面站,卫星星体又包括两大子系统,即星载设备和卫星母体。地面端则是卫星系统与地面公众网的接口,地面用户也可以通过地面端出入卫星系统形成链路,地面端还包括地面卫星控制中心以及其跟踪、遥测和指令站。用户端即各种用户终端。

卫星通信系统的结构示意图见图 4-8。

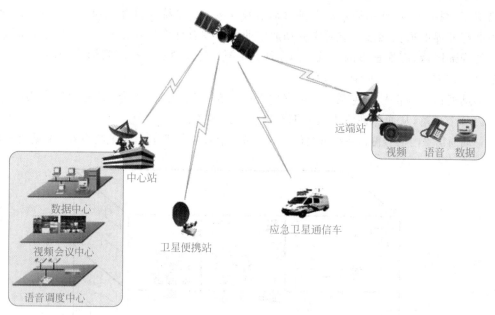

图 4-8 卫星通信系统的结构示意图

在微波频带,整个通信卫星的工作频带约有 500MHz 宽度,为了便于放大和发射信号,减少变调干扰,一般在卫星上设置若干个转发器。每个转发器被分配一定的工作频带。目前的卫星通信多采用频分多址技术,不同的地球站占用不同的频率,即采用不同的载波,比较适用于点对点大容量的通信。近年来,时分多址技术也在卫星通信中得到了较多的应用,即多个地球站占用同一频带,但占用不同的时隙。与频分多址方式相比,时分多址技术不会产生互调干扰,不需用上、下变频把各地球站信号分开,适合数字通信,可根据业务量的变化按需分配传输带宽,使实际容量大幅度增加。另外,还有一种多址技术是码分多址(CDMA),即不同的地球站占用同一频率和同一时间,但利用不同的随机码对信息进行编码来区分不同的地址。CDMA 采用了扩展频谱通信技术,具有抗干扰能力强、保密通信能力较好、可灵活调度传输资源等优点。它比较适合于容量小、分布广,有一定保密要求的系统使用。

4.2.6 用户电话交换系统

目前用户电话交换系统主要采用的方式有以下几种。

1. PBX

PBX(private branch exchange)是指公司内部使用的电话业务网络,系统内部分机用户分享一定数量的外线。PBX 是现代办公常用的电话通信管理手段的一种,使电话管理者可以实现集团性管理外线来电与内线呼出。PBX 主要应用于酒店和大型企事业单位。

PBX 的特点是用户所有,用户运维,分机号码自定,内部通话免费,功能齐全。PBX 系统结构示意图见图 4-9。

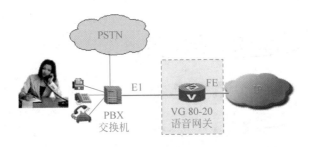

图 4-9　PBX 系统结构示意图

2. ISPBX

ISDN 用户交换机一般是在原有电话用户交换机的基础上增加了 ISDN 的功能,所以 ISPBX 的基本功能包括原有电话用户交换机的功能和 ISDN 功能。

ISDN 用户交换机在 ISDN 用户网络接口中属于 NT2 的范畴。ISDN 用户交换机 (ISPBX)是服务于一个特定机构(例如机关、企业、厂矿、学校和公司等),并与公用交换机相连接的专用交换机,同时能够为用户提供各种 ISDN 业务。ISPBX 在专用网络中使用较多,它不仅用于语音通信,而且多用于数据、传真、电文和图像等非语音业务。

3. IPPBX

采用分组交换技术,通过 IP 网络来进行语音通信,其本质特征是采用语音分组交换技术,关键设备是语音 IP 网关。IPPBX 是一种基于 IP 的公司电话系统,这个系统可以完全将语音通信集成到公司的数据网络中,从而建立能够连接分布在全球各地办公地点和员工的统一语音和数据网络。

IPPBX 系统结构示意图见图 4-10。

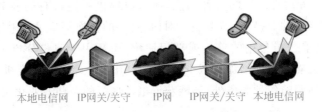

本地电信网　IP网关/关守　IP网　IP网关/关守　本地电信网

图 4-10　IPPBX 系统结构示意图

4. Soft Switch

Soft Switch 是一种软交换机(包括呼叫代理、呼叫服务器或媒体网关控制器等),它将传统交换机的交换、业务提供、管理等功能都交给软件来实现。

Soft Switch 就是将呼叫控制功能从媒体网关(传输层)中分离出来,通过软件实现基本呼叫控制功能,包括呼叫选路、管理控制、连接控制(建立/拆除会话)和信令互通,从而实现呼叫传输与呼叫控制的分离,为控制、交换和软件可编程功能建立分离的平面。软交换主要提供连接控制、翻译和选路、网关管理、呼叫控制、带宽管理、信令、安全性和呼叫详细记录等功能。与此同时,软交换还将网络资源、网络能力封装起来,通过标准开放的业务接口和业务应用层相连,从而可方便地在网络上快速提供新业务。

Soft Switch 系统结构示意图见图 4-11。

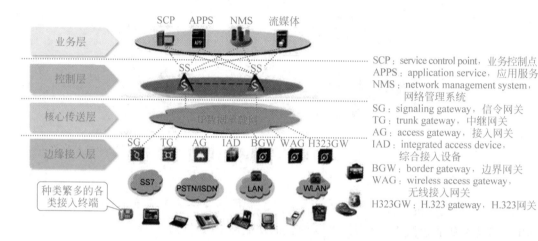

SCP: service control point,业务控制点
APPS: application service,应用服务
NMS: network management system,
网络管理系统
SG: signaling gateway,信令网关
TG: trunk gateway,中继网关
AG: access gateway,接入网关
IAD: integrated access device,
综合接入设备
BGW: border gateway,边界网关
WAG: wireless access gateway,
无线接入网关
H323GW: H.323 gateway,H.323网关

图 4-11 Soft Switch 系统结构示意图

5. Centrex

除了以上的用户电话交换系统,通信业务运营商还提供了虚拟电话交换机业务Centrex,利用公众网络的资源来组成专用网络,为公众网络用户提供虚拟专用交换分机(private branch exchange,PBX)服务的特殊交换功能,因此又称为集中用户小交换机或虚拟用户交换机。

相对于传统小交换机而言,Centrex 不需要用户购置任何硬件设备,也不需要占用空间。Centrex 所需要的所有硬件都在电信公司的内部交换机内,实际上是电话局交换机的一部分,或是电话局交换机的一种功能。它是在电话局交换机上将部分用户划分为一个基本用户群,向该用户群提供用户专用交换机的各种功能,还可以提供一些特有的服务功能。因为这个用户群中并不存在专用的交换机,所以用户对内、对外的交换都集中在电话局的交换机中。

Centrex 不仅适合人员集中的单位或部门使用,还适用于用户分机分散在不同地点的情况,组网灵活,并且能方便地增加或减少容量。采用集中式用户交换机的部门或单位,除了可以享用公用电话网的各种服务外,还能获得电话部门的一些专业化服务。

4.2.7 数字集群无线对讲系统

无线对讲系统具有机动灵活、操作简便、语音传递快捷、使用经济等特点,用于团体成员间的联络和指挥调度,可以提高沟通效率和提高处理突发事件的快速反应能力,是实现生产高度自动化和管理现代化的基础手段,广泛应用于公安、消防、物业、酒店、交通、电力等行业。数字对讲系统是将语音信号数字化,以特定的数字编码方式和特定的基带调制形式,并采用数字信号处理器进行优化的数据化通信模式。与模拟对讲系统相比,它具有清晰的语音质量和更好的保密性,以及完备的控制和调度功能。而数字集群无线对讲系统与普通的数字对讲系统相比,具有稳定性高(其中一台信道机损坏的情况下并不影响通信)、信道利用率高(通过用户共享信道,提高了信道的利用率)、可以设置优先级(优先级高的用户可以优先呼叫)等优点,适用于大面积、多终端的使用环境。

数字集群无线对讲系统示意图如图 4-12 所示。

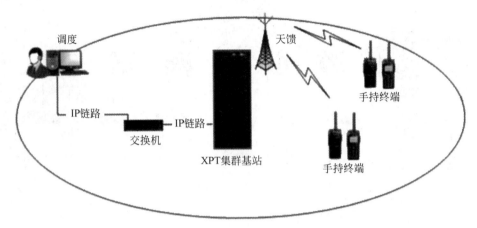

图 4-12　数字集群无线对讲系统示意图

无线集群对讲系统包括信道机、合路器、分路器、天线、调度管理服务器、管理工作站、交换机、对讲终端等设备,主要品牌有海能达、摩托罗拉等。

4.2.8　信息网络系统

信息网络系统(information network system,INS)是由应用计算机技术、通信技术、多媒体技术、信息安全技术和行为科学等先进技术和设备构成的信息网络平台。

信息网络系统是一种高速信息传递系统,其特点如下。

(1) 以通信卫星和其他信息设备为基础,将采用声音之类连续变化信号的通信网络转变为采取数字形式的数字通信网络。

(2) 将数据通信、电话通信、传真通信、视频通信加以综合,提高了网络的通信效率。

(3) 该系统的收费标准从时间单位过渡到传送信息单位,并对远近距离的价格差做了大幅度的调整。其作用在于提高办公室自动化的通信服务质量,降低其成本。该系统的发展方向是提高民用通信线路的性能,使服务内容多样化,进一步提高服务质量,实现电话网的数字化,将非电话线路、图像通信线路与电路网结合起来。

信息网络系统结构示意图见图 4-13。

信息网络系统按照目前的处理技术能达到的功能,大体可分为三个层次。

(1) 事务处理层是系统的最底层,包括文字处理、表格处理、收发文件、电子邮件、文档管理、财务管理等日常例行办公事务等。

(2) 信息管理层以较大的数据库作为结构的主体,来实现事务管理和信息管理等功能,

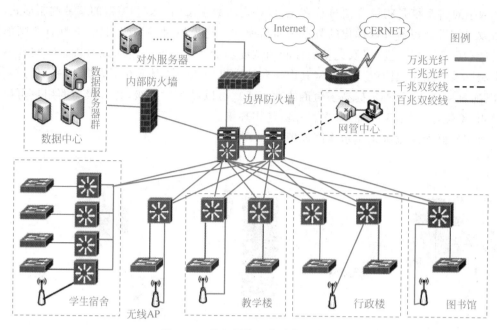

图 4-13　信息网络系统结构示意图

是建立在数据库和事务型信息网络系统之间的纽带。

（3）决策支持层是利用数据库和系统实时提供的数据,对各种试验和方案进行比较和方案优化,可辅助决策者进行决策。

三个层次的信息网络系统利用通信技术(如局域网、广域网或程控交换机)进行数据交换。

4.2.9　有线电视系统及卫星电视接收系统

1. 有线电视系统

有线电视系统采用一套专用接收设备来接收当地的电视广播节目,以有线方式(目前一般采用光缆)将电视信号传送给建筑或建筑群的各用户。这种系统克服了楼顶天线林立的状况,解决了接收电视信号时由于反射而产生重影的影响,改善了由于高层建筑阻挡而形成电波阴影区处的接收效果。但是,在智能建筑中,人们并不满足于有线电视系统仅接收、传送广播电视信号这种单一的功能,还需要它能传送其他信号。

有线电视系统一般由三部分组成:前端部分、干线部分和分配部分。有线电视系统结构拓扑图见图 4-14。

（1）前端部分提供有线电视信号源,设备主要有混频器、卫星接收设备等。有线电视信号源可以有各种类型。物业有线电视输出端是主要来源,根据需要,用户如果有自办节目,或者要接收市有线电视台以外的卫星电视都要设置卫星接收设备和混频器。如果当卫星接收的频道与有线电台播放的频道有冲突时,应将卫星接收频道加频道转换器,转换到1~64 频道中某一空余频道。如果制式不同,还必须加制式转换器,最后与有线电视系统一起混频后传向用户电视系统。本系统设计不包括自办频道部分,即没有考虑混频器等设备,

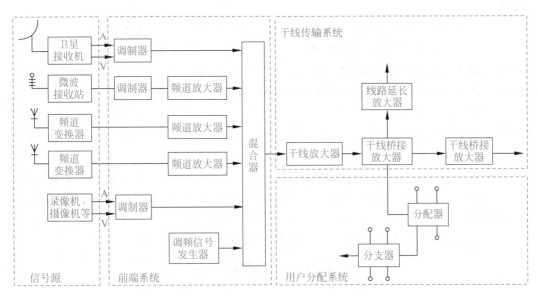

图 4-14 有线电视系统结构拓扑图

而是把物业有线电视信号直接输入电视放大器。

（2）干线部分的主要设备是干线放大器，根据有线电视用户总数不同，需要干线提供的信号大小也不一样，干线放大器用来补偿干线上的传输损耗，把输入的有线电视信号调整到合适的大小后输出。

（3）分配部分的设备包括分配器和分支器。分配器属于无源器件，作用是将一路电视信号分成几路信号输出，规格有二分配器、三分配器、四分配器等。分配器可以相互组成多路分配器，但分配出的线路不能开路，不用时应接入 75Ω 的负载电阻。分配器的主要技术指标是分配损失、分配隔离度及驻波比。

分支器的作用是将电缆输入的电视信号进行分支，每个分支电路接一台电视机。它由一个主路输入端、一个主路输出端和若干个分支输出端构成，分支器都是串接在干线上。分支器的主要技术指标有插入损耗、分支损耗、分支隔离度、驻波比及反向隔离度。按每层平面电视机的布局，可以组成"分配—分支"的树型系统结构，经由分配器分别输出；也可以组成"分配—分配—分支输出"的结构，但不建议采用三级分配器的结构。

分支器有一分至四分支器，分支器的分支端直接接到终端用户的电视面板上，电视机端的输入电平按规范要求应控制在 $60\sim80$dB，在用户终端相邻频道之间的信号电平差不应大于 3dB，但邻频传输时，相邻频道的信号电平差不应大于 2dB，将根据此标准采用不同规格的分支器。

2. 卫星电视接收系统

卫星电视接收系统就是利用卫星来直接转发电视信号的系统。直接接收卫星电视节目的接收站是一种简易接收系统，专供集团或家庭接收使用。

卫星电视广播系统的主要功能是通过卫星这个空间转播站，把主发射台的电视节目向地球上的预订服务区进行广播。

卫星电视接收系统一般由三部分组成，即接收天线、室外单元（高频头）和室内单元（接收机)。

(1) 接收天线:卫星电视接收系统的天线主要有抛物面天线和卡塞格伦天线。

(2) 室外单元(高频头):卫星电视接收天线接收卫星信号非常弱,一般由天(馈)线送给高频头输入端的载波信号(4GHz 或 12GHz),功率为 90dBmW 左右,经低噪声放大、混频及中频放大后,高频头输入 20~30dBmW 的中频(970~1470MHz)信号。

(3) 室内单元(接收机):将高频头送来的中频信号(970~1470MHz)解调还原成具有标准接口电平的电视图像和伴音信号。为了满足一般电视机直接收看的需求,卫星接收机还备有标准频道的射频电视信号输出。

室内单元和室内单元之间用同轴电缆连接,用以传输中频信号和供电。对于智能建筑而言,天线系统一般设置在建筑物顶部,可根据需要架设多面天线。接收到的电视信号(基带)按需要调制到指定的射频载波上(一般使用残余边带调幅方式),然后通过混合器合路后进入 CATV 系统,送给各个终端用户。典型的卫星电视接收站系统见图 4-15。

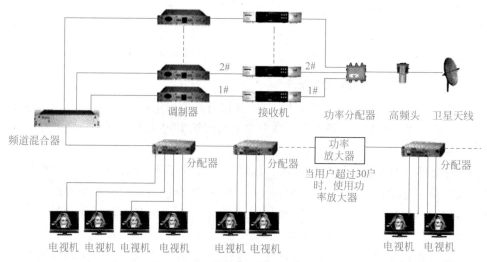

图 4-15 典型的卫星电视接收站系统

4.2.10 公共广播系统

公共广播系统是一项系统工程,它需要电子技术、电声技术、建声技术和声学艺术等多种学科密切配合。公共广播系统的音响效果不仅与电声系统的综合性能有关,还与声音的传播环境建筑声学和现场调音使用密切相关,所以公共广播系统的最终效果需要正确合理的电声系统设计和调试、良好的声音传播条件和正确的现场调音技术三者最佳的配合,三者相辅相成,缺一不可。

公共广播系统包括背景音乐和紧急广播功能,通常两者结合在一起。它的对象为公共场所,在走廊、电梯门口、电梯轿厢、大厅、商场、餐厅、酒吧、宴会厅、小区花园等处装设组合式声柱或分散式扬声器箱,平时播放背景音乐,当发生紧急事件时,强切为紧急广播,用它来指挥、疏散人群。

公共广播系统应包括业务广播、背景广播和紧急广播。

公共广播系统基本可分为节目源设备、信号放大器和处理设备、传输线路和扬声器系统四部分。

公共广播系统结构示意图见图 4-16。

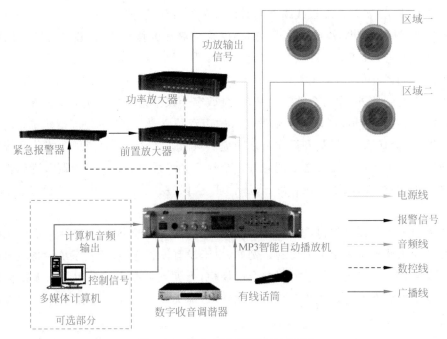

图 4-16 公共广播系统结构示意图

（1）节目源设备：通常为无线电广播等设备提供，此外还有传声器、电子乐器等。

（2）信号放大器和处理设备：包括均衡器、前置放大器、功率放大器和各种控制器及音响加工设备等。这部分设备的首要任务是信号放大，其次是信号的选择。调音台和前置放大器的作用和地位相似（当然调音台的功能和性能指标更高），它们的基本功能是完成信号的选择和前置放大，还担负对音量和音响效果进行各种调整和控制的功能。有时为了更好地进行频率均衡和音色美化，还另外单独投入图示均衡器。这部分是整个广播音响系统的控制中心。功率放大器则将前置放大器或调音台送来的信号进行功率放大，再通过传输线去推动扬声器放声。

（3）传输线路：传输线路虽然简单，但随着系统和传输方式的不同而有不同的要求。对礼堂、剧场等，由于功率放大器与扬声器的距离不远，一般采用低阻、大电流的直接馈送方式。传输线要求用专用喇叭线，而对公共广播系统，由于服务区域广、距离长，为了减少传输线路引起的损耗，往往采用高压传输方式，由于传输电流小，故对传输线要求不高。

（4）扬声器系统：要求整个系统的匹配，同时其位置也要切合实际。礼堂、剧场、歌舞厅音色，扬声器一般用大功率音箱；而公共广播系统，由于它对音色要求不高，一般用 3～6W 的天花喇叭即可。

4.2.11 会议系统

进入 21 世纪后，随着数字技术的飞速发展和人们对会议系统音质要求的不断提高，会议系统也全面进入了数字化时代,全数字会议系统应运而生。全数字会议系统的核心技术是多通道数字音频传输技术,它采用"模/数"转化技术,直接将拾取到的发言人的语音转换成数字信号,然后将数字信号编码后在线缆上进行传输,并根据传输线缆的带宽条件,采用相应的复用技术,以实现在一根线缆上同时传输多路音频信号。

全数字会议系统从根本上解决了早期会议系统存在的接地干扰、设备噪声、通道串音、长距离传输等问题,声音保真度极高,接近 CD 音质。同时,一对双绞线或双同轴电缆可传输多路的原声和译音信号,避免采用复杂的多芯电缆,既节省费用,又方便施工布线,还可增强系统的可靠性。此外,作为全数字化平台,全数字会议系统可以方便地实现许多增值应用功能,如独立麦克风输出,可以对每个发言人的声音独立录音,或单独进行修饰;内部通信功能为主席、与会代表、翻译员和操作员之间提供双向通话功能;短消息功能使系统管理员可以给所有或某个会议单元发送短消息等。全数字会议系统的计算机控制管理软件功能也非常强大,包含会场设计、麦克风管理、表决管理、会议签到、身份识别、人员管理等多个功能模块。

近年来出现了无线会议讨论系统、无线表决系统等无线会议系统产品。系统无线化给设备安装及使用操作带来很大的便利。例如,由于没有设备连线,某些系统设备就可以不再进行固定安装,因此,使用人员可以根据会议规模,方便地调整系统配置等。无线会议系统的主要缺点是可靠性和保密性相对较低。此外,目前无线会议系统还需在性能和成本方面加以改善。

随着社会的进步,现代会议系统的网络化是今后会议系统发展的一个趋势。众所周知,网络能迅速地将各种信息进行快速传输。在会议系统中,网络化的优势主要体现在以下几个方面。

(1) 可以实现工程技术人员对会议系统的远程集中控制,远程监测、诊断、维护。

(2) 对具有多个会议厅堂的大型会议中心,可以实现信息和设备共享,大幅降低系统建设投资。

(3) 可使会议系统与视频会议系统实现资源共享,可以通过网络观看整个会议过程,甚至参与会议。

最基本的会议系统由麦克风、功放、音响、桌面显示设备(如桌面智能终端、液晶显示器等)组成,这几样设备的组合应用即为一个会议系统,它们起到了传声、显示、扩声的作用,达到能看、能听、能说话的目标。

随着科技的发展、功能需求的提升,特别是计算机、网络的普及和应用,会议系统的范畴变得更大,包括表决/选举/评议、视像、远程视像、电话会议、同传会译、桌面显示等。这些是构成现代会议系统的基本元素,同时衍生了一系列的相关设备,比如中控、温控、光源控制、声音控制、电源控制等。在现代科技发展的助力下,会议系统定义为一整套与会议相关的软、硬件。

多功能会议系统包括数字会议讨论/表决、同声翻译、集中控制、多媒体显示、远程视频会议、会议环境/灯光控制、音箱扩声等多个子系统。多功能会议系统结构示意图见图 4-17。

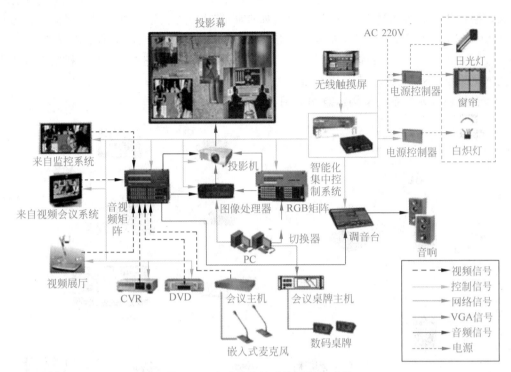

图 4-17　多功能会议系统结构示意图

4.2.12　信息导引及发布系统

　　信息引导及发布系统具有在特定的时间、特定的地点，对特定的人群发布信息资讯的作用，它融合了多媒体视频信息的多样性和生动性，实现了信息发布的远程集中管理和内容随时更新，使受众在第一时间接收到最新鲜的各类资讯。数字媒体信息发布系统将成为信息化建设的重要载体，不仅能够提供及时、全面、优质、高效的信息服务及全新的文化氛围，还能够极大地提升环境的整体形象，也是现代建筑的必然趋势。

　　多媒体信息发布系统由服务器、网络、播放器、显示设备组成。该系统工作过程如下：将服务器的信息通过网络（广域网/局域网/专用网都适用，包括无线网络）发送给播放器，再由播放器组合音视频、图片、文字等信息（包括播放位置和播放内容等），输送给液晶电视机等显示设备可以接收的音视频输入形式，形成音视频文件的播放，这样就形成了一套可通过网络将所有服务器信息发送到终端的链路。如果实现一个服务器可以控制全市、全国甚至全世界的网络广告机终端，那我们就可以在世界的任何一个有网络覆盖的位置实现广告的发布，节省的不只是人工费用，而且使信息发布达到安全、准确、快捷的要求，竞争激烈的现实社会已经基本形成通过网络管理、发布信息的趋势。

　　多媒体信息发布系统主要包括中心管理系统、终端显示系统和网络平台三部分。

　　（1）中心管理系统：软件安装于管理与控制服务器上，具有资源管理、播放设置、终端管理及用户管理等主要功能模块，可对播放内容进行编辑、审核、发布、监控等，对所有播放机进行统一管理和控制。

　　（2）终端显示系统：包括媒体播放机、音视频传输器、音视频中继器、显示终端，主要通过媒体播放机接收传送过来的多媒体信息（如视频、图片、文字等），通过网络将画面内容展示在 LCD、PDP 等显示终端上，可提供广电质量的播出效果及安全稳定的播出终端。

（3）网络平台：是中心管理系统和终端显示系统的信息传递桥梁，可以利用工程中已有的网络系统，不用另外搭建专用网络。

信息导引及发布系统架构示意图见图 4-18。

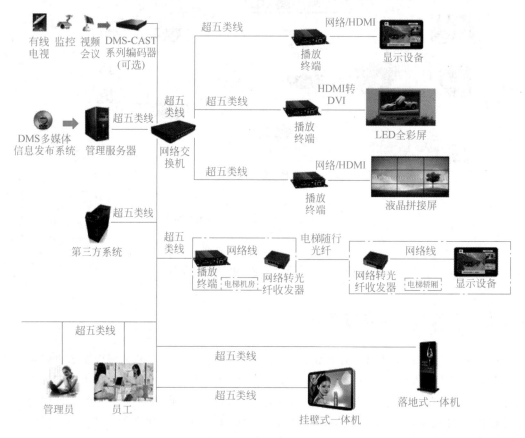

图 4-18　信息导引及发布系统架构示意图

可通过对多媒体存储和播放服务器、各种终端（如机顶盒、PC、手机、平板电脑等）的组合，来提供各种应用系统和解决方案。多媒体信息发布系统完全可以基于企业网或者互联网作为网络平台来运行各种多媒体信息系统，并且支持所有的主流媒体信息，它可以让企业、大型机构、运营商或者连锁式机构基于网络构建多媒体信息系统，为用户提供高质量的多媒体信息服务。

4.3　建筑设备管理系统

4.3.1　建筑设备监控系统

建筑设备监控系统监控的设备范围包括冷热源、供暖通风和空气调节、给排水、供配电、照明、电梯等,并包括以自成控制体系方式纳入管理的专项设备监控系统等;采集的信息包括温度、湿度、流量、压力、压差、液位、照度、气体浓度、电量、冷热量等建筑设备运行基础状态信息;监控模式应与建筑设备的运行工艺相适应,并应满足对实时状况监控、管理方式及管理策略等进行的要求;应适应相关的管理需求与公共安全系统信息关联;宜具有向建筑内相关集成系统提供建筑设备运行、维护管理状态等信息的条件。

以霍尼韦尔楼宇设备监控系统为例,建筑设备监控系统结构示意图见图 4-19。

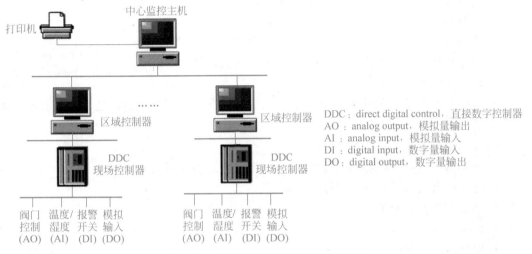

图 4-19　建筑设备监控系统结构示意图

霍尼韦尔楼宇设备监控系统命名为 EBI 系统,由中央站和分站组成。根据监控设备的分布情况,分站直接以星形连接方式与中央站连接在一起,系统的中央站和分站之间没有主控制器和网络控制器之类的设备,保证现场控制器的独立工作能力和数据结构及通信速度无任何改变,保持在不同应用中数据的一致性和控制的实时性。

楼宇设备监控系统的范围通常包括冷源监控系统、热源监控系统、空调机组/新风机组监控系统、送排风机监控系统、给排水监控系统、照明监控系统、供配电监测系统、室外环境监测系统、柴油发电机监测系统等。

1. 冷源监控系统

- 监测冷水机组运行状态、故障报警,并对其进行启停控制。
- 监测冷冻水泵运行状态、故障报警,变频反馈状态,并对其进行启停控制、变频控制。
- 监测冷却水泵运行状态、故障报警、变频反馈状态,并对其进行启停控制、变频控制。
- 监测冷却塔风机运行状态、故障报警、手/自动状态,并对其进行启停控制。
- 控制冷却塔相关蝶阀。
- 监测冷却塔补水泵运行状态、故障报警、变频反馈状态,并对其进行启停控制、变频控制。
- 监测冷冻水供/回水温度、流量。
- 根据冷冻水供/回水压力对旁通阀进行调节。
- 监测冷却水供/回水温度。

- 根据冷却水供/回水压力对旁通阀进行调节。
- 动态实时地显示各测量参数。
- BAS可根据系统的数据转换成各种动态图像,使用户可迅速直接地掌握系统各方面情况。

除上述冷源监控点位外,还应对冷站系统预留集成接口。

2. 热源监控系统

- 监测热交换器一次侧、二次侧供/回水温度。
- 监测热交换器一次侧、二次侧供/回水压力。
- 监测热水泵运行状态、故障报警、手/自动状态,并对其进行启停控制。
- 对热交换器一次侧热水阀进行控制,并监测其反馈状态。
- 动态实时地显示各测量参数。
- BAS可根据系统的数据转换成各种动态图像,使用户可迅速直接地掌握系统各方面的情况。

3. 空调机组/新风机组监控系统

- 控制风机的启停,监测其运行状态、手/自动状态和故障报警。
- 电动两通阀(冷热水阀)进行PID调节。
- 加湿阀进行PID调节。
- 监测送风温湿度。
- 监测回风温湿度。
- 监测送风压力。
- 防冻报警监测,对机组进行保护。
- 监测进风/回风过滤器前后压差,到设定范围后,通知清洗过滤器,以防堵塞。
- 新/回风阀调节控制。
- 风机运行时间积累等。
- 风机变频控制及状态反馈。
- 提供时间控制程序、事故报警等功能,春季、秋季直接使用新风,夏季清晨及时吸入冷空气。
- 在中央工作站上对系统中各种温度进行监测和设定。
- 编制时间程序自动控制风机启停,并累计运行时间。

4. 送排风机监控系统

- 监测送排风机的运行状态、故障报警。
- 送排风机可根据预定时序自动控制(或手动控制)各台风机的启停。
- 动态实时地显示各测量参数。
- BAS可根据系统的数据转换成各种动态图像,使用户可以迅速、直接地掌握系统各方面的情况。
- 记录和自动累计设备运行时间,定时提醒工作人员进行检修保养。

5. 给排水监控系统

- 监测生活水泵、中水泵、排污泵的运行状态、故障报警、手/自动状态,并对其进行启停控制。

- 监测给水箱、污水坑的超高、高液位报警。
- 水泵运行时间积累等。
- 泵发生故障时备用泵自动投切。
- BAS 可根据系统的数据转换成各种动态图像,使用户可迅速、直接地掌握系统各方面的情况。
- 记录和自动累计设备运行时间,定时提醒工作人员进行检修保养。

6. 照明监控系统

- 照明回路运行状态。
- 照明回路启停控制。
- BAS 可根据系统的数据转换成各种动态图像,使用户可迅速、直接地掌握系统各方面的情况。
- 记录和自动累计设备运行时间,定时提醒工作人员进行检修保养。

7. 供配电监测系统

以接口方式对柴油发电机监测系统进行集成。

8. 室外环境监测系统

- 监测点如室外温湿度、室外 CO_2 浓度、室外 SO_2 浓度、室外 NO_2 浓度。
- BAS 可根据系统的数据转换成各种动态图像,使用户可迅速、直接地掌握系统各方面的情况。
- 记录和自动累计设备运行时间,定时提醒工作人员进行检修保养。

9. 柴油发电机监测系统

以接口方式对柴油发电机监测系统进行集成。

4.3.2　建筑能效监管系统

建筑能效监管系统应符合下列规定。

能耗监测的范围宜包括冷热源、供暖通风和空气调节、给排水、供配电、照明、电梯等建筑设备,且计量数据应准确,并应符合国家现行有关标准的规定。

能耗计量的分项及类别宜包括电量、水量、燃气量、集中供热耗热量、集中供冷耗冷量等使用状态信息。

根据建筑物业管理的要求及基于对建筑设备运行能耗信息化监管的需求,应能对建筑的用能环节进行相应适度调控及供能配置适时调整。

应通过对纳入能效监管系统的分项计量及监测数据统计分析和处理,提升建筑设备协调运行和优化建筑综合性能。

建筑能效监管系统示意图见图 4-20。

1. 数据采集层

通过各种仪表分项采集企业内各主要耗能设备的耗电量、耗水量、耗气量、耗热量等参数数据。

- 耗电量:电流、电压、功率、功率因数、电度、电能质量参数。
- 耗水量:水速、进水量、排水量、水位高度。

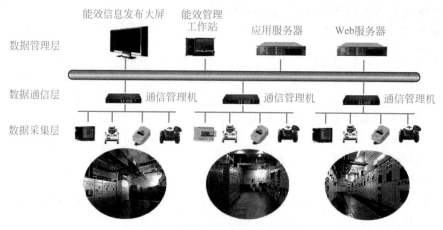

图 4-20 建筑能效监管系统示意图

- 耗气量：压力、密度、温度、累积气量。
- 耗热量：进口温度、出口温度、流速、流量、累积热量。

2. 数据通信层

通过通信网络将采集到的数据转发给数据管理层，支持 RS-485/RS-232 总线、光纤、电话网络、电力线载波、ZigBee、GSM/GPRS/CDMA 和 TCP/IP 网络传输等多种方式。

3. 数据管理层

- 实时在线监测整个企业的生产能耗动态过程，显示企业能耗分布、流向信息。
- 收集生产过程中大量分散的能耗数据，实现能源消耗过程的信息化、可视化。
- 通过计算、处理诊断每个能耗监测点的能耗效率和损耗情况。
- 监测能耗异常报警、专家分析预案处理等，避免更大能耗浪费和设备损失。
- 报表分析、统计，可以对不同能耗设备进行横向对比，或者同类设备按时间纵向对比，反馈给企业管理者，使其全面了解企业的能源管理水平及用能状况。
- 排查在能源利用方面存在的问题和薄弱环节，挖掘节能潜力，寻找节能方向。
- 能耗信息可以与企业 ERP(企业资源管理计划)、MRP(物料需求计划)系统互联，实现数据共享，方便管理层进行生产调度和决策。

通过优化运行方式和用能结构，建立企业单位能耗评估、考核体系，提高企业现有供能设备的效率，实现节能增效、清洁生产。

建筑物的节能措施主要通过建筑设备管理系统(BAS 系统)来执行。能源管理平台和 BAS 系统的完美结合，是实现能源控制和管理措施的保障。目前，能源管理和 BAS 还分属于不同的智能化系统，两系统的相互融合应该是智能化系统发展的方向。

4.4 公共安全系统

公共安全系统应有效地应对建筑内火灾、非法侵入、自然灾害、重大安全事故等危害人们生命和财产安全的各种突发事件，并应建立应急和长效的技术防范保障体系。

公共安全系统应以人为本、主动防范、应急响应、严实可靠，宜包括火灾自动报警系统、安全技术防范系统和应急响应系统等。

4.4.1　消防报警系统

消防报警系统又称为火灾自动报警系统,是由触发装置、火灾报警装置、联动输出装置以及其他辅助功能装置组成的。它能在火灾初期,将燃烧产生的烟雾、热量、火焰等物理量,通过火灾探测器变成电信号,传输到火灾报警控制器上,同时显示出火灾发生的部位、时间等,使人们能够及时发现火灾,并采取有效措施,扑灭初期火灾,最大限度地减少因火灾造成的生命和财产损失,是人们同火灾做斗争的有力工具。

火灾自动报警系统原理图见图 4-21。

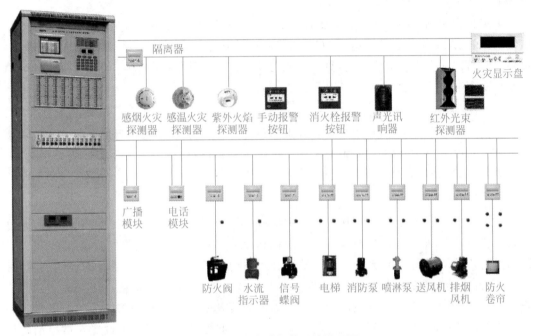

图 4-21　火灾自动报警系统原理图

一般火灾自动报警系统与自动喷水灭火系统、室内消火栓系统、防排烟系统、通风系统、空调系统、防火门、防火卷帘、挡烟垂壁等相关设备联动,自动或手动发出指令,并启动相应的装置。

1. 触发器件

在火灾自动报警系统中,自动或手动产生火灾报警信号的器件称为触发件,主要包括火灾探测器和手动火灾报警按钮。

火灾探测器是能响应火灾参数(如烟、温度、火焰辐射、气体浓度等),并自动产生火灾报警信号的器件。按响应火灾参数的不同,火灾探测器分成感温火灾探测器、感烟火灾探测器、感光火灾探测器、可燃气体探测器和复合火灾探测器五种基本类型。不同类型的火灾探测器适用于不同类型的火灾和不同的场所。

手动火灾报警按钮是手动方式产生火灾报警信号、启动火灾自动报警系统的器件,也是火灾自动报警系统中不可缺少的组成部分之一。

2. 报警装置

在火灾自动报警系统中,报警装置是用于接收、显示和传递火灾报警信号,能发出控制信号,并具有其他辅助功能的控制指示设备。

火灾报警控制器就是其中最基本的一种。火灾报警控制器为火灾探测器提供稳定的工作电源;监视探测器及系统自身的工作状态;接收、转换、处理火灾探测器输出的报警信号;进行声光报警;指示报警的具体部位及时间;同时执行相应辅助控制等诸多任务。火灾报警控制器是火灾报警系统中的核心组成部分。

在火灾报警装置中,还有一些如中断器、区域显示器、火灾显示盘等功能不完整的报警装置,它们可视为火灾报警控制器的演变或补充。它们可在特定条件下应用,与火灾报警控制器同属于火灾报警装置。

火灾报警控制器的基本功能主要有主电、备电自动转换,备用电源充电功能,电源故障监测功能,电源工作状态指标功能,为探测器回路供电功能,探测器或系统故障声光报警,火灾声、光报警、火灾报警记忆功能,时钟单元功能,火灾报警优先报故障功能,声报警音响消音及再次声响报警功能。

3. 警报装置

在火灾自动报警系统中,用于发出区别于环境声、光的火灾警报信号的装置称为火灾警报装置。它以声、光音响方式向报警区域发出火灾警报信号,以警示人们采取安全疏散、灭火救灾的措施。

4. 控制设备

在火灾自动报警系统中,当接收到火灾报警后,能自动或手动启动相关消防设备,并显示其状态的设备,称为消防控制设备。消防控制设备主要包括火灾报警控制器、自动灭火系统的控制装置,室内消火栓系统的控制装置,防烟排烟系统及空调通风系统的控制装置,常开防火门、防火卷帘的控制装置,电梯回降控制装置,以及火灾应急广播、火灾警报装置、消防通信设备、火灾应急照明与疏散指示标志等控制装置中的部分或全部。消防控制设备一般设置在消防控制中心,以便于实行集中统一控制。有的消防控制设备设置在被控消防设备所在的现场,但其动作信号必须返回消防控制室,实行集中与分散相结合的控制方式。

4.4.2 安全技术防范系统

1. 安全防范综合管理系统

安全防范综合管理系统平台系统功能应包含视频类设备远程管理及控制、报警类设备远程管理及控制、门禁类设备远程管理及控制、电子地图应用、远程监控和控制图像、系统日志、数据集中存储、权限集中管理等基本功能,支持语音对讲、语音广播、远程门禁控制及管理、照明设备远程控制等功能。系统采用开放式、模块化设计,通过提炼不同设备的共通性,设计系统的统一标准接口。通过标准接口,能够兼容不同厂商的产品,特别是国内外各种主流的音视频设备。同时,集成了安防周边的多种报警主机、远程控制、门禁等设备协议,使系统具有高度的兼容性,有效解决了系统后续升级,扩充不同设备、新旧设备之间协议不同的问题。开发系统时,选用跨平台的技术,能够运行在不同的操作系统上,满足现有的兼容性需求,并能将以后新上的本地监控报警系统无缝纳入本系统。联网监控系统应具有本地和远程维护保障能力,方便系统的日常维护。

2. 入侵报警系统

入侵报警系统(intruder alarm system,IAS)利用传感器技术和电子信息技术,探测并指示非法进入或试图非法进入设防区域(包括主观判断面临被劫持、遭抢劫或其他危急情况时,故意触发紧急报警装置)的行为、处理报警信息、发出报警信息的电子系统或网络。

入侵报警系统是指当有人非法侵入防范区时引起报警的装置,它用来发出出现危险情况的信号。入侵报警系统就是用探测器对建筑内外重要地点和区域进行布防。它可以及时探测非法入侵,并且在探测到有非法入侵时,及时向有关人员示警。譬如门磁开关、玻璃破碎报警器等可有效探测外来的入侵,红外探测器可感知人员在楼内的活动等。一旦发生入侵行为,该系统能及时记录入侵的时间、地点,同时通过报警设备发出报警信号。

入侵报警系统通常由前端设备(包括探测器和紧急报警装置)、传输设备、处理/控制/管理设备和显示/记录设备等部分构成。

入侵报警系统示意图见图 4-22。

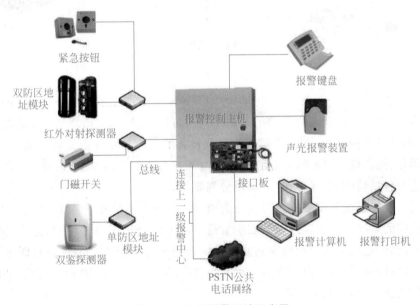

图 4-22　入侵报警系统示意图

前端设备由各种探测器组成,是入侵报警系统的触觉部分,相当于人的眼睛、鼻子、耳朵、皮肤等,可以感知现场的温度、湿度、气味、能量等各种物理量的变化,并将其按照一定的规律转换成适于传输的电信号。

处理/控制/管理设备主要是报警控制器。

监控中心负责接收、处理各子系统发来的报警信息、状态信息等,并将处理后的报警信息、监控指令分别发往报警接收中心和相关子系统。

3. 视频安防监控系统

视频安防监控系统(video surveillance & control system,VSCS)是利用视频技术探测、监视设防区域,并实时显示、记录现场图像的电子系统或网络。

视频安防监控系统示意图见图 4-23。

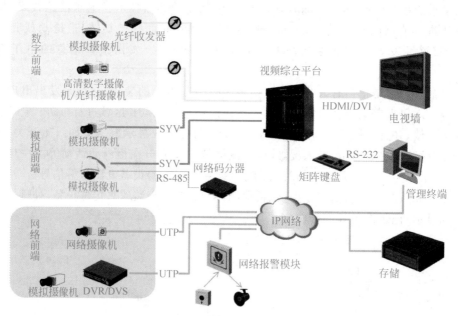

图 4-23 视频安防监控系统示意图

视频安防监控系统一般由前端、传输、控制及显示记录四个主要部分组成。前端部分包括一台或多台摄像机,以及与之配套的镜头、云台、防护罩、解码驱动器等;传输部分包括电缆或光缆,以及可能的有线/无线信号调制解调设备等;控制部分主要包括视频切换器、云台镜头控制器、操作键盘、种类控制通信接口、电源和与之配套的控制台、监视器柜等;显示记录设备主要包括监视器、录像机、多画面分割器等。

视频安防监控系统类型基本上可以分为两种。一种是本地独立工作,不支持网络传输、远程网络监控的监控系统。这种视频安防监控系统通常适用于内部应用,监控端和被监控端都需要固定好地点,早期的视频安防监控系统普遍是这种类型。另一种是既可本地独立工作,也可联网协同工作,特点是支持远程网络监控,只要有密码和联网计算机,随时随地可以进行安防监控,以网络人为代表。

4. 出入口控制系统

出入口控制系统(access control system,ACS)是采用现代电子设备与软件信息技术,在出入口对人或物的进出,进行放行、拒绝、记录和报警等操作的控制系统。系统同时对出入人员编号、出入时间、出入门编号等情况进行登录与存储,从而成为确保区域安全、实现智能化管理的有效措施。

出入口控制系统与考勤系统、消费系统、停车场系统、巡更系统一起归入一卡通智能管理系统。

出入口控制系统利用自定义符识别或模式识别技术对出入口目标进行识别,并控制出入口执行机构启闭的电子系统或网络。

出入口控制系统主要由识读部分、传输部分、管理/控制部分和执行部分及相应的系统软件组成。出入口控制系统结构示意图见图4-24。

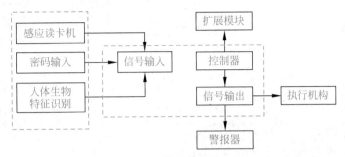

图 4-24   出入口控制系统结构示意图

出入口控制系统有多种构建模式。按其硬件构成模式划分,可分为一体型和分体型;按其管理/控制方式划分,可分为独立控制型、联网控制型和数据载体传输控制型。一体型出入口控制系统的各个组成部分通过内部连接、组合或集成在一起,实现出入口控制的所有功能。分体型出入口控制系统的各个组成部分,在结构上有分开的部分,也有通过不同方式组合的部分。分开部分与组合部分之间通过电子、机电等技术连成为一个系统,实现出入口控制的所有功能。独立控制型出入口控制系统,其管理/控制部分的全部显示/编程/管理/控制等功能均在一个设备(出入口控制器)内完成。联网控制型出入口控制系统,其管理/控制部分的全部显示/编程/管理/控制功能不在一个设备(出入口控制器)内完成。其中,显示/编程工作同另外的设备完成。设备之间的数据传输通过对可移动的、可读写的数据载体的输入/导出操作完成。

5. 电子巡查系统

电子巡查系统又称为电子巡更系统,是管理者考查巡更者是否在指定时间按巡更路线到达指定地点的一种手段。巡更系统帮助管理者了解巡更人员的表现,而且管理人员可通过软件随时更改巡逻路线,以配合不同场合的需要。

电子巡更系统分为无线和有线两种。

(1) 无线电子巡更系统由信息纽扣、巡更手持记录器、下载器、计算机及其管理软件等组成。信息纽扣安装在现场,如各住宅楼门口附近、车库、主要道路旁等;巡更手持记录器由巡更人员值勤时随身携带;下载器是连接手持记录器和计算机进行信息交流的部件,它设置在计算机房。无线巡更系统安装简单,不需要专用计算机,而且系统扩容、修改、管理非常方便。

(2) 有线电子巡更系统是巡更人员在规定的巡更路线上,按指定的时间和地点向管理计算机发回信号以表示正常。如果在指定的时间内,信号没有发到管理计算机上,或不按规定的次序出现信号,系统将认为是异常。这样,巡更人员出现问题或危险时,会很快被发觉。

巡更系统包括巡更棒、通信座、巡更点、人员点(可选)、事件本(可选)、管理软件(单机版、局域版、网络版)等主要部分,见图4-25。

6. 访客对讲系统

常见的访客对讲系统有直按式对讲系统、数字式对讲系统和可视式对讲系统三类。其

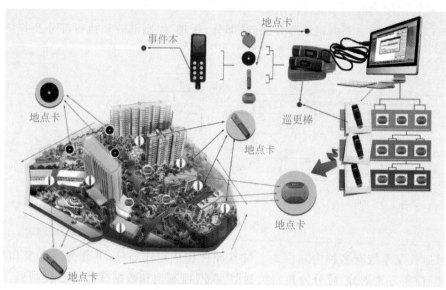

图 4-25　电子巡更系统示意图

中,可视式对讲系统目前使用广泛,是现代化的小区住宅服务措施,提供访客与住户之间双向可视通话,达到图像、语音双重识别,从而增加安全可靠性,同时可以节省大量的时间,提高工作效率。更重要的是,一旦住户家内所安装的门磁开关、红外报警探测器、烟雾探测器、瓦斯报警器等设备连接到可视对讲系统的保全型室内机上以后,可视对讲系统就升级为一个安全技术防范网络,它可以与住宅小区物业管理中心或小区警卫有线或无线通信,从而起到防盗、防灾、防煤气泄漏等安全保护作用,为住户的生命财产安全提供最大程度的保障。它可提高住宅的整体管理和服务水平,创造安全社区居住环境,因此逐步成为小康住宅不可缺少的配套设备。

对讲系统主要由主机、分机、UPS 电源、电控锁和闭门器等组成。根据类型可分为直按式、数码式、数码式户户通、直按式可视对讲、数码式可视对讲、数码式户户通可视对讲等。

可视对讲系统示意图见图 4-26。

7. 停车场管理系统

停车场管理系统是通过计算机、网络设备、车道管理设备搭建的一套对停车场车辆出入、场内车流引导、收取停车费进行管理的网络系统,是专业车场管理公司必备的工具。它通过采集车辆出入记录、场内位置,实现车辆出入和场内车辆的动态和静态的综合管理。系统一般以射频感应卡为载体,通过感应卡记录车辆进出信息,通过管理软件完成收费策略实现、收费账务管理、车道设备控制等功能。

车道控制设备是停车场系统的关键设备,是车辆与系统之间进行数据交互的界面,也是实现友好用户体验的关键设备。所以,很多人就直接把车道控制设备理解成"停车场系统",很多专业设备提供商也在介绍材料中把两者混淆。实际上,车道控制设备只是属于停车场管理系统的一个模块单元。

停车场系统应用现代机械电子及通信科学技术,集控制硬件、软件于一体。随着科技的发展,停车场管理系统也日新月异,目前较为专业化的停车场系统为免取卡停车场。

免取卡停车场示意图见图 4-27。

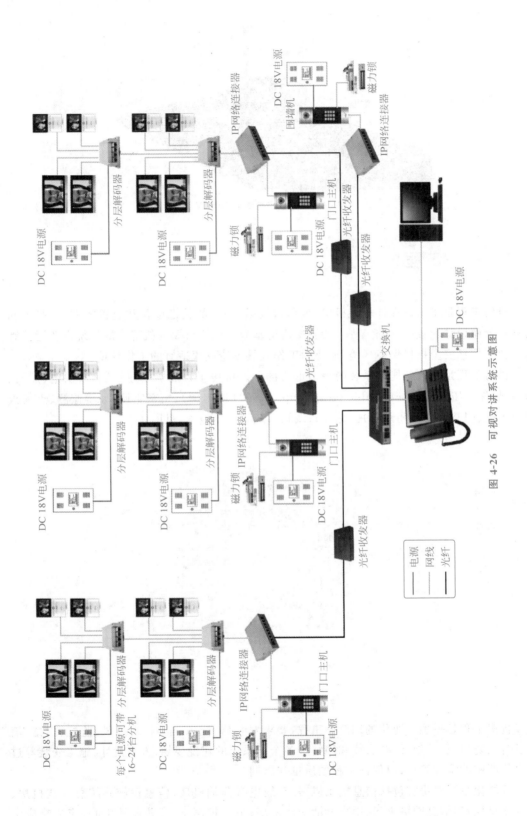

图 4-26 可视对讲系统示意图

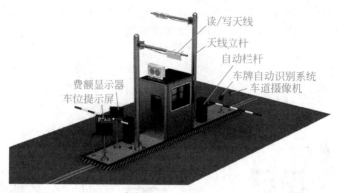

图 4-27　免取卡停车场示意图

4.5　机房工程

机房工程是指为确保计算机机房(也称为数据中心)的关键设备和装置能安全、稳定和可靠运行而设计配置的基础工程。计算机机房基础设施不仅要为机房中的系统设备运营管理和数据信息安全提供保障环境,还要为工作人员创造健康适宜的工作环境。

机房工程是建筑智能化系统的一个重要部分。机房工程涵盖了建筑装修、供电、照明、防雷、接地、UPS(uninterruptible power supply,不间断电源)、精密空调、环境监测、火灾报警及灭火、门禁、防盗、闭路监视、综合布线和系统集成等技术,见图 4-28。

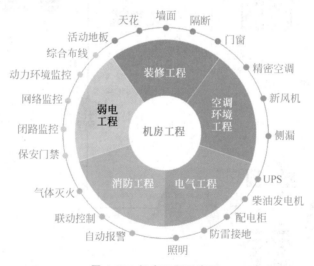

图 4-28　机房工程示意图

机房工程是一项专业化的综合性工程,要求对装修、配电、空调、新排风、监控、门禁、消防、防雷、防过压、接地、综合布线和网络等各个子系统的建设规划、方案设计、施工安装等过程进行严密的统筹管理,以保证工程的质量和周期。

智能化系统机房宜包括信息接入机房、有线电视前端机房、信息设施系统总配线机房、智能化总控室、信息网络机房、用户电话交换机房、消防控制室、安防监控中心、应急响应中心和智能化设备间(弱电间、电信间)等,并可根据工程具体情况独立配置或组合配置。

4.6 智能化集成系统

智能化集成系统应成为建筑智能化系统工程展现智能化信息合成应用和具有优化综合功效的支撑设施。智能化集成系统功能的要求应以绿色建筑为目标及建筑物自身使用功能为依据,满足建筑业务需求与实现智能化综合服务平台应用功效,确保信息资源共享和优化管理及实施综合管理功能等。

智能化集成系统的功能应符合下列规定。

(1)应以实现绿色建筑为目标,满足建筑的业务功能、物业运营及管理模式的应用需求。

(2)应采用智能化信息资源共享和协同运行的架构形式。

(3)应具有实用、规范和高效的监管功能。

(4)宜适应信息化综合应用功能的延伸及增强。

智能化集成系统构建应符合下列规定。

(1)系统应包括智能化信息集成(平台)系统与集成信息应用系统。

(2)智能化信息集成(平台)系统宜包括操作系统、数据库、集成系统平台应用程序、各纳入集成管理的智能化设施系统与集成互为关联的各类信息通信接口等。

(3)集成信息应用系统宜由通用业务基础功能模块和专业业务运营功能模块等组成。

(4)宜具有虚拟化、分布式应用、统一安全管理等整体平台的支撑能力。

(5)宜顺应物联网、云计算、大数据、智慧城市等信息交互多元化和新应用的发展。

应采用合理的系统架构形式和配置相应的平台应用程序及应用软件模块,实现智能化系统信息集成平台和信息化应用程序运行的建设目标,智能化集成系统架构从以下几个方面展开。

(1)集成系统平台,包括设施层、通信层、支撑层。

设施层包括各纳入集成管理的智能系统设施及相应运行程序等。

通信层包括采取标准化、非标准化、专用协议的数据库接口,用于与基础设施或集成系统的数据通信。

支撑层提供应用支撑框架和底层通用服务,包括数据管理基础设施(实时数据库、历史数据库、资产数据库)、数据服务(统一资源管理服务、访问控制服务、应用服务)、基础应用服务(数据访问服务、报警事件服务、信息访问门户服务等)、基础应用(集成开发工具、数据分析和展现等)。

(2)集成信息应用系统,包括应用层和用户层。

应用层是以应用支撑平台和基础应用构件为基础,向最终用户提供通用业务处理功能的基础应用系统,包括信息集中监视、事件处理、控制策略、数据集中存储、图表查询分析、权限验证、统一管理等。管理模块具有通用性、标准化的统一监测、存储、统计、分析及优化等应用功能,如电子地图(可按系统类型、地理空间细分)、报警管理、事件管理、联动管理、信息管理、安全管理、短信报警管理、系统资源管理等。

用户层是以应用支撑平台和通用业务应用构件为基础,具有满足建筑主体业务专业需求功能及符合规范化运营及管理应用功能,一般包括综合管理、公共服务、应急管理、设备管理、物业管理、运维管理、能源管理等,例如面向公共安全的安防综合管理系统,面向运维的设备管理系统,面向办公服务的信息发布系统、决策分析系统等,面向企业经营的 ERP 业务监管系统等。

(3)系统整体标准规范和服务保障体系,包括标准规范体系和安全管理体系。

标准规范体系是整个系统建设的技术依据。

安全管理体系是整个系统建设的重要支柱,贯穿于整个体系架构各层的建设过程中,该体系包含权限、应用、数据、设备、网络、环境和制度等。其中,运维管理系统包含组织/人员、流程、制度和工具平台等层面的内容。

智能化集成系统架构见图 4-29。

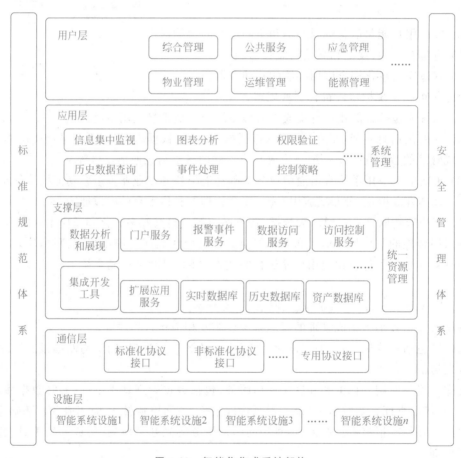

图 4-29　智能化集成系统架构

在工程设计中,宜根据项目的实际状况采用合理的架构形式,配置相应的应用程序及应用软件模块。

(4)智能化集成系统通信互联应符合下列规定。

① 应具有标准化通信方式和信息交互的支持能力。

② 应符合国际通用的接口、协议及国家现行有关标准的规定。

应确保纳入集成的多种类智能化系统按集成确定的内容和接口类型提供标准化和准确的数据通信接口，实现智能化系统信息集成平台和信息化应用的整体建设口标。通信接口程序可包括实时监控数据接口、数据库互联数据接口、视频图像数据接口等类别，实时监控数据接口应支持 RS-232/485、TCP/IP、API 等通信形式，支持 BACNet、OPC、Modbus、SNMP 等国际通用通信协议，数据库互联数据接口应支持 ODBC、API 等通信形式；视频图像数据接口应支持 API、控件等通信形式，支持 HAS、RTSP/RTP、HLS 等流媒体协议。当采用专用接口协议时，接口界面的各项技术指标均应符合相关要求，由智能化集成系统进行接口协议转换以实现统一集成。通信内容应满足智能化集成系统的业务管理需求，包括实施对建筑设备各项重要运行参数及故障报警的监视和相应控制，对信息系统定时数据汇集和积累，对视频系统实时监视和控制与录像回放等。

（5）智能化集成系统配置应符合下列规定。

① 应适应标准化信息集成平台的技术发展方向。

② 应形成对智能化相关信息采集、数据通信、分析处理等支持能力。

③ 宜满足对智能化实时信息及历史数据分析、可视化展现的要求。

④ 宜满足远程及移动应用的扩展需要。

⑤ 应符合实施规范化的管理方式和专业化的业务运行程序。

⑥ 应具有安全性、可用性、可维护性和可扩展性。

（6）关于智能化集成系统的架构规划、信息集成、数据分析和功能展示方式等，应以智能化集成系统功能的要求为依据，以智能化集成系统构建和智能化集成系统接口的要求为基础，确定技术架构、应用功能和性能指标规定，实现智能化系统信息集成平台和信息化应用程序的具体目标。

 学习笔记

第5讲 绿色建筑的智能化应用

要实现绿色建筑的建设目标,需要通过运营管理来体现。绿色建筑的运营管理则是坚持"以人为本"和可持续发展的理念,从建筑全生命周期出发,通过应用适用技术信息化与智能化技术,在传统物业服务的基础上进行效率与价值的提升,实现节能、节地、节水、节材与保护环境的目标。

5.1 绿色建筑的运行需求

绿色建筑的运营管理体现在物业管理的日常工作中。一般建筑通常在工程竣工后,才开始考虑运营管理,而绿色建筑需要在规划设计阶段就确定运营管理策略与目标,然后在运营过程中不断改进。

我国颁布的《物业管理条例》《国务院关于修改〈物业管理条例〉的决定》《物业管理师制度暂行规定》《物业服务收费管理办法》《物业管理企业资质管理办法》《物业管理师资格认定考试办法》等法规,正在逐步规范物业管理行业及其从业人员的行为,物业管理经营人受物业所有人的委托,按照国家法律和管理标准及委托合同行使管理权,运用现代科学和先进的维修养护技术,以经济手段管理物业,从事对物业及其周围环境的养护、修缮、经营,并为使用人提供多方面的服务,使物业发挥最大的使用价值和经济效益。

建筑的运营管理是指建筑物使用期的物业管理服务。物业服务的常规内容有给排水、燃气、电力、通信、保安、绿化、保洁、停车、消防、电梯及其他共用设施设备的日常维护等。

绿色建筑的运营管理与传统物业管理相比有以下特点。

(1)应用建筑物全生命周期成本分析方法,制订绿色建筑运营管理的策略与目标,最大限度地节约资源(节能、节地、节水、节材),保护环境和减少污染。

(2)坚持"以人为本",为建筑物的使用者提供健康、适宜和高效的生活与工作环境。

(3)通过采用适用技术、信息化与智能化技术来实施高效运营管理。建筑物的运营管理通过物业管理公司来实施,需处理好使用者、建筑和自然三者之间的关系,既要为使用者创造安全、舒适的空间环境,又要保护周围的自然环境,做好节能、节地、节水、节材与绿化等工作,实现绿色建筑的建设目标,体现管理规范、服务优质高效。

目前绿色建筑的运营管理工作已引起人们的重视,正在克服绿色建筑的建设方、设计方、施工方和物业服务方在工作上存在脱节的现象。建设方在建设阶段应较多地考虑今后运营管理的总体要求与实施细节;物业服务企业应在工程前期介入,以保证工程竣工资料的完整性。目前部分物业企业尚未建立绿色运营的服务观念,不少物业从业人员没有受过专业培训,对掌握绿色建筑的运营管理,特别是智能化技术有困难。因此,在绿色建筑的运营管理领域,还有大量的工作需要推进。

5.2 智能化系统在绿色建筑中的应用

近年来,绿色建筑因符合我国政府可持续发展的国策与世界节能环保主流而得到快速发展,无论是工程界,还是房地产产业,都已经把绿色建筑的建设作为主要工作内容。但是,作为高新技术集成的产物,绿色建筑在我国仍处于初级阶段,就如20年前的智能建筑,人们在以高涨的热情、前卫的理念去构造心中的理想物时,往往缺失了科学性和严谨性。

教学视频:
智能化系统
在绿色建筑
中的应用

1. 绿色建筑工程实践中的问题

在工程实践中,由于各种功利的影响,我们的行为往往在有意无意中出现了以下情况。

1)重形式与理念,轻实效与长效

不少绿色建筑本质上是实验性项目,建设时虽然强化了绿色理念,把各种绿色建材、绿色建筑设计方法、节能技术、节能设备等全部堆积、组合在一幢孤立的建筑物中,并且以此获取各类绿色建筑示范工程的称号,但是没有完整的测试数据与运行数据,不能提供建设与运行的成本资料。不少绿色建筑工程,有的为示范工程,有的为零能耗建筑,都只是在设计的理想值上进行介绍,而太阳能光伏发电系统提供的能量、太阳能制冷系统的出力、地源热泵的供能热量、建筑物内的舒适度等,或数据不全,或是根本未加以考虑。

2)缺乏对生命周期成本的分析

在现代社会中,任何人工设施都必须进行生命周期的成本分析,根据其建设的投资与其生命期内维持功能的费用得到生命周期的成本,然后由该设施的收益进行投入产出的效益分析。

绿色建筑中使用节能环保设备及可再生能源设施的建设成本是巨大的,有些设备的寿命远低于建筑物的寿命,而且运行维护的费用不菲。然而,这些投入是否获得预期的收益,还未可知。例如,设施投运后究竟节能多少,设施节能/产能的成本究竟是多少,设施运行的环境代价是什么;又如,某些专家指出,光伏发电系统在其生命周期内所生产的电能小于其制造的能耗,那么在电网发达区域大规模地建设光伏电站的必要性就值得重新审视。

2. 绿色建筑运营管理的监测

对绿色建筑运营管理进行监测,是为了保障其在运行中实现建设目标,并通过实时运行的数据分析建筑物的节能与环境保护的效能及缺陷。需要指出,这一监测并非是对绿色建材与节能设施的性能测试,而是从工程整体验证绿色建筑的实际效益。

1)监测内容

绿色建筑运行数据的监测大致分为以下三类。

(1)环境监测:涉及室内外的温度、湿度、CO_2、照度,户外风速与室内自然通风的空气流速、排放水的水质参数等。

(2)能源监测:涉及建筑物的能源参数如电压、电流、电度(分项计量值)及其累计量、燃气耗量及其累计量、燃油耗量及其累计量、供水量及其累计量、区域提供的冷/热量及其累计量、可再生能源提供的电量及其累计量或冷/热量及其累计量等。

（3）设施监测：包括墙体内外侧的温度，太阳能光伏发电系统的蓄电池电压与逆变器状态参数，地/水源热泵机组的工作井与监测井的水温、水位及水质，地源热泵机组土壤热交换器的压力损失，地/水源热泵机组的进水温度与流量，循环水的得热量与释热量等。

2）监测技术

（1）监测参数。从绿色建筑的监测内容来看，监测参数并不复杂，主要是温度、湿度、压力、流量、流速、电压、电流、电度、CO_2、水质等。其中的冷量、热量则通常由温度、流量通过计算间接测量而得。虽然这些参数并不复杂，而且测量的范围远比工业航空、航天要小得多，精度要求也不是很高，但是由于监测场所的多样性，所以对监测器的要求则有很大的差异。以温度监测器为例，有室内温度、送风温度、室外温度、冷冻水温度、墙体温度、水井温度、锅炉燃气温度等的测试，就需要选择不同类型、不同防护形式、不同传感器的温度监测器，甚至不同测量原理的监测器。

（2）监测系统。绿色建筑的监测内容可属于不同的专业测量系统，不仅要稳定、可靠、准确地获取建筑内、外的环境与设施运行数据，而且需要进行监测数据的初步处理。例如，建筑热耗测定中常用的热流计，用来测量建筑物围护结构或各种保温材料的传热量及物理性能参数；现场传热系数监测仪可不受季节限制实现现场围护结构传热系数监测。又如，红外热像仪将红外辐射能转换成电信号，经放大处理、转换成视频信号，通过监测器显示红外热像图，这种非接触式的测量不会破坏被测温度场，除具有红外测温仪的优点（如非接触快速、能对运动目标和微小目标测温等）外，还能直观地显示物体表面的温度场，输出的视频信号可采用多种方式来显示、存储和处理。红外热像仪可远距离测定建筑物围护结构的热工缺陷（如空洞、热桥、受潮、剥落等），可通过测得的各种热像图表征各种建筑构造中热工缺陷的位置和大小。部分监测数据则来源于设施的监控系统，需要通过通信接口向绿色建筑的监测平台进行传输。地源热泵、水源热泵、太阳能光伏发电设备等自身带有专业的监控系统，为保证设备的正常运行而不断地采集相关数据，这些设备往往分布在建筑物内、外，将这些数据汇集在一起并不容易，其中最大的困难是它们的监控系统通常是封闭的，不能向外传输数据，有时虽留有通信接口，但其协议不易公开，需花很大的费用才能破解这类信息孤岛，否则就要重复设置大量的探测器件。为能降低绿色建筑建设与运行成本，建议用于绿色建筑的各类设施制造商充分考虑设备监控系统与外界信息交互的设计。

3. 绿色建筑运行数据的分析

绿色建筑在传统建筑的基础上设置了生态设施与节能设施，改换了建材与建筑部件，这无疑需要增加建设成本。增加这类投入，可以获得生态环保效益，降低运行成本，也是人们所期望的，但是对此的分析不应停留在设计目标与理论期望的阶段，应从绿色建筑的全生命周期进行分析，并通过实际运行数据给出结论。

目前对于绿色建筑已有众多的评估指标体系。如英国建筑研究所（BRE）的"建筑环境评价方法"（BREEAM）；美国绿色建筑协会主要用于评价商业（办公）建筑整体在全生命周期中的绿色生态表现的"LEED绿色建筑等级体系"；加拿大发起的"绿色建筑挑战"（GBC），通过"绿色建筑评价工具"（GB Tools）评价统一的性能参数指标。建立全球化的绿色建筑性能评价标准和认证系统，为各国各地区绿色生态建筑的评价提供较为统一的国际化平台，使不同地区和国家之间的绿色建筑实例具有可比性，目前可能还是个良好的愿望。由于技术与商业出发点的不同和评估方法的差异，目前主流的评估指标及方法还是定性分类评价。

5.3 绿色建筑的设备及设施系统

5.3.1 绿色公共建筑的设备及设施系统

我国从 2005 年开始编制绿色建筑标准,现行国家标准为《绿色建筑评价标准》(GB/T 50378—2019)。该标准明确了绿色建筑的概念,即在全生命周期内,节约资源、保护环境、减少污染,为人们提供健康、适用、高效的使用空间,最大限度地实现人与自然和谐共生的高质量建筑。结合公共建筑的特点,可见建设绿色公共建筑的目标主要集中体现在以下三方面。

(1) 提供安全、舒适、快捷的优质服务。

(2) 低碳、节能和降低人工成本。

(3) 建立先进和科学的综合管理机制。

1. 绿色公共建筑的总体设计思路

针对公共建筑在绿色节能方面的需求和措施,营建综合性的管理系统势在必行,智能楼宇能源管理体系(Energy Management System for Intelligent Buildings)便孕育而生,见图 5-1。

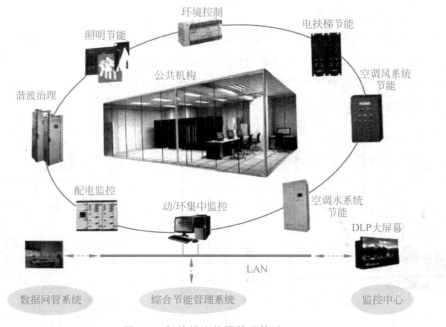

图 5-1 智能楼宇能源管理体系 EMB

EMB 的管理平台可以将环境控制、照明节能、电(自动)扶梯节能、暖通循环水泵节能、暖通空调风机节能、电力需量控制等多项功能整合在一起,通过统一的监控平台和可靠的能量管理系统,实现对能源的综合管理;通过分析、共享各种数据,加强对用能设备的监管,指导各项节能工作有效地展开,最终创造绿色、安全、舒适的居住环境,实现节能效益的最大化。

EMB 能源管理系统可广泛应用于绿色建筑能耗数据的实时采集、管理、监控及辅助决策中,主要有以下特点。

(1) 解决能源分散管理,实现能源消耗的集中监控及管理。

(2) 解决能源计量体系不完整、能耗统计机制不健全的状态,提供从自动化采集、计量、统计核算的系列功能。

(3) 解决节能方向不明确、节能措施不系统的问题,提供能耗分析功能和能耗异常预警提示。

(4) 建立多部门协助下的能源平衡机制,将整体电机设备的日常运行管理纳入受控状态,实现工作成员的有效沟通和高效协作,为能源管理与审计各方提供全局性的功能。

依据各企业不同的架构、组织,EMB的设计主要分成总控中心(SC)、区域中心(SS)、采集单元(SU)三部分,各部分可依据各企业的实际运营模式和管理办法,灵活选择组成模块。采用基于广域网的 Browser/Server(B/S)模式进行组网,形成树状阶层分布式网络结构。分开传输实时数据和历史数据,解决了大容量数据传输的问题。

2. 暖通空调节能

暖通空调能耗占公共建筑总能耗的 $40\%\sim60\%$,因此暖通空调节能是公共建筑节能的重要手段,是打造绿色公共建筑时必不可少的环节。从目前暖通空调运行情况来看,普遍存在"大马拉小车"的情况,造成大量的能量浪费。目前针对暖通空调节能改造的技术手段主要有以下几种。

1) 冷冻机组的智能控制

冷冻机组控制示意图见图 5-2。采用末端控制优先的原理,其主要策略是根据供回水温差来判断末端能量的需求,通过自动切换冷冻机的运行台数,使冷冻机工作在最佳能效比曲线段,减少因冷冻机低效运行而造成无谓的能耗,提高冷冻机能效比,可实现主机设备节能 $10\%\sim15\%$。

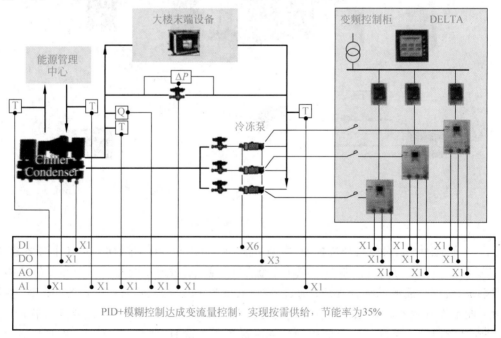

图 5-2 冷冻机组控制示意图

2）水泵变频

运用变频和 PID 控制技术,通过对冷冻水流量的模糊预期控制、冷却水的自适应模糊优化控制和冷冻主机系统的间接(或启停)控制,可实现空调冷媒流量跟随负荷的变化而动态调节(按需供冷),确保整个空调系统始终保持高效运行,从而最大限度地降低空调系统能耗。

3）变风量(VAV)系统

大型公共建筑为人群极为密集的场所,空调运行时,除裙房外,其他楼层门窗通常是密闭的,从而使室内自然换气次数极小。需要依靠空调系统输送新风到室内,同时排风系统需要将与新风量相同的室内空气排到室外,以满足人群卫生的要求。由于夏季排风温度较低,而新风温度较高,让新风与排风进行热交换,以降低新风的进风温度,可以节省制冷机大量的冷量。同时,加强了室内外的通风换气,是改善室内空气品质的最有效方法。

典型绿色建筑空调系统控制方案见图 5-3。

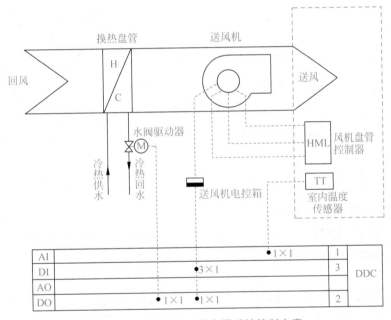

图 5-3　典型绿色建筑空调系统控制方案

3. 照明节能设计

在公共建筑中,照明能耗通常仅次于中央空调,但是照明的节能改造必须在保证建筑内照度要求的基础上进行,否则会造成建筑内人员不舒适的感觉。针对绿色建筑对照明的要求,主要的解决方案有更换高效节能灯具,使用 LED 灯,安装照明省电器及照明自动控制系统。

1）更换高效节能灯具

目前,公共建筑中使用的灯多数是 T8 型荧光灯、紧凑型荧光灯或者用于突出商品和建筑特点而使用的金卤、卤钨灯等。大型商场由于实际使用需求和安装特点,灯具更换难度较大,但是大型超市、写字楼、医院及商业建筑大型的地下停车场内普遍使用的是 T8 型荧光灯,照明时间也很长。专业数据显示,节能灯,如稀土三基色节能灯比白炽灯节电 80%,

寿命是白炽灯的 5 倍，光效是白炽灯的 35 倍。尽管成本要高出几倍，但价格的差距可以在随后的使用中节省出来。

实践证明，在不影响照明效果的前提下，更换节能光源和灯具是最行之有效的照明节能措施。但是目前节能灯具产品的质量良莠不齐，选择更换时，要选取优质的产品。

2）使用 LED 节能灯

使用 LED 灯是今后绿色建筑的发展趋势，与其他类型的灯具相比较，LED 灯具有以下显著的特点，见表 5-1。

表 5-1 各类灯具对比表

对比项	LED 灯	高压钠灯	无极灯	备 注
光源特点	固体照明	气体放电照明	气体放电照明	LED 灯照明是固体照明，耐冲击振动，不易碎；气体放电照明是玻璃外壳，易碎
平均照度	相当			高压钠灯光谱很宽，所以光通量比 LED 灯大，但实际照明效果不如大功率 LED 灯，因为光谱中的很多光起不到照明作用，如紫外、红光等
显示指数	80～90	20～30	60～70	
环保特性	无污染	有汞、铅重金属污染	有汞、铅重金属污染	目前废旧高压钠灯和无极灯无法有效解决汞的回收，对环境有很大危害
功率特性	恒功率	变功率	变功率	功率不恒定，不仅使高压钠灯和无极灯耗电增加，而且严重影响其使用寿命
调光	无级调光	不可调	不可调	调光功能要在半夜后节省大量电力

同时，LED 灯还具备以下优势。

（1）在相同亮度的情况下，LED 灯的耗电是白炽灯的 1/8，日光灯的 1/3。

（2）LED 灯的寿命至少是白炽灯的 12 倍，节能灯的 4 倍，日光灯的 5 倍，光衰到 70% 的标准寿命可达 5000h。

（3）LED 灯的光谱几乎全部集中于可见光频率，效率可达 80%～90%，白炽灯的可见光效率仅为 10%～20%。

LED 灯的响应时间是纳秒级，可以频繁开关以及无级调光照度。

3）安装照明省电器

省电装置是根据照明灯具及电器最佳工况的特点，利用电压自耦信息的反馈和叠加原理，采用高新技术制作的高磁导材料和专利的绕线技术研发而成的自耦式节电装置，使二次侧的功率（视在功率 kV·A，有功功率 kW，功率因数 PF）得到改善，以补足主绕组损失之电力，从而提供用电设备最稳定、最经济的工作电压，实现节电和节能的目的，节能效率可达 10%（降低 5V），同时能让灯管及电器寿命有效延长 1.5～2.8 倍。

安装照明省电器，可以起到稳压、滤波、提高功率因数的作用，达到节能与延长灯具使用寿命的结果。

4）建设照明智能控制系统

照明自动控制系统可以实现对建筑照明的自动化控制和管理，可以和 BAS 系统进行联网,实现远程监视、设备自动控制、自动抄表和计费及自动报表。

照明自动控制系统可以灵活地进行场景控制;根据照度或人员进入情况控制照明;可以以计算机统一控制管理,提高效率;可以遥控控制。但系统复杂,需要较高水平的运行维护人员,且该系统以提高管理效率为主、节能为辅,节能量有限。

4. 电扶梯节能

电扶梯作为公共建筑物的主要耗电设备,存在较大的节能空间。可采用变频技术,在动力具有富余量的情况下,通过降低电动机的运行频率来达到节电的目的,并具备可双向转换、自动启停、缓停缓起、流量统计等功能。电扶梯主要有以下特点。

(1) 在不影响对负载做功的前提下,调整供应电压,使耗电量减少。

(2) 对负载提供相对较稳定的工作电压,提升供电品质。

(3) 减少机器设备发热,降低设备故障率,延长使用寿命。

(4) 对大部分设备,可提升功率因数(4%~6%),节省电费。

5. 新能源的利用

光伏发电已成为绿色建筑应用太阳能的重要手段之一。

光伏建筑(building mounted photovoltaic,BMPV)是指将太阳能发电产品集成到建筑中,我国把光伏建筑分为安装型(building attached photovoltaic,BAPV)和构件型(building photovoltaic,BPV)。相对于较狭义的光伏建筑一体化(building integrated photovoltaic,BIPV)来说,光伏系统附着在建筑上的BAPV更多地用在目前的绿色建筑中,其中,在屋顶上建造光伏发电系统则是比较常见的一种形式。

1) 光伏建筑一体化设计

光伏建筑一体化就是将光伏发电系统和建筑幕墙、屋顶等围护结构系统有机地结合成一个整体结构,不但具有围护结构的功能,又能产生电能,供建筑使用。

光伏建筑一体化具有以下特点。

(1) 一体化设计,光伏电池成为建筑物的组成部分,节省了光伏电池的建设成本。

(2) 有效地利用了阳光照射的空间,高效地利用太阳辐射,这对于人口密集、土地昂贵的城市建筑尤为重要。

(3) 一体化设计的光伏发电量首先为本建筑物使用,即可原地发电、原地使用,省去了电网建设的投资,减少输电、分电的损耗(5%~10%)。

(4) 在夏季用电高峰时,BIPV正好吸收夏季强烈的太阳辐射,并转换成制冷设备所需的电能,从而舒缓电力需求高峰时期的供需矛盾,具有良好的社会效益。

(5) 使用新型建筑围护材料,可降低建筑物的整体造价,使建筑物的外观更具魅力。

(6) 可减少由化石燃料发电所带来的污染量,对于环保要求更高的今天和未来极为重要。

(7) 光伏建筑一体化产生的电力可用于建筑物内公共设施,降低建筑运行能耗费。

2) 屋顶光伏发电设计

BAPV系统可按照最佳或接近最佳角度设计,可采用性能好、成本低的标准光伏组件,系统安装简单高效,可获得最好的投资效益,成为光伏投资商最佳选择。而且新建筑的增长速度远没有光伏发展快,因此现有建筑成为最主要的选择对象,从而使BAPV成为当前市场选择的主流。

屋顶太阳能发电系统通常采用并网型 AC 供电系统。太阳能发出的电能与市电供电线路并联,给负载供电。当市电停电时,直/交流电力转换器会自动停止输出,以防止太阳能供电系统过载而损坏。当负载需要的电能少于太阳能发电系统输出的电能时,太阳能系统在给负载供电时,将多余的电力送往市电(即卖电给电力公司)。当太阳能系统电能不足以给负载供电时,则将太阳能电能全部提供给负载,不足部分由市电补充(即从电力公司买电)。

对于屋顶太阳能发电系统,当建设空间受限或场地成本较高时,优先选用标准且效率高的单晶硅或多晶硅太阳能电池板。上海世博主题馆屋顶光伏发电效果图见图 5-4。

图 5-4　上海世博主题馆屋顶光伏发电效果图

5.3.2　绿色住宅建筑的设备与设施

绿色住宅建筑中诸多的设备与设施通过科学的整体设计和相互配合,可高效利用能源,最低限度地影响环境,达到建筑环境健康舒适、废物排放量无害、建筑功能灵活经济等多方面目标。

1. 住宅绿色能源

住宅小区涉及的绿色能源包括太阳能、风能、水能、地热能等。使用绿色能源,不仅可以减少对不可再生能源的消耗,而且可以减少由于能源消耗而造成的环境污染。在规划设计中,应对能源系统进行分析,因地制宜地选择合适的能源结构。

2. 水环境

绿色住宅建筑的水环境系统包括中水系统、雨水收集与利用系统、给水系统、管道直饮水子系统、排水系统、污水处理系统、景观用水系统等,水环境系统的建设应节约水资源和防止水污染。

小区的管道直饮水子系统是指自来水经过深度处理后,达到《饮用净水水质标准》(CJ 94—2005)规定的水质标准,通过独立封闭的循环管网,供给居民直接饮用的给水系统。管道直饮水子系统的设备、管材及配件必须无毒、无味、耐腐蚀、易清洁。排水系统由小区内污水收集、处理和排放等设施组成,生态小区的排水应采用雨水、污水分流系统;污水处理系统将小区内的生活污水经收集、净化后,达到规定排放标准,污水处理工艺应根据水质、水量的要求确定;中水系统是将住宅的生活污废水经收集、处理后,达到规定的水质标准,可在一定范围内重复使用的非饮用水系统;雨水收集与利用系统将小区内建筑物屋面和地面的雨水,经过收集、处理后,达到规定的水质标准,可在一定范围内重复使用;景观用水系统由水景工程的池水、流水、跌水、喷水、涌水等用水组成,景观用水设置水净化设施,采用循环系统。

3. 空气环境

空气环境包括室外和室内大气环境和空气质量。住宅小区室外大气环境质量应达到国家二级标准,要对空气中的悬浮物、飘尘、CO、CO_2、氮氧化物、光化学氧化剂的浓度进行采样监测。室内房间应80%以上能实现自然通风,室内外空气可以自然交换,卫生间应设置通风换气装置,厨房应有煤气集中排放系统。室内装修应考虑装修材料的环保性,防止因装修材料挥发性病毒、有害气体而对室内环境造成影响。

4. 声环境

声环境是指室外、室内的噪声环境。在绿色住宅小区中,室外白天声环境不应大于45dB,夜间不应大于40dB;室内白天应小于35dB,夜间应小于30dB。若不能满足要求,室外可建设隔声屏或种植树木进行人工降噪;室内可采取对外墙构造结合保温层做隔声处理,窗采用双层玻璃,门和楼板选用隔声性能好的材料等。此外,共用设备、室内管道要进行减振、消声,供暖、空调设备噪声不能大于30dB。

5. 光环境

光环境是指室内、室外都能充分利用自然光,光照度宜人,没有光污染。为保证室内的自然采光要求,窗地比宜大于1:7,室内照明应大于120lx。住宅80%的房间均能自然采光,楼梯间的公共照明应使用声控或定时开关,提倡使用节能灯具。室外广场、道路及公共场所宜采用绿色照明,道路识别应采用反光指示牌、反光道钉、反光门牌等。室外照明应合理配置路灯、庭院灯、草坪灯、地灯等,形成丰富多彩、温馨宜人的室外立体照明系统。

6. 热环境

住宅的采暖、空调及热水供给应尽量利用太阳能、地热能等绿色能源,推广采用采暖、空调、生活热水三联供的热环境技术。冬季供暖的室内温度宜保持在18~22℃,夏季空调的室内温度宜保持在22~27℃,室内垂直温差宜小于4℃。供暖、空调设备的室内噪声不得大于30dB。

集中采暖系统的热源应采用太阳能、风能、地热能或废热资源等绿色能源,系统应能实现分室温度调节,实施分户热计量,并宜设置智能计量收费系统。

分户独立式采暖系统的热源同样宜采用清洁能源,有条件地区宜利用太阳能作为热源。采用燃气作为热源时,应采取一定措施防止局部空气环境污染。利用热泵机组采暖时,应考虑辅助热源,以保证系统运行稳定。采用电采暖系统时,宜利用太阳能作为辅助能源。如有废热资源可供使用,宜采用低温热水地板辐射采暖。

应考虑回收利用集中空调的余热,新风进口应远离污染源。

7. 微电网控制

可再生能源的开发利用的容量较小,且间歇性强,仅适宜就地开发利用,补充供给住宅负荷。从能源管理角度分析,能源的生产地应尽量靠近终端用户,以降低输送成本,提高能源供给的可靠性。在一个局部区域,可根据具体生态能源和资源的情况,建设局域微电网,将各类可再生能源转化所得的电能在独立的局域微电网中统一管理,以提供连续可靠的绿色能源。

局域微电网接在小区低压侧供电回路与负载之间,当局域微电网电量不足时,由市政电网正常供电。微电网不需要大量的蓄电池组储存生态能源电能,但要求具有很好的负载平衡的调控功能。

8. 垃圾处理设施

近年来,我国城市垃圾迅速增加。城市垃圾的减量化、资源化和无害化是我国发展循环经济的重要内容。住宅建筑的生活垃圾中可回收再利用的物质占据相当大的比例,如有机物、废纸、废塑料制品等,可根据垃圾的来源、可否回用的性质、处理难易的程度等进行分类,将其中可再利用或可再生的材料进行有效回收处理,重新用于生产。

绿色住宅建筑的垃圾处理包括垃圾收集、运输及处理等。在具有较大规模的住宅区中,可配置有机垃圾生化处理设备,采用生化技术(利用微生物,通过高速发酵、干燥、脱臭处理等工序,消化分解有机垃圾)快速地处理有机垃圾,达到垃圾处理的减量化、资源化和无害化。

9. 住宅绿色物业管理

绿色住宅运营管理是在传统物业服务的基础上进行提升,要坚持“以人为本”和可持续发展的理念,从建筑全生命周期出发,通过应用适宜技术与高新技术,实现节地、节能、节水、节材与保护环境的目标。绿色住宅运营管理的策略与目标应在规划设计阶段确定,在运营阶段实施,并不断地进行维护与改进。

10. 智能化系统

绿色智能建筑是当今人类面临生存环境恶化、追求人类社会的可持续发展和营造良好环境的必然选择。住宅建筑中的智能化措施是为了促进绿色指标的落实,达到节约、环保、生态的要求,如开发和利用绿色能源、减少常规能源的消耗,对各类污染物进行智能化监测与报警,对火灾、安全进行技术防范等。

在绿色住宅建筑中,智能化系统通过高效的管理与优质的服务,为住户提供一个安全、舒适、便利的居住环境,同时最大限度地保护环境、节约资源和减少污染。绿色小区中的智能设施又分为许多功能系统,这些系统的建设要和小区总体建设统一规划、统筹安排,这样才能最大限度地发挥智能设施的功效。

5.3.3 绿色工业建筑的设备与设施

工业建筑在设计及建设时,应贯彻执行国家在工业领域对节能减排、环境保护、节约资源、循环经济、安全健康等方面的规定与要求。当前,大量新设备、新工艺、新技术的研究和应用为实现工业建筑绿色化提供了丰富的手段。

1. 空调及冷热源

目前国内采用中央空调的工业建筑普遍存在能耗高的问题。工业建筑空调系统的能耗主要有两个方面:一方面是向空气处理设备提供冷热量的冷热源能耗,如压缩式制冷机耗的电,吸收式制冷机耗的蒸汽或燃气消耗,锅炉的煤、燃油、燃气或电消耗等;另一方面是向房间送风和输送空调循环水的风机和水泵所消耗的电能。因此,绿色工业建筑的节能可以从这两个方面入手。通过提高建筑的保温性能,选择合理的室内设计参数,控制合理使用室外新风等手段减少冷、热负荷；通过降低冷凝温度，提高蒸发温度，优选制冷设备等措施提高冷源效率；减小阀门和过滤网阻力，提高水泵效率，确定合适的空调系统水流量，使用变频水泵等减少水泵电耗；定期清洗过滤器，定期检修（皮带、工作点是否偏移，送风状态是否合适等），降低风机能耗等。

此外，空调系统控制的自动化也是节能措施之一。目前很多工业建筑的空调系统未设自控系统，也有很多工业建筑的空调自控系统因年久失修而弃用，这会降低空调系统的运行效率。特别是面积较大的工业建筑，可能有几十台空调、新风机组、风机、水泵等设备，运行管理人员每天忙于启停设备，无法适时地调整设备的运行参数。如果空调系统加装了自控系统，即使是最简单的自动启停控制，也可以节省许多空调能耗。

2. 建筑用水

工业用水主要包括冷却用水、热力和工艺用水、洗涤用水等。工业冷却水用量占工业用水总量的 80% 左右，取水量占工业取水总量的 30%～40%，因此发展高效冷却节水技术是工业节水的重点。热力和工艺系统用水分为锅炉给水、蒸汽、热水、纯水、软化水、脱盐水、去离子水等，其用水量仅次于冷却用水。在工业生产过程中，洗涤用水分为产品洗涤、装备清洗和环境洗涤用水。大力发展和推广工业用水重复利用技术，提高水的重复利用率，是工业节水的首要途径。

此外，工业用水应重视计量管理技术和系统的应用，如配置计量水表和控制仪表；推广建立用水和节水计算机管理系统和数据库；鼓励开发生产新型工业水量计量仪表、限量水表和限时控制、水压控制、水位控制、水位传感控制等控制仪表。

3. 动力与照明

工业建筑的电气设计与民用建筑不同。工业建筑一般单层层高较高，单间面积大，动力负荷多。设计时，需从高压气体放电灯照明、明敷设线路、动力设备配电、电动机控制原理等方面进行综合考虑。工业设备用电属于动力用电，需单独引入并预留电源。

工业建筑应根据建筑功能和视觉工作的要求，选择合理的照明方式和装置，创造良好、节能的室内光环境。照明的节能效果与所选择的灯具及灯源密切相关，在照明设计中采用荧光灯作为照明灯具时，可以通过选择荧光灯管类型而达到降低功率密度值的目的。工业厂房可采用荧光灯光带（槽式灯）或气体放电灯具，一般采用普通照明结合局部照明。根据《建筑照明设计标准》(GB 50034—2013)的规定，照明灯具都应该采取节能措施，即单灯的无功功率补偿，功率因数一般不低于 0.9。

4. 除尘

工业建筑的除尘系统指捕获和净化生产工艺过程中所产生粉尘的局部机械排风系统。包括冶金工业中的转炉、回转炉、手炉，机械工业中的铸造、混砂、清砂，建材工业中的水泥、石棉、玻璃，轻工业中的橡胶加工、茶叶加工、羽绒制品等场合。系统一般由排尘罩、风管、风机、除尘设备、收集输送粉尘等设备组成。一个完整除尘系统的工作过程如下。

（1）用排尘罩捕集工艺过程产生的含尘气体。

（2）捕集的含尘气体在风机作用下，沿风道输送至除尘设备。

（3）在除尘设备中将粉尘分离出来。

（4）净化后，将气体排至大气层。

（5）收集与处理分离出来的粉尘。

　　为保障系统正常运行,防止再次污染,应妥善处理收集到的粉尘。原则是减少二次扬尘,保护环境与回收利用。根据生产工艺条件、粉尘性质、回收利用价值,可采用就地回收、集中回收处理和集中废弃等方式。

　　5. 工业建筑智能化

　　工业建筑智能化系统不仅为人们提供舒适、便利的生产环境,还具有可持续发展的节能功效。我国以往的工业建筑设计侧重于考虑工艺流程和生产的需要,如何在工业建筑体现"以人为本",是工业建筑智能化的主要思路。工业建筑中的智能化系统包括通信网络系统(CNS)、办公自动化系统(OAS)、建筑设备自动化系统(BAS)、消防自动化系统(FAS)、安全防范系统(SAS)、有害物质监测系统(HPM)、射频识别系统(RFID)等。同时,工业建筑一体化集成管理系统 IBMS 将各分系统通过高速网络进行统一集成,可对整个工厂实现综合智能管理。

5.4　绿色公共建筑中的智能化应用

　　绿色建筑不但可以减少对地球环境的伤害,也可以使居住及办公人员更长寿、更健康。但想要有效地提供健康、舒适、环保、节能的工作环境,不但需要使用各种不同的设备和设施系统,还需要搭建智能化的控制平台,将智能化的控制应用于绿色建筑中。应依据实际负荷情况,通过组合不同的自动控制策略调节系统,以达到最佳化运行,实现建筑物节能、延长系统使用寿命的目标。通过对绿色建筑内各类设备进行实时监测、控制及自动化管理,达到环保、节能、安全、可靠和集中管理的目的。

教学视频:
绿色公共建筑中的智能化应用

5.4.1　智能化控制应用范围

　　智能化控制应用范围见图 5-5。

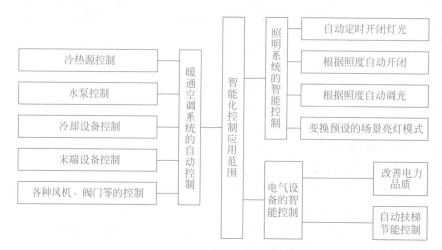

图 5-5　智能化控制应用范围

应根据绿色建筑实时的负荷调整冷热源主机和其他空调设备,在保证室内温度和湿度的前提下,尽可能地节约能源。暖通空调自动控制系统包含冷热源(制冷主机、锅炉等)的控制、水泵(冷冻泵、冷却泵、热水泵、补水泵等)控制、冷却设备(冷却塔、冷却井)控制、末端设备(新风机组、组合式空调机组、风机盘管等)的控制及各种风机、阀门等的控制。

应实现对照明系统的智能控制。可以对大型绿色建筑灯光系统进行智能及灵活地控制其启停及调光,在保证照度时,尽可能地使灯光系统更节能及具有更艺术化的表现能力,具体包含自动定时开闭灯光;根据照度自动开闭;根据照度自动调光;变换预设的场景亮灯模式。

应实现对电气设备的智能控制,包括改善电力品质、自动扶梯节能控制等。

5.4.2 自动控制策略

自动控制策略见图 5-6。

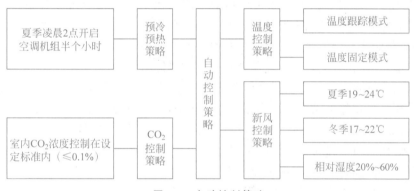

图 5-6 自动控制策略

1. 温度控制策略

根据《民用建筑采暖通风与空气调节设计规范》(GB 50736—2012)的要求,民用建筑冬季室内Ⅰ级建筑宜采用 22～24℃,Ⅱ级建筑宜采用 18～21℃;夏季室内Ⅰ级建筑宜采用 24～26℃,Ⅱ级建筑宜采用 27～28℃。依据以上要求,采用的温度控制模式:温度跟踪模式,根据室外温度智能调节室内温度的目标值,实现室内目标温度随室外温度变化的动态调整,选择最佳运行参数,达到最佳控温效果;温度固定模式,可依据用户设定的温度作为控制目标来进行室内温度控制。

2. 新风控制策略

新风控制类似于过渡季节温度控制。设立空调新风系统主要是为建筑物内的使用人群提供舒适的环境,但在追求舒适的同时也消耗了大量的能源。夏季人们感到最舒适的气温是 19～24℃,冬季是 17～22℃。人体感觉舒适的相对湿度,一般在 20%～60%。因此,在室外温度、湿度良好的情况下,大量引进新风,不仅可以改善空气质量,对空调主机的节能效果也相当显著。但在室外温度低于 5℃或高于 32℃时,不建议引进新风调节,此时新风控制权可完全交给 CO_2 控制。

3. 预冷预热策略

夏季在凌晨 2 点开启空调机组 30min,可实现新鲜空气与建筑内的污浊空气置换。

4. CO_2 控制策略

CO_2 是衡量空气质量的重要指标,为了在节能的同时提供健康的环境,需对 CO_2 进行监测与调节。人类生活的大气中的 O_2 含量为 21%,CO_2 含量为 0.03%(300ppm)。当空气中 CO_2 含量大于 1000ppm 时,人们就会感觉疲倦、注意力低下;当室内 CO_2 含量在 1000~1500ppm 时,人们就会感觉胸闷不适。要提供温度适宜、空气清新的环境,就要求中央空调准确、合理地控制室内温度及 CO_2 的含量。通过公共建筑不同区域布置的 CO_2 传感器采集的 CO_2 浓度值,调整新风阀门开度引进不同新风量,将室内 CO_2 浓度控制在设定标准内(≤0.1%)。

5.5 绿色住宅建筑中的智能化应用

教学视频:
绿色住宅建筑中的智能化应用

绿色建筑与智能化住宅密切相关。从节能、环境、生态方面来讲,智能建筑一定是绿色的生态建筑。为保证建筑物中采用的包括节电、节水、自然能源利用等措施顺利实施,必须采取智能化技术。建筑智能化技术是绿色建筑的技术保障,智能化系统为绿色建筑提供各种运行信息,提高其建筑性能,增加其建筑价值,智能化系统影响着绿色建筑运营的整体功效。

智能建筑的首要目标是为使用者创造舒适环境、提供优质服务,同时最大限度地节约能源。如何采用高科技的手段来节约能源和降低污染,成为智能建筑永恒的话题。从某种意义上来说,智能建筑也可称为生态智能建筑或绿色智能建筑。以智能化推进绿色建筑的发展,节约能源,促进新能源新技术的应用,降低资源消耗和浪费,增强工效,减少污染,是建筑智能化发展的方向和目的,也是绿色建筑发展的途径。

绿色建筑的智能化是一项系统工程,它包含很多技术门类,设备器件复杂,网络纵横交错,现代技术应用广泛。这里所说的智能化系统是指建设绿色智能化居住小区需要配置的系统,它包含许多子系统,子系统中又有许多分支系统,其组成结构见图 5-7。

5.5.1 能源及用电监控系统

能源监控系统包括太阳能发电子系统、风力发电子系统、变配电子系统和智能用电设备调控子系统。能源监控系统要实时对绿色能源发电、配电系统的各类工作状态进行调控,保证绿色能源系统能够安全、稳定、可靠地运行,同时还要对各用电设备进行有效控制,合理用电,节约用电。

5.5.2 室内空气调控系统

为了达到绿色建筑气环境和热环境的要求,设置了室内空气调控系统,利用直接数据控制器进行分布实时调控,以达到室内气环境的各项指标。该系统设有空调监控、采暖监控、太阳能热水监控、自然风和光线调控等分支系统。

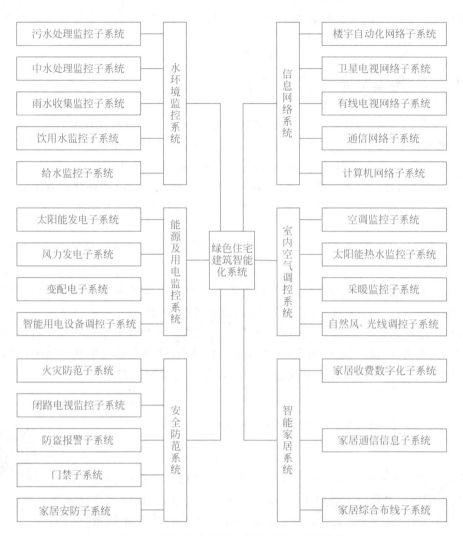

图 5-7　绿色住宅建筑智能化系统组成结构图

5.5.3　水环境监控系统

绿色建筑专门设有用水智能监控系统,根据用水监控需求,下设给水、饮用水、雨水收集、中水及污水处理等分支调控系统。

5.5.4　信息网络系统

国际互联网、国家电信网、卫星通信网与人们的工作、生活息息相关,绿色住宅设有信息网络系统,用于传输并获取语音、数据、图像信息,具备远程医疗、远程教育、网站查询、网上购物、电子邮件等多种功能;并能获取电视信息、电话信息,实现可视电话、VOD 点播、双向传输等功能。信息网络系统一般有计算机网络、通信网络、有线电视网络三个分支系统。为了方便住宅楼宇机电设备的智能化管理,在信息网络系统中,还有楼宇管理专用网络,以适应系统集成的需要。

5.5.5 安全防范系统

加强安全防范,确保住户安全是现代建筑的重要任务。随着科学技术的发展,利用信息技术、微电子技术,完全可以实现安全可靠、全天候的防范。在一座大厦或一个住宅小区里,人员多、情况复杂,不仅要对外部人员进行防范,而且要加强对内部人员的管理。对于重要场所,还需要加以特殊保护。因此,住宅小区需要多层次、全天候、立体化的安全防范系统,它包括火灾防范、闭路电视监控、防盗报警、门禁、家居安防等多个子系统。

5.5.6 家居智能化系统

家居智能化系统是为满足公寓和小区智能化需要而设置的系统,它必须具备网络高速接入功能,有足够的带宽;有火灾、煤气泄漏、防盗等报警,以及紧急求救、呼叫对讲等家居安全监控功能;能实现水、电、气、热的远程抄表与计费。绿色住宅未来的家用电器,包括冰箱、空调、洗衣机、微波炉、电饭煲等,均可连在互联网上,住户可通过手机无线上网,随时进行远程控制,通过连接在互联网上的家用 IP 摄像机即可观察到家中的情况。

5.6 绿色工业建筑中的智能化应用

教学视频:
绿色工业建
筑中的智能
化应用

绿色和智能是现代工业建筑追求的两个主要目标。将智能与绿色合二为一,以智能化推进绿色工业建筑,以绿色理念促进智能,可以体现现代工业在节约能源、减少污染、安全舒适等方面的追求。把绿色工业建筑和智能工业建筑这两个概念相结合,即坚持绿色智能工业建筑的理念,才能使企业真正达到可持续发展的目标。智能化手段是绿色工业建筑的技术支撑。

5.6.1 建筑设备自动监控系统(BAS)

民用建筑中 BAS 系统通常用于针对舒适性空调、给排水系统、冷热源、电力、照明及电梯等设备进行监控。对工业建筑来说,除上述功能外,为满足生产需要,还增加了净化空调系统、洁净区风机高效过滤器系统、各种气体系统、各种工业用水系统、工艺冷却水系统、各种排风系统(如工艺排风、洗涤排风、有机溶剂排风等)以及工业废水、废气处理系统等。

目前已有许多成熟可靠的技术和产品应用于工业建筑的 BAS 系统。尽管各厂家的产品不尽相同,但基本上都是由 DDC/PLC、工业控制机、网络控制器、各种模块及设备构成。从技术发展情况来看,采用分散控制、集中管理的集散系统由于其可靠性高、经济、灵活、易于扩展而占据了应用的主流。

5.6.2 有害物质监测控制系统(HPM)

工业生产经常需要使用各种危险物品,例如可燃气体、有毒气体、腐蚀性液体等。储存、使用场所及输送管道中均可能发生泄漏或液体异常情况,因此有必要采用有害物质监测控制系统对气体、液体泄漏及某些液体液位进行监测和控制。HPM 系统是保障工业生产安全的重要系统,其技术特点与 BAS 系统有些类似,控制对象一般为机电设备,监测点、控制点多而分散,监控比较复杂。

HPM 系统将现场各种探测器、传感器、开关、模块、执行机构(有的还包括电机控制中心 MCC)等设备连接到集采集和控制功能于一体的可编程序逻辑控制器(PLC),各 PLC 通过网络与 HPM 系统主机相连。各种现场设备至 PLC 一般采用星形拓扑结构布线,并根据不同的传输信号选用相应的线缆,以提高其可靠性。除通过探测器、传感器、开关等获取信息外,还要在一些重要位置设置人工手动报警点,在有紧急情况时进行手动报警。

发生泄漏等事故后,HPM 系统启动对应泄漏声光警报装置,联动阀门、泵、风机,并打印相关记录。对某些特别重要设备,还采用硬接线,实现从总控室进行人工控制。某场合可用探测器(传感器)直接联动控制相应设备。

5.6.3 办公自动化系统(OAS)

办公自动化系统是将现代化办公和计算机网络结合起来的一种新型办公方式。系统采用 Internet/Intranet 技术,基于工作流的概念,以计算机为中心,采用一系列现代化的办公设备和先进的通信技术,广泛、全面、迅速地收集、整理、加工、存储和使用信息,使企业内部人员方便快捷地共享信息,高效地协同工作,为科学管理和决策服务,从而达到提高行政效率的目的。企业实现办公自动化的程度,也是衡量其实现现代化管理的标准。

具体来说,办公自动化系统主要实现下面七个方面的功能。

(1)建立内部的通信平台。

(2)建立信息发布的平台。

(3)实现工作流程的自动化。

(4)实现文档管理的自动化。

(5)辅助办公。

(6)信息集成。

(7)实现分布式办公。

应采用标准化程度高、开放程度好的办公自动化技术,并自主开发关键应用。在技术结构方面,目前逐渐从 Client/Server 结构体系转向 Browser/Server 结构体系,最终用户界面统一为浏览器,应用系统全部部署在服务器端。

5.6.4 无线射频自动识别技术(RFID)

无线射频自动识别技术(radio frequency identification,RFID)简称为射频识别,俗称电子标签。RFID 射频识别是一种非接触式的自动识别技术,它通过射频信号自动识别目标对象,并获取相关数据,识别工作无须人工干预即可在各种恶劣环境中工作。RFID 技术可识别高速运动的物体,并可同时识别多个标签,操作快捷方便。RFID 系统常用于控制、监测和跟踪物体。系统由一个询问器(或阅读器)和很多应答器(或标签)组成。

在工业建筑领域,RFID 技术的绿色和节能效用主要体现在停车管理、危险品管理、仓库管理等方面。借助 RFID 技术对进出企业场所的车辆实行不停车识别和管理,可以大量降低停车排队时间,减少机动车通行时的燃油消耗,减少尾气排放,实现低碳减排,节能环保。通过 RFID 技术对危险品信息进行统一采集管理,可以实现对危险品的高效分类,避免引起安全事故,同时,可防止因人工管理发生漏洞而引起的意外。将 RFID 技术应用在工业品仓库和仓储管理,可以大幅降低管理人员的工作强度,减少时间损耗,提高管理效率,降低安全风险,减少物资浪费,实现绿色生产。

5.6.5 信息集成管理系统

绿色工业建筑智能化管理的核心是信息一体化的集中管理,通过集成管理系统把智能建筑中的各子系统集成为一个"有机"的系统,其接口界面标准化、规范化,用于完成各子系统的信息交换和通信协议转换,可实现设备管理、节能效率统计、联动管理、节能监视等功能,最终达到集中监测控制与综合管理的目的。

经过管理平台集成后的系统,不是将原来各系统简单地进行叠加,而是将各子系统有机结合,运行于同一操作平台之下,提高系统的服务与管理水平。

学习笔记

第6讲 绿色建筑的智能化展望

6.1 我国绿色建筑可持续发展的对策

绿色建筑的智能化发展仍存在一些问题,例如法律法规体系不健全;缺乏有效的经济激励政策;规章及标准缺乏操作性;缺乏严密的行政监管体系;缺乏绿色建筑智能化的意识和知识;缺乏统一的智能技术推广和交流机制;城市能源结构不合理,资源浪费现象严重。为此,我国出台了下列对策。

6.1.1 制定相关政策法规

发展绿色智能建筑需要政策支持和法律保障,从世界各个发达国家的绿色智能建筑发展过程来看,均无例外,首先应建立强有力的法律保障体系,从国家法律最高层面将智能化对绿色建筑的重要性凸显出来。因此,应尽快建立专门的立法委员会推进绿色建筑立法工作,组织相关建筑、法律和经济专家进行立法咨询,对相关具体的单项法律提供司法解释。各地方人大和行政部门都应按照国家相关立法要求,结合本地区特点和实际情况,尽快出台有关智能化技术在绿色建筑中使用的地方性法律法规,全面推动我国的绿色建筑智能化的法制化进程。

6.1.2 建立和完善管理机制与激励政策

当前的绿色与智能化技术虽然能产生巨大的社会经济效益,但民众对此的需求并不强烈,开发商与设计施工单位对绿色与智能化产品的使用缺乏内在动力。因此,政府部门应承担起外部的治理职能,通过激励政策来鼓励个人或团体关注智能化技术,支持绿色建筑智能化的发展。政府职能部门应该研究确定发展绿色智能建筑的战略目标、发展规划、技术经济政策;制定国家推进实施的鼓励和扶持策略;制定市场机制和国家特殊的财政鼓励政策相结合的推广政策;综合运用财政、税收、投资、信贷、价格、收费、土地等经济手段,逐步构建、推进绿色建筑智能化的产业结构。

为了推动绿色建筑智能化的发展,需要对绿色智能建筑的市场准入、实施监管及宏观调控等职能进行整合、重组,建立统一的管理部门,避免产生各自为政、条块分割、协调管理难度大等问题。

6.1.3 做好宣传,倡导绿色智能化理念

推广绿色智能建筑,首先要倡导绿色智能化理念,向全社会普及绿色智能建筑的概念,提高公众的环保节能意识。一是政府可以运用展览会、交流会、研讨会等形式在全国各地进行绿色智能建筑的普及和交流活动;二是利用网络、电视、报纸、杂志等媒体,开展形式多样、内容丰富的节能与绿色智能建筑宣传活动,使绿色建筑智能化意识贯穿在人们的经济生产活动中,为建立节约型社会提供坚实的思想基础。

6.1.4 转变智能化技术发展策略

我国绿色智能建筑发展的思维方式需要发生根本性转变,从"以人为本"转向"以自然为本"。其实两者并不矛盾,保证自然的生态利益才能保证人类生存的根本利益,因此更多的技术应用将会把自然利益置于第一位。技术思维方式的转变也表现在能源利用理念上,传统的节约思想将向可再生思想发展,从节流转向开源,只有开发新的替代性能源和可再生能源,才能解决根本问题。技术思维应从注重建筑经济效益转向注重建筑生态效益发展,经济效益方向只是短期利润,而长久的生态共赢才是其真正的目标。

6.1.5 利用现有技术创新智能化技术

网络技术、新能源、再生能源技术和新材料处理技术等现代工业技术为绿色智能建筑的建设提供了必要的硬件支持。目前,国内用于建筑节能的技术概括起来主要有三种:一是降低能源消耗为主的建筑节能技术;二是资源再利用为主的建筑节能技术;三是利用新能源为主的建筑节能技术。其中,发展新型能源和现代建筑材料处理技术是主流方向。

找到建筑材料的替代品,是一种釜底抽薪的做法。应集中精力研究新型材料和新能源,加快科学技术的产业化速度,建立"产学研"结合机制。除了积极鼓励企业自身建立研发机构和自主创新,还应鼓励企业将技术难题和科学攻关成果转化等工作与高等院校和科研单位相结合,形成科研部门研发、企业转化的良性循环技术创新模式。

6.1.6 改造既有建筑,实现节能降耗

我国建筑能耗还有很大的下降空间,降低建筑行业能耗将是整个节能减排计划中的重要环节。政府对于新建建筑节能给予了强有力的支持,采取一系列政策和强制性法规来限制建筑能耗,并且卓有成效。

我国仍有大量亟待解决能耗问题的现有建筑,对既有住宅进行智能化节能改造的难度较大。实验表明,一般性的改造成本为 $80\sim120$ 元 $/\text{m}^2$,产生的节能效益在5年左右收回成本,改造成本由政府和住宅所有人共同承担。以城市供热为例,我国是按照建筑面积均摊供热费用,用户得到供热效果与缴纳费用多少无关,因此住户不愿为改造买单。此外,还需要

解决改造施工影响居住、破坏已有装修等现实问题,公共建筑节能改造的难点在于国家财政、地方财政对于改造有多大的投入和支持。节能改造的首要问题是进行供热改革,建立合理的供热收费系统,使住户意识到通过智能化节能改造能够有效降低每年的供热费用,提高居住的舒适度,以取得住户的积极配合。当地政府应对公共建筑的智能化节能改造提供政策支持和财政支持,将节能改造推进成果作为政绩评测的考核内容之一,同时对于积极参与的企业给予税收减免和贷款低息政策。

6.2 绿色建筑智能化发展前景

6.2.1 绿色建筑发展前景

教学视频:
绿色建筑智能
化发展前景

21世纪人类共同的主题是可持续发展,对于城市建筑来说,也必须由传统高消耗型发展模式转向高效绿色型发展模式。绿色建筑智能化正是实施这一转变的必由之路,是当今世界建筑发展的必然趋势。

智能建筑是建筑艺术与现代控制技术、通信技术和计算机技术有机结合的产物,是人类发展的必然趋势。智能建筑是以建筑为基础平台,利用数据采集及控制系统,以及系统集成技术控制优化各种机电设备运行,利用计算机及网络技术搭建信息交互平台,实现办公及信息自动化,集结构、系统、服务、管理于一体,并使其实现相互之间的最优化组合,为人们提供安全、高效、舒适、便利的建筑环境。

我国目前正处于各类建筑高速发展的时期,提倡和发展绿色智能建筑对我国能源的节约及自然环境的优化是非常重要的。而发展绿色智能建筑的根本目的在于使用户的工作和日常生活更加安全高效;使建筑更加易于运营管理;采用技术手段优化和保证设备运行,从而达到节能降耗的目的。所以,大力发展智能建筑符合绿色建筑这一概念,也是其必不可少的组成部分。

绿色建筑智能化是发展绿色建筑的必然要求。

1. 建筑智能化有利于控制建筑自身的运营成本

建筑自身的高度智能化是控制建筑自身运营成本的技术保障。绿色建筑的内涵要求建筑行业不仅重视量的增长,而且要想方设法改善建筑的质量。绿色建筑要求建筑在其全生命周期中实现高效率的资源利用(如能源、土地、水资源、材料等),要做到节约资源、减少废物、降低消耗、提高效率、增加效益。而运用智能化技术可以减少建筑自身的运营开销,所以建筑智能化是发展绿色建筑的必然要求。

2. 建筑智能化有利于减少建筑自身对环境的污染

发展绿色建筑的主要目标是减少资源消耗,保护环境,减少污染。绿色建筑不是独善其身的建筑,而是通过在建筑内部及外部大量使用智能化技术,达到以下目标:能够有效地保护整个自然生态环境系统的完整性及生物多样化;保护自然资源,积极利用可再生资源,使人的发展保持在地球的承载力之内;积极预防和控制环境破坏和污染,治理和恢复已遭破坏和污染的环境。

因此,智能化技术的使用符合绿色建筑对环境可持续发展的要求。

3. 建筑智能化有利于建筑服务对象的可持续发展

建筑服务的对象是人,智能化技术的运用可以为人们提供现实的物质工具。城市绿色建筑一方面要创造有益于人类健康的工作环境,另一方面要提高建筑物的可居住性、安全性和实用性。所以,发展绿色建筑,必然要求智能化技术伴随其左右,以符合人们的日常使用需求。

6.2.2 绿色建筑智能化技术的发展趋势

在推崇低碳城市生活方式与营造绿色建筑模式的时代,建筑智能化系统发展日益呈现出建筑设备监控以节能为中心、信息通信以三网融合与物联网应用为核心和安全防范以智能处理为重心的三大特征,而建筑智能化技术也正与最新的 IT 技术形成互动发展。

1. 绿色建筑智能化系统的三大特征

1)建筑设备监控以节能为中心

在绿色建筑工程中,虽然选用高效与节能型用能设备已成为标配的技术措施,但是其实际效果如何,需要有运行数据来分析评价。因此,无论是新建建筑还是既有建筑,通过能耗监测的实时与历史数据,可以对建筑物的设备运行状态进行诊断,对能耗水平进行评估,从而调整设备系统的运行参数,变更用能方式,杜绝能源浪费的漏洞。通过分析能耗数据,可以形成对既有建筑及其设备系统改造的方案,进而不断提升建筑物的能效。

绿色建筑中有区域热、电、冷三联供系统等的控制;有利用峰谷电价差的冰蓄冷系统的控制;有采用最优控制方式来充分利用自然能量来采光、通风,进行照明控制与室内通风空调控制,实现低能耗建筑;有可以随环境温度、湿度、照度而自动调节的智能呼吸墙;有应用变频调速装置对所有泵类设备的最佳能量控制;有自动收集处理雨污水,提供循环使用的水处理设备控制系统。最优控制、智能控制等策略正在绿色建筑中得到广泛的应用。

将风力发电、太阳能光伏发电、太阳能光热发电、燃料电池等可再生能源与建筑物的配电系统乃至城市电网融为一体,已是国内外业内人士努力的方向。尽管规模化的发电系统是城市主要的能源,但智能微网试图将分布在建筑物内小规模的可再生能源装置与规模化发电系统融合,以逐步提高城市电网的安全性与可再生能源的使用比例。

总之,在绿色建筑工程中,智能监控的主要目标就是节省用能,降低不可再生能源的消耗。因为每节省 $1kW \cdot h$ 电能,就可以减少约 $0.8kg\ CO_2$ 的排放。

2)以三网融合和物联网应用为核心的信息服务

信息通信不仅支撑着社会与经济的发展,更是节能减排的重要手段。发达的通信改变了人们的生活习惯,形成新型的人际交流模式。仅远程视频会议系统就可以使全世界成百上千的人员汇聚在一个虚拟会场中研讨共同关心的问题,而不用乘坐飞机、火车、汽车等交通工具,耗费大量的时间与能源,对于提高工作效率和减排的贡献是巨大的。

近年来,随着网络通信技术的迅速发展,未来 5G 移动通信技术都将推广应用,与光通信同步发展的 EPON 与 GPON 的应用更推动了电话网、广播电视网与互联网的融合。因此,移动通信无所不至,信息服务无所不能,已经成为强劲的发展方向。一些新建的建筑物甚至以全光通信与无线通信的方式摒弃了传统的综合布线系统。

同时,由计算机、无线通信、RFID 等技术支撑的物联网,正在渗入我们的社会、经济与日常生活,以分布式智能处理的形式,改变着社会交流、经营管理与生活方式。由于物联网把大量的事务交由智能芯片微粒自动处理,各类生活用品、生产用品与办公用品所在的区域及建筑物都需要密布物联网的节点。

尽管在过去的十年中,建设行业已经开始面对三网融合与物联网应用为核心的信息服务,形成了门禁、车库管理、资产管理、消费管理等应用,但是今后在绿色建筑中这些技术与应用的发展将更为迅猛。

3) 智能处理安全事务

在创建和谐社会、平安社区的要求下,安全防范要求日益提高,公共建筑、工业建筑与住宅建筑中消防工程和安防工程已成为常规建设内容。由于建筑物体量的不断增大,在多功能的大型建筑物中,大流量的人群集聚会增大安全风险。因而,提升消防与安防装备的技术水平,应对可能出现的各类突发事件,已是绿色建筑面临的重大挑战。

传统安防系统主要是视频监控系统与防盗报警系统。为了提升这些系统的性能,就必须采用智能传感技术,如可在超低照度环境下工作的CCD,采集生物特征的探测器及微量元素探测器等。不仅如此,由于海量的探测信息已无法依赖人工进行处理,于是各类智能分析系统应运而生,已投运的有移动人体分析、面容比对分析、街景分析、区域防范分析、车辆版照识别、人流密度分析、人物分离分析、人数统计等各类应用。

为提升火灾自动报警系统的性能与工作效率,火灾探测器也有了巨大的技术进步。一是改变火灾探测的机理,如用视频遥感、光纤传感等方式来采集火灾信息;二是在传统的火灾探测器上植入CPU,增加智能识别程序,使之成为具有智能的探测器,从而提升火灾自动报警系统的可靠性与效率。

建筑物和城市区域一般都设有消控中心,设置了火灾自动报警系统和安防系统,各自独立工作。随着信息技术的广泛应用和国家对突发事件的应急处置要求的提高,消控中心的职能发生了跃迁,即它在常态下协调消防、安防、物业设施等各项业务,进行正常运营;在突发事件时,则自动构成应急指挥中心,对现场上传的消息进行研判,根据应急预案对各项业务资源进行应急调度、联动控制。于是,综合信息交换平台、汇集多种通信工具的综合通信平台、信息集成管理平台、综合显示平台等应运产生,构成了较为完整的应急指挥系统。

2. 基于IT新技术的建筑智能化技术的发展

近年来,IT领域出现了许多新概念、新技术及新的商业模式,其中"云计算""物联网""三网融合"与"智能电网"正日益影响人类社会生活的各个方面,这些多学科、多专业结合的技术正在推进智能化的技术进步。

通过加强节能设备的监控与"智能电网"互动,实现对耗能设备监控,最大限度地节省能源,并对可再生能源有效调控,以充分利用新能源,从而减少建筑物因能耗而产生的CO_2排放。

通过广泛使用RFID与"物联网"互动,在生产、生活、社会的各领域行业使用RFID,在后台构建强大平台,以标准开放的模式实现全社会的资源共享。智能建筑在20世纪90年代末已经使用RFID技术,实现了出入口管理、车库管理、一卡通及资产管理,今后将利用"物联网"概念推进其在各行业的应用,进而提升RFID的技术应用水平。

通过多媒体信息集成与"云计算"互动,将安全、信息服务、娱乐管理的多媒体信息集中/分散处理、存储与管理,使每台PC或手机终端均可进入系统实现信息共享与工作组织。

可通过多媒体信息传输与"三网融合"互动,将建筑物与城市运行所需要的大量多媒体信息由信息源传送到信息消费点。如何使电话网、数据网与电视网不再以业务分类独立,实现统一的传输,这不仅是技术的突破,更需要管理模式与制度的改革。如果"三网融合"获得实质性突破,将对传统的布线系统提出新的需求与挑战。

3. 绿色建筑智能化发展前景

绿色建筑不同于传统建筑,其建设理念跨越了建筑物本体,而追求人类生存目标的优化,是一个大系统多目标优化的规划。同时,绿色建筑必须采用大量的智能系统来保证建设目标的实现,这一过程需要信息、控制、管理与决策,智能化、信息化是不可缺少的技术手段。住房和城乡建设部有关专家指出:"以智能化推进绿色建筑,节约能源,降低资源消耗和浪费,减少污染,是建筑智能化发展的方向和目的,也是绿色建筑发展的必由之路。"

绿色建筑在我国刚刚起步,大量的课题有待人们去探索与实践。我国的建筑智能化行业在智能与绿色建筑的发展过程中,必将获得更大的发展机遇,其技术水平将随之上升到新的高度。

学习笔记

模块 2

绿色建筑环境监测与控制

第7讲　建筑环境监测技术

7.1　热舒适性及节能设计

建筑需要有良好的热环境、光环境和声环境,而这些因素又往往会带来空调能耗及照明能耗的变化。因此,将热舒适、视觉舒适和听觉舒适作为衡量建筑环境的主要指标,并且通过智能传感器等智能监测技术,将不同地点、不同功能的建筑环境数据进行采集、保存及利用,以对其他智能化系统,例如照明系统、遮阳系统等提供控制依据,使系统得以优化运行。

教学视频:
热舒适性及
节能设计

7.1.1　热舒适性

热环境大致可以分为三类,分别是热舒适度、热烦躁度和热应激。

热舒适度是指大部分人对所处的热环境感到满意。这主要取决于人们主观上对所处热环境的意识状态。

热烦躁度是指人们开始感到不舒服,即开始觉得或冷,或热,但并未产生由于不舒适而引起的疾病症状,可能仅会觉得有些烦躁与疲倦。

热应激是指会导致人们出现明显的有潜在危害的疾病症状。例如,在过热环境中,人容易中暑;在过冷环境中,人容易冻伤。热应激往往会引发呼吸系统等问题,出现体温过低或过高的热环境情况。

针对热舒适性设计中的实践指导,可以参考英国皇家注册设备工程师协会 CIBSE 关于舒适性的指南英国暖通设计手册。

在日常生活中,由于存在个体差异,要在各种条件下找到单一的指标来准确反映人体的舒适性绝非易事。因此,在热舒适性的监测过程中,往往关注以下四个影响热舒适性的环境因素。

1. 温度

温度可以分为空气温度、平均辐射温度、综合温度。

空气温度定义为空气的干球温度,通常通过一个远离辐射热交换或不被辐射所影响的温度计来测量,由于普通的固定位置的玻璃水银温度计会受到外界的影响,例如周围的阳光、散热器的热等,因此,它通常不能准确测量出空气温度。

空间中某点的平均辐射温度是衡量某点周围物体辐射和人体辐射之间相互作用影响的参数,即来自周围空间各种固体表面和物体的辐射热交换的相互影响,例如墙壁、顶棚等,以及周围空间其他各种辐射源,如散热器、灯具等。平均辐射温度可以通过空间中表面温度的情况进行测算,而不能直接测量出来,通过使用黑球温度计测量出黑球温度,同时测量该点的空气温度和空气流速,继而计算出平均辐射温度。

综合温度由 CIBSE 提出,并用于国际标准和美国采暖、制冷与空调工程师学会 ASHRARE 标准中,是室内空气温度和平均辐射温度的合并体,通常被用来作为设计参数。因为它结合了对空气温度、辐射温度和一定程度空气流速的影响,其具体讨论和定义可参考 CIBSE Guide A。但在实际应用中,当空气流速为 1m/s 左右时,综合温度可取空气温度和平均辐射温度的平均值。

值得一提的是,在隔热性能较好且以对流方式供暖的建筑中,空气温度和平均辐射温度的差异(也可以是空气温度和综合温度的差异)通常很小。

2. 湿度

湿度是指空气中水分的含量,也就是大气中水蒸气的含量。湿度通常用某种条件下空气中水分的含量与该条件下相同温度和压力下空气中所含水分最大量的比值来表示,0% 的湿度表示空气完全干燥,而 100% 的湿度则表示空气完全饱和,任何多余的水蒸气都会凝结。建筑设备工程中经常用相对湿度 RH 及饱和百分率来表示湿度。相对湿度常用于表示水蒸气压力的比值,而后者常用来计算在空调系统中需要增加或者去除的水分,从而通过加湿器或除湿器达到房间的湿度要求。

在设计过程中,尽管湿度会影响空气品质,但是只要不是在太干燥或者太潮湿的状态下,都可以通过改变环境散温能力来适应,CIBSE Guide A 推荐相对湿度应保持在 40%～70%。

3. 空气流速

流动空气的速度和方向称为空气流速,它对于热舒适性同样很重要。因为空气流速太高,会有冷风感;而流速太低,会降低空气品质,使某区域空气有异味。

由于热量可以通过对流和蒸发从人体散失,因此流动的空气可能造成降温的效果。空气流速取决于温度和空气的流动方向。日常经验表明,即便是热空气,只要流速较高,也是可以接受的;然而对于冷空气,则即便是较低的流速,也会引起吹风感。一般活动区中舒适的空气流速定义在 0.1～0.3m/s。

为了达到活动区域的空气流速,对于一定高度的出口,流速需要控制在小于 3m/s 的范围,具体数值取决于房间的高度,也就是说,送风气流在进入人体活动区之前要先进行混合,然后迅速降低。为了保证所有运行状态下的舒适性,需要严谨设计送风出口、送风方向及送风温度。流动空气的温度一般介于室内空气温度和送风温度之间。

4. 空气品质

虽然目前还没有公认的衡量标准来评价空气品质,但良好工作场所的空气品质应该保证所在空间中没有明显的污染物,同时有足够的新风供给。目前,在热舒适性设计中,往往通过监测 CO_2 浓度等数值来控制新风机的启停,而新风机的启停又直接影响到空调系统的能耗。

在目前的设计中,可针对不同的需要,参考以下的新风量数值。

(1) 为呼吸作用提供 O_2：$0.2m^2/(人 \cdot h)$。

(2) 稀释 CO_2：$1m^2/(人 \cdot h)$。

(3) 稀释居住者污染物：$5m^2/(人 \cdot h)$。

(4) 给人新鲜感：$10m^2/(人 \cdot h)$。

5. 影响热舒适性的其他环境因素

除了上述四个主要因素,空气的温度梯度、局部辐射、冷热地板或吊顶等也会对热舒适性产生影响。

7.1.2 热舒适性设计标准

表 7-1 给出某些建筑的热舒适性节能设计标准,以供设计参考。

表 7-1 建筑热舒适性节能设计标准

建筑及房间类型		冬季温度/℃	空调建筑夏季温度/℃	新风量/[L/(s·人)]
住宅	浴室	20~22	23~25	15
	卧室	17~19	23~25	0.4~1.0ACH
	客厅	22~23	23~25	0.4~1.0ACH
	厨房	17~19	21~23	60
办公建筑	办公室	22~23	23~25	10
	走廊	19~21	21~23	10
	开放空间	21~23	22~24	10
	厕所	19~21	21~23	>5ACH
	门厅	19~21	21~23	10
学校	教室	19~21	21~23	10
商场	百货公司	19~21	21~23	10
	超市	19~21	21~23	10
	卖场	12~19	21~25	10

注:摘自 CIBSE Guide A 中表 1.5,ACH 表示每小时空气换气次数。

7.2 视觉舒适性及节能设计

7.2.1 视觉舒适性

教学视频:
视觉舒适性
及节能设计

光是人感知世界的前提,各种不同形式的照明会给室内空间提供不同的光照效果。光的强弱、虚实会改变空间的比例感,并且会影响人的心理。明亮的光线会使空间显得开阔,且令人感觉轻松,而低照度的光线会使空间显得狭小,纵向排列的灯光会使室内空间有深远感,横向排列的灯光则可以打破空间的狭长感。另外,也可以利用光线对空间进行自然分割,实现不同的功能分区。光可以给室内空间提供活力,没有光,空间会变得毫无生气。

建筑照明的目的就是保障室内人员安全的工作与行动,同时合理的照明设计又能够使人身心愉悦,照明设计主要关注照度、亮度两方面。

1. 光通量

光通量是指光源单位时间内输出可见光能的多少,也称为光流,单位为流明(lm),光通量体现的是人眼感受到的功率,即人眼对各种波长的光的反应。如一只 100W 白炽灯发出的光大约为 1700lm,一只 25W 的荧光灯也可以发出相同的光通量。在人眼看来,这两只灯泡的"亮度"是一样的。

2. 发光强度

发光强度简称为光强,单位是坎德拉(cd),是指在给定方向上的单位立体角内的发光强度,即光通量的空间密度。可以说,发光强度描述的就是光源到底有多亮。

3. 照度

照度是指被照物体每单位面积所接收到的光通量,单位是勒克斯(lx),我们平常所说的够不够亮,就是指照度够不够,与发光强度和光源距离有关。合适的照度有利于保护视力和提高工作、学习效率,例如办公室的工作照度为 $300\sim500lx$。

4. 亮度

亮度是每单位发光区的光强度,与物体表面反射的光亮有关,取决于表面反射率和照度,以及入射光线角度等,单位为 cd/m^2。亮度是人对光的强度的感受,是一个主观的量。与亮度不同的是,由物理定义的客观的量是光强,这两个量在日常用语中往往被混淆。

5. 眩光

眩光是指视野中由于亮度分布不合适,或在空间、时间上存在极端的亮度对比,以致引起视觉不舒适和降低物体可见度的视觉现象。在视野中,某一局部地方出现过高的亮度,或前后发生过大的亮度变化,从而使人眼无法适应,可能引起厌恶、不舒服,甚至丧失明视度。眩光是引起视觉疲劳的重要原因之一。

在视觉舒适性的监测过程中,影响视觉舒适性的主要环境因素有以下几方面。

(1) 照度,到达物体表面的光亮,通常采用照度传感器进行采集。

(2) 光分布,光源形式。

(3) 显色性要求。

(4) 眩光,较好的光照设计应减少或降低眩光,它可由过度强光或反射引起。

(5) 不均匀性。

(6) 阴影。

(7) 闪烁,光输出的持续不稳定,通常由一些灯的控制造成,会引起眼部疲劳和头痛。

7.2.2　视觉舒适性设计标准

表 7-2 给出某些建筑的视觉舒适性节能设计标准,以供设计参考。

表 7-2　建筑视觉舒适性节能设计标准　　　　　　　　　　单位：lx

建筑及房间类型		在适合工作面和高度上维持照度	备　　注
住宅	浴室	150	学习型卧室要求桌面照度为 150
	卧室	100	
	客厅	50～300	
	厨房	150～300	

续表

建筑及房间类型		在适合工作面和高度上维持照度	备　注
办公建筑	办公室	300～500	
	走廊	50～100	
	开放空间	300～500	
	厕所	150～200	
	门厅	200	
学校	教室	300	
商场	百货公司	300(公共区域)	银台和站台需要更高的照明水平
	超市	400(公共区域)	
	卖场	50～300	

7.3　听觉舒适性及节能设计

7.3.1　听觉舒适性

教学视频：
听觉舒适性
及节能设计

理想的声环境,即听觉舒适主要的要求是足够安静的环境,以便工作时不受干扰,即没有噪声和振动。大部分声音通过空气传入耳朵。声音是一种音感,是由一些振源引起的空气压力变化所产生的,因此产生了频率和声压级的概念。

人的听力系统只对 20～20000Hz 的声音有反应,其精确范围因人而异。声压是由听力系统从 $2\times10^{-5}\sim200\text{N/m}^2$ 的声音测出的,$2\times10^{-5}\text{N/m}^2$ 对应的声音通常是人能听见的最轻声音,而 200N/m^2 对应的声音则可能导致人的听力瞬间受损。

凡是人们不愿听的各种声音都是噪声,噪声会影响人们的工作和生活,严重的甚至会造成听觉疲劳和听觉损失。

影响听觉舒适性的环境因素主要是噪声,主要通过以下两种途径来表现。

(1)空气传声:声音大部分通过空气传入耳朵,因此,从外部噪声源传来的声音不仅可以通过打开的窗户进入建筑,而且可以透过任何裂缝和结构上的缝隙传到建筑内部,内部噪声能够穿越空间,并通过吊顶空隙和通风管道传播。

(2)结构传声:振动通过固体结构传播,然后被感知,或者在固体界面处进入空气传声。其振源包括机械或引起振动的任何情况,比如坚硬地板上的脚步声。

减少噪声最有效的方法就是控制噪声源,改变、减少或停止声源振动。其次是阻断噪声传播,主要方法是隔声、吸声和消声。最后是在人耳处减弱噪声,戴护耳器,如耳塞、耳罩、头盔等。一般情况下,可以通过声压传感器来采集数据,同时根据不同建筑、不同功能区对声压的标准,进行其他系统的联动,以限制噪声的传播。

建筑中用于控制噪声的常用吸音材料主要有以下几种。

(1)环保吸音棉:吸音性能高,阻燃,形态稳定,质量轻,容易施工,对人体无害,对环境无污染。可以二次循环使用。

（2）海绵：吸音性能低，容易变形，燃烧时放出大量有毒气体。如果家庭装修中使用海绵，不但没有吸音效果，在发生火灾时，海绵就像毒气弹一样，会致命。家居、宾馆及其他公共场所一般要避免使用海绵作为表面吸音材料。

（3）软木：几乎无吸音性能，仅用于装饰。

（4）橡塑：吸音能力较差，有保温功能。

（5）木制（金属）吸音孔板：一般与环保吸音棉同时使用。单独使用效果很差，难以解决中高频混响现象，特别是大型场馆，应该采用环保吸音棉和环保吸音板。

7.3.2　听觉舒适性设计标准

表 7-3 给出某些建筑的听觉舒适性节能设计标准，以供设计参考。

表 7-3　建筑听觉舒适性节能设计标准　　　　　单位：dB

建筑及房间类型		声压等级
住宅	浴室	—
	卧室	25
	客厅	30
	厨房	40～50
办公建筑	办公室	25～30
	走廊	40
	开放空间	35
	厕所	35～45
	门厅	35～45
学校	教室	25～35
商场	百货公司	35～45
	超市	40～45
	卖场	40～50

7.4　建筑环境监测智能化技术

"大数据"时代已经到来，虽然我们更直观接触的是日常生活中各种服务的提供者越来越了解我们的个人喜好。但在更加便利的生活背后，大数据正影响着各行各业，促使其向信息化与智能化升级，如智慧交通、智慧工厂、智慧农业等。而在环保领域，对于越来越繁重的环境监测任务来说，大数据强大的采集、存储和处理数据能力有着非比寻常的意义。

《"十四五"生态环境监测规划》明确提出要强化监测数据集成共享、分析评价与决策支持，提升监测大数据应用的水平。在此基础上，生态环境部于 2022 年 2 月 18 日印发《生态环境智慧监测创新应用试点工作方案》，加大现代化信息技术在生态环境监测领域应用，在重点省市推进智慧监测率先突破，实现监测感知高效化、数据集成化、分析关联化、应用智能化、测管一体化、服务社会化。

环境监测是环保工作的基础,无论是制订环保政策,还是对环保工作的效果判断,都依赖对生态环境监测获取的数据。随着社会对环境质量的要求越来越高环境监测从"单一数据"向"环境全要素数据"方向转变,数据采集范围也从一个监测站向一个城市甚至全国发展。这不仅对环境监测能力提出了更高的要求,也让处理环境数据成为一个难题。因此,智能化是环境监测的必然趋势。

生态环境智慧监测可以从以下几个方面进行。

(1)采集数据:智慧监测要求环境监测设备向自动化、智能化升级。目前国内环境监测技术与仪器虽然正朝着这一方向发展,但自动化程度依然较低,高端装备仍无法摆脱进口依赖,如水质监测中的微生物和有机物自动检测类设备、大气监测中的温室气体高精度测量仪器等。采集数据是基础,只有采集到精确的数据,才能通过大数据进行后续的处理分析。除了保证数据的精确性,还需要保证数据的广泛性,为此,需要不断提高综合立体监测技术,加强建设"天空地"一体化大气环境监测系统,获得更全面、有效的数据。

(2)传输数据:随着5G的发展,信息的传输更加快速,但5G等技术在"互联网+"智慧环保体系中的应用仍有待深化。未来需要在监测站、无人机、无人船以及遥感微型等监测终端建立起完善的信息传输网络,实现实时高效的数据传输。

(3)处理数据:包括通过云计算和人工智能等技术实现大数据分析,建立多元模型,准确判断当前的污染情况,并分析污染发展趋势,为环境部门的决策提供数据支持。同时,通过深度学习算法,智慧监测也应具有一定的能力,辅助环境部门进行决策。

智慧环保是信息技术与环保领域的融合,推进智慧监测是时代发展的潮流。而环境监测进入新时代,也意味着人类赖以生存的环境将得到更有力的保护。

学习笔记

第8讲 通信技术

8.1 通信技术概述

通信系统是用于完成信息传输过程的技术系统的总称,是现代化建筑的重要组成部分,可以为用户提供有效的信息传送服务。通信系统具有对来自建筑物内外的各种不同类型的数据予以收集、处理、存储、传输、检索和提供决策支持的能力。

通信技术有多种不同的分类方式,包括以下几种。

(1) 按传输媒质的不同,可分为有线通信和无线通信。

(2) 按信道中传输的是模拟信号还是数字信号,分为模拟通信与数字通信。

(3) 按通信设备的工作频率不同,分为长波通信、中波通信、短波通信和微波通信。

(4) 按是否采用调制,分为基带传输和频带(调制)传输。

(5) 按通信业务,分为话务通信和非话务通信。

(6) 按接收及发信设备是否可移动,分为移动通信和固定通信等。

随着建筑功能的不断提升和信息化需求的不断提高,单纯的语音通信已不能满足人们的需要,通信系统发展为对数据、语音、图像等多媒体信息进行传输和处理。通信网络与计算机网络融为一体,成为一种综合的通信网络。综合通信网络的功能随着电信事业的发展而越来越广泛、多样,对信息的容量、带宽、速率的要求也在不断增长,所有这些因素都是激励现代通信网络发展的强劲动力。

近年来,通信技术及设备的研究迅速发展,具体表现在以下两个方面。

(1) 通信网络设备方面,终端设备向数字化、智能化和多功能化方向发展,传输链路向着数字化、宽带化方向发展,交换设备广泛采用数字程控交换机,并向适合宽带要求的ISDN 快速分组交换机方向发展。

(2) 通信自动化系统方面,日趋数字化、综合化和智能化。系统开始全面使用数字技术,包括数字终端、数字传输、数字交换等,将各种信息源的业务综合在一个数字通信网络中,为用户提供综合性优质服务。同时,在通信网络中赋予智能控制功能,使网络更具灵活性。

随着绿色建筑理念的大力推广,通信系统作为建筑智能化和信息化的基础支持系统和重要技术手段,其应用领域更趋向如何实现节能、环保、低碳的目标,以及提高建筑的舒适性、便利性和安全性,为使用者提供绿色、健康的工作和生活环境。

总之,作为现代建筑中非常重要的组成部分,通信网络系统是信息化发展的必然需求,同时建筑中的通信网络系统也是城市通信网的有机组成单元。因此,通信网络系统目前越来越受到各方面的重视,使其在智能建筑及城市通信网中发挥着越来越重要的作用。

8.2 通信技术在智能建筑中的应用

通信系统是智能建筑的"中枢神经",具备对来自建筑内外各种信息进行收集、处理、存储、显示、检索和提供决策支持的能力,可以实现信息共享、数据共享、程序共享,有效地扩大建筑智能化的应用和管理领域。用现代通信方式装备起来的智能建筑,更有利于为人们创造出高效、便捷的工作条件和生活方式。

智能建筑中有很多与通信技术相关的应用系统,分别用来实现数据、语音、图像等的传输和通信,见图 8-1。

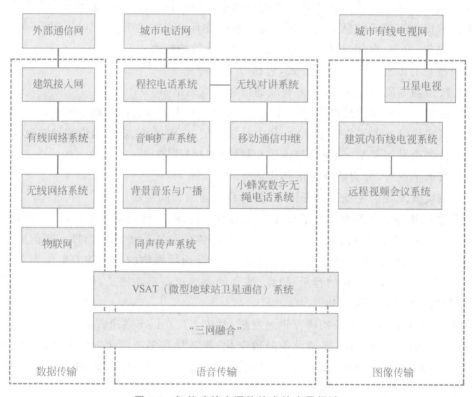

图 8-1 智能建筑中通信技术的应用领域

智能建筑主要依靠计算机网络传输数据,通过建筑接入网同建筑外部公用通信网建立链路;语音传输主要涉及程控电话系统、无线对讲系统、音响扩声系统、移动通信系统、背景音乐与广播系统、同声传译系统等;图像传输系统主要依靠卫星与有线电视系统、远程视频会议系统等实现,通过城市有线电视网引入外部有线电视信号。同时,VSAT 卫星通信系统利用人造地球卫星中继站转发或反射无线电信号,可为数据、语音、电视信号等各种信息传输业务提供服务。而电信网、广播电视网和计算机通信网的"三网融合"技术实现了各方网络资源的共享和业务的多媒体整合。

除上述各种通信系统外,智能建筑中的其他子系统也大多采用网络化通信的结构。比如,建筑设备自动化系统由直接数字控制器组成实时监控网,一般采用 LONWORKS 总线技术;智能化系统集成由工作站组成局域网络,较多采用 BACNet 总线技术;CAN 总线所控制的局域网在小区物业管理、安全防范系统中的应用十分普遍,企业办公自动化系统中,常设有内网(政务网)、外网(互联网),不仅与本系统网络相连,而且与外部互通。

近年来,宽带综合业务数字网迅速发展,使多媒体通信成为可能,通信技术将承载更多的多媒体业务,使智能建筑的信息传输技术达到新的高度。同时,通信技术在卫星通信、光纤通信、移动通信、微波通信等领域也都有了新的进展。

8.3 绿色建筑中的通信系统及设备

绿色建筑要实现将建筑物的结构、设备、服务和管理根据需求进行最优化组合,将建筑内的各类系统和机电设备通过各种开放式结构、协议和接口进行集成,为各系统和设备提供高速、快捷的通信和信息交互环境,为用户提供舒适、便利的人性化、智能化居住和使用环境,都需要借助现代通信技术,对来自建筑物内、外的各种不同类型的数据予以采集、处理、传输、存储、检索和提供决策支持。因此,可以说,通信系统是绿色建筑的基础支持系统和重要的实现手段。

教学视频:
绿色建筑中
的通信系统
及设备

各类通信系统及设备在绿色建筑中所起的作用主要体现在节能性、舒适性、便利性、社会性等方面。

8.3.1 节能性体现

绿色建筑中同节能有关的通信系统主要包括计算机通信网络、远程视频会议、程控电话系统等。同时,电信网、广播电视网和计算机通信网的"三网融合"技术实现了网络资源的共享,避免了重复建设。

1. 有线计算机通信网络

建筑中的计算机网络系统主要有非对称数字用户环路(ADSL)、高速率数字用户线路(HDSL)、甚高速数字用户环路(VDSL)、光纤接入网(OAN)等。

非对称数字用户环路(ADSL)是一种数据传输方式。它因为上行和下行带宽不对称,而被称为非对称数字用户线环路。它采用频分复用技术把普通的电话线分成了电话、上行和下行三个相对独立的信道,从而避免相互之间的干扰。通常 ADSL 在不影响正常电话通信的情况下,可以提供最高 3500kbps 的上行速度和最高 24000kbps 的下行速度。

高速率数字用户线路(HDSL)采用回波抑制、自适应滤波和高速数字处理技术,使用 2B1Q 编码,利用两对双绞线实现数据的双向对称传输,传输速率为 2048/1544kbps(E1/T1),每对电话线传输速率为 1168kbps,使用 24AWG(美国线缆规程)双绞线(相当于 0.51mm)时,传输距离可以达到 3.4km,可以提供标准 E1/T1 接口和 V.35 接口。

甚高速数字用户环路(VDSL)短距离内的最大下传速率可达 55000kbps,上传速率可达 19200kbps,甚至更高。VDSL 数据信号和电话音频信号以频分复用原理调制于各自的频段,互不干扰。VDSL 可以大幅提高互联网的接入速度,提供本地不同区域网络之间的快速连接,并可用来开展视频信息服务。

光纤接入网(OAN)是指用光纤作为主要的传输媒质,来实现接入网的信息传送功能。该网络系统通过光线路终端(OLT)与业务节点相连,通过光网络单元(ONU)与用户连接。光纤接入网包括远端设备、光网络单元和局端设备、光线路终端,它们通过传输设备相连。光纤接入网从系统分配方面分为有源光网络和无源光网络两类。

2. 有线语音通信系统

有线语音通信系统一般是指程控电话系统,它可分为内部和外部电话通信系统,内部和外部路数是其重要的指标。目前,有线语音通信系统较多的采用数字式交换机。数字式程控交换机主要由话路系统、中央处理系统和输入输出系统组成。

3. 视频会议系统

视频会议系统通过传输线路和多媒体设备,将不同地点的声音、影像及文件资料互相传送,达到即时且互动的沟通,以完成会议目的。视频会议系统充分利用了先进的信息手段和通信资源,降低了沟通成本,提高了工作效率。系统完成初始建设后,与会者不必聚集在一起,而是坐在分布在世界各地的视频会议会场内,利用视频会议控制终端和视频显示设备,即可达到"面"对"面"进行讨论的效果,满足召开会议的需要,从而节省了大量的出行时间、费用和资源消耗,降低了沟通成本,获得更高的工作效率和生产力,符合绿色建筑低碳、环保、节能的建设理念。

4. 三网融合

三网融合是指电信网、广播电视网和计算机通信网的相互渗透、互相兼容,并逐步整合成为统一的信息通信网络,提供包括语音、数据、图像等综合多媒体的通信业务,它涉及"三网"在不同角度和层次上的技术融合、业务融合、行业融合、终端融合及网络融合。

三网融合的目的是实现网络资源的共享,避免低水平的重复建设,形成适应性广、容易维护、费用低的高速宽带的多媒体基础平台。它的应用将极大地减少基础建设的投入,并有利于简化网络管理,降低维护成本。

8.3.2　舒适性体现

1. 电视系统

绿色建筑中的电视系统包括有线电视系统(CATV)、卫星电视系统(SATV)、视频点播系统(VOD)等。

有线电视系统按系统功能和作用不同,可分为有线电视台、有线电视站和共用天线系统。

2. 背景音乐与广播系统

绿色建筑中的背景音乐与广播系统是在有限的范围内为公众服务的广播系统。在常规情况下,公共广播信号通过布设在广播服务区内的广播线路来传输,是一种单向的(下传的)有线广播系统。其主要设备包括天线、广播接收机、激光放音机、音频放大机、功率放大机、监听器、传声器筒、呼叫器、线路分配器等。

广播系统为建筑内的用户提供公共业务广播、背景音乐广播、服务性广播、消防紧急广播等服务,可提高绿色建筑的舒适性和安全性,从而提升建筑品质。

8.3.3　便利性体现

1. 无线通信网络系统

无线通信网络系统一般指用户建立的远距离无线连接的数据通信网络,有时还包括为近距离无线连接进行优化的红外线技术、射频技术、蓝牙技术等。远距离无线通信网络与有线网络的用途类似,最大的不同之处在于传输媒介不同,可以和有线网络互为备份。

无线通信网络的主要优势在于组网灵活,终端设备接入数量限制小,规模升级方便。无线网络使用无线信号通信,只要有信号,就可以随时随地将终端设备接入网络,因此在移动办公或家庭移动通信时更便利、更灵活。同时,无线通信网络利用无线电技术取代有形线缆的敷设工作,可以减少材料损耗和施工工作量,更加环保和节能。

2. 无线语音通信系统

无线语音通信系统包括无线对讲、公共移动电话、专用集群移动电话、无绳电话系统等。

无线对讲通信系统可为建筑内的管理部门、保安、物业等人员的日常工作提供统一的无线对讲和指挥通信功能,实现高效即时的无线通信覆盖。系统通过主机(基地台)转发各终端传送的信息、通知及命令等,并对突发事件及时进行命令和人员调度。

3. VSAT 卫星通信系统

卫星通信系统利用人造地球卫星中继站转发或反射无线电信号,一般为小型或极小型卫星通信系统。VSAT 根据业务性质可分为三类:以数据通信为主的网,除数据通信外还能提供传真及少量的话音业务;以话音通信为主的网,主要提供公用网和专用网话音信号的传输和交换,也能提供交互型的数据业务;以电视接收为主的网,接收的图像和伴音信号,可作为有线电视的信号源通过电缆分配网传送到用户家中。

VSAT 系统具有体积小、质量轻、造价低、建设周期短等优点,可以迅速安装并开通通信业务,可直接与各种用户终端进行连接,并且较易实现功能的改变和扩展,其模块化的结构令用户使用起来非常简洁、方便。

8.3.4　社会性体现

1. 物联网

物联网是通过射频识别、红外感应器、全球定位系统、激光扫描器等信息传感设备,按约定的协议,把任何物体与互联网相连接,进行信息交换和通信,以实现对物体的智能化识别、定位、跟踪、监控和管理的一种网络。物联网是新一代信息技术的重要组成部分,它的核心和基础仍然是互联网,是在互联网基础上延伸和扩展的网络。

2. 数字医院与远程医疗服务

数字医疗是将先进的现代通信技术和数字技术应用于医疗相关工作,实现医疗信息的数字化采集、存储、传输和后处理,从而实现医疗资源整合、流程优化,降低运行成本,提高医疗服务质量和管理水平。此外,当代通信技术在区域医疗、远程医疗、移动诊疗、重症监护、婴儿防盗、医护对讲、紧急呼叫等医疗领域也都体现了自己的价值,有利于医护人员提高工作效率,降低工作强度,提高临床用药的安全性,进而提升医院和整个区域的医疗服务质量和可及性，减少医疗成本，降低医疗风险，减少对社会公共医疗资源的浪费；使患者省钱、省力、省心地享受到安全、优质的服务，从而更好地满足广大人民群众的保健需求，具有重大的社会意义。

8.4 通信系统工程的绿色实施

通信系统工程的绿色实施是指在通信工程建设过程中，在保证质量、安全等基本要求的前提下，通过科学管理和技术进步，最大限度地节约资源，减少对环境的负面影响，实现节能、节地、节水、节材和环境保护，具体包括以下几个方面。

1. 绿色基站建设

基站及机房设备的能源消耗占整个移动通信网络设备消耗的绝大部分能源，基站绿色节能已经成为当前基站发展的必然趋势。绿色基站的建设（图 8-2）涉及基站架构、基站形态、绿色基站节能技术及绿色站点应用等多个方面，具体实施措施包括空调节能、UPS 及通信电源节能、通信设备及机柜节能等。此外，还应大力推广使用自然能源和新能源。我国已在海拔 4000 多米的青藏高原上建立了超过 1000 个新能源基站，这是截至目前全球最大的一个太阳能基站群。

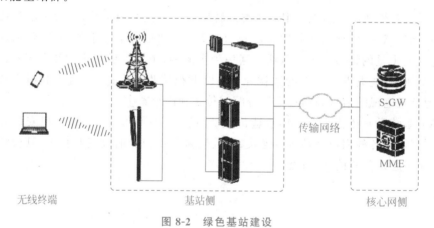

无线终端　　　　　　基站侧　　　　　　核心网侧

图 8-2　绿色基站建设

2. 绿色通信网建设

目前，人们越来越多地采用电子通信渠道来代替传统的通信方式，如通过资料下载、电子邮件、即时通信等网络手段避免打印和传送纸质资料带来的能源消耗等，构建绿色通信网络。

通信光缆作为目前有线通信的主流传输媒介，具有传输容量大、传输损耗低、抗电磁干扰能力强、保密性好、便于施工与维护等特点，其建设包括通信管道建设、通信光缆及电缆敷设等。建设通信网时，应遵循经济、合理、环保、节能的原则，重视人员安全与健康管理。

3. 建筑内绿色布线系统建设

综合布线作为通信系统的基础，是建筑智能化的重要组成部分。其绿色环保性能可体现在以下五方面。

（1）防火等级是线缆绿色的重要指标，要求线缆具有优异的电气性能，同时在防火性能上具有苛刻的火、烟、燃料载荷要求,从而降低火灾风险,并在发生火灾时尽可能少地释放有毒、有害气体。除了线缆,插座、配线架和跳线等产品也同样需要实现"绿色",需要严格限制产品中使用铅、汞、镉、六价铬、多溴化联苯和多溴化二苯醚等有害物质。

（2）布线系统在节省空间、易于安装和管理等方面,应体现绿色理念。比如,可以采用高密度设计来节省机柜和管道的空间、改善布线管理、增强易用性等,提升布线利用率和效率。

（3）整理线缆时,应充分利用机柜空间,使线缆整齐、紧密地在服务器或网络设备前后及两侧排列,不遮蔽服务器或网络设备之间的气流交换通道,同时减少空间的占用。

（4）在布线的连接上,可以考虑采用预连接,即在出厂前根据实际情况定制长度,由生产厂商在光纤两端预先安装好各种形制的连接器,从而节约材料,避免现场安装时产生的浪费。此外,在满足使用要求的情况下,应尽量选择小线径的线缆,这样不仅可以节省材料,而且有利于形成机房的冷热通道,使添加冷空气和移除热空气时得到很好的控制,散热设备的运行效率更高。

（5）应大力推广建设无线通信网络。无线通信网络的优势在于组网灵活,终端设备接入数量限制小,规模升级方便,更加便利和灵活。同时,无线通信网络利用无线电技术取代有形线缆的敷设工作,减少了材料损耗和施工工作量,更加环保和节能。

学习笔记

第9讲　建筑设备自控技术

9.1　BAS 概述

BAS 即楼宇自控系统（building automation system，BAS），也称为建筑设备自动化系统，是智能建筑中最为复杂的一部分，它是将建筑物或建筑群内的电力、照明、空调、给水排水、防灾、保安、车库管理等设备或系统，以集中监视、控制和管理为目的而构成的综合系统。BAS 通常包括暖通空调、给水排水、供配电、照明、电梯、消防、安全防范等监控子系统。根据《智能建筑设计标准》（GB/T 50314—2015），BAS 又可分为设备运行管理与监控子系统和消防与安全防范子系统，见图 9-1。

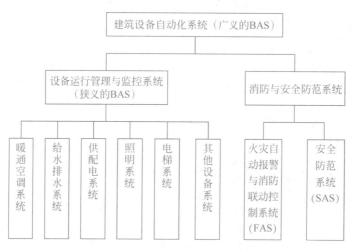

图 9-1　智能建筑设备自动化系统的组成

在我国，建筑设备自动化系统通常有广义和狭义之分。狭义 BAS 的监控范围主要包括电力、照明、暖通空调、给水排水、电梯等设备。在实际工程中，狭义的建筑设备自动化系统也常称为建筑设备监控系统、楼宇自动化系统、楼宇自控系统等。广义 BAS 的监控范围在狭义 BAS 的基础上，还增加了安全防范系统（security automation system，SAS，包括电视监控、门禁、防盗报警等）、火灾自动报警与消防联动控制系统（fire alarm system，FAS）、管理服务系统（如各类报表编制、计量系统、物业管理系统）等，即建筑设备管理系统。根据我国行业政策现状，通常将狭义的建筑设备自动化系统、安全保卫系统和火灾自动报警与消防联动控制系统分别作为一个独立的系统进行设计和施工。

9.1.1　BAS 的功能

对被控对象来说,建筑设备自动化系统应实现以下功能。

1. 设备监控与管理

建筑设备自动化系统应能够对建筑物内的各种建筑设备实现运行状态监视,进行启停、运行控制,并提供设备运行管理,包括维护保养及事故诊断分析、调度及费用管理等。

(1) BAS 对建筑设备运行状态进行监测,如对电动机的运行状态(是否运行着、是否正常运行、手动/自动状态等)、温度及湿度的监测等。

(2) BAS 对建筑设备发送命令进行控制,如对电动机的启停控制、对阀门的控制等。

(3) BAS 对建筑设备的集成与管理,可提高工作效率,减少运行人员及费用。采用建筑设备监控系统后,由计算机系统对建筑物内的大量机电设备的运行状态进行集中监控和管理,及时发现和处理设备运行中出现的故障,可大量节省运行管理和设备维修人员,从而节省整个大楼的机电系统的运行管理和设备维护费用。

2. 节能控制

BAS 对空调、供配电、照明、给水排水等设备的控制是在不降低舒适性的前提下达到节能、降低运行费用的目的。在现代建筑物内部,实际运行的工作环境大多是人工环境,如空调、照明等,使建筑物的能源消耗非常巨大。根据有关数据可知,建筑物的能耗达整个国家能耗总量的 30% 以上。建筑物的能耗则体现在建筑设备的能耗。在大型公共建筑物内部,设备能耗按不同类别划分的能耗比例见图 9-2。

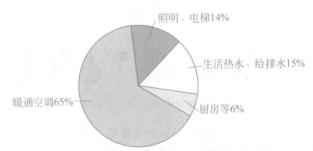

图 9-2　大型公共建筑的建筑设备能耗比例图

建筑设备自动化系统在充分采用最优化设备投运台数控制、最优启停控制、焓值控制、工作面照度自动化控制、公共区域分区照明控制、供水系统压力控制、温度自适应设定控制等有效的节能运行措施后,建筑物可以减少约 20% 的能耗。这具有十分重要的经济与环境保护意义。建筑物的生命周期一般为 60～80 年,一旦建成使用后,主要的投入就是能源费用与维修更新费用,应用 BAS 可有效降低运行费用,其经济效益十分明显。如果 BAS 设计合理并能有效地使用,2～3 年内就可收回系统的全部投资。

9.1.2　BAS 的结构

在智能建筑中,大量的机电设备分布在楼宇的各个部分。建筑设备自动化系统对这些设备进行监视、测量、控制,完成对这些被控设备的集中管理。BAS 的系统结构有集散控制系统和全分布式控制系统两种。目前,集散型(distributed control system,DCS)在我国工程中的应用最为广泛。集散控制系统就是集中管理、分散控制,其基本结构包括分散的过程控制装置、集中的操作管理装置及通信网络三部分。

对 BAS 而言,分散的过程控制装置就是各种 DDC 或 PLC 控制器。这些控制器安装在控制现场,具有较强的抗干扰能力,可就地实现各种设备监控功能。

在数据通信方面,DDC 和 PLC 之间通过通信网络进行连接,使不同控制器之间可以相互交换数据,实现互操作性。

集中操作和管理设备即各种服务器、工作站、Web 工作站等,可以通过这些设备管理操作、生成报表等。

典型的 BAS 网络结构图见图 9-3。

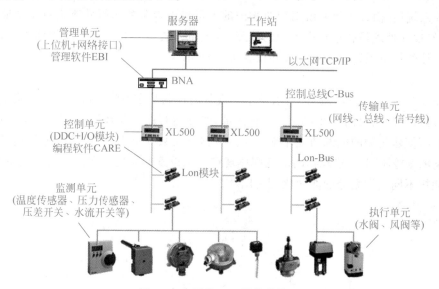

图 9-3 典型的 BAS 网络结构图

BAS 已从最初的单一设备控制发展到今天的集综合优化控制、在线故障诊断、全局信息管理和总体运行协调等高层次应用为一体的集散控制方式,已将信息、控制、管理、决策有机地融合在一起。但是,随着工业以太网、基于 Web 控制方式等新技术的应用,以及人们对节能管理、数据分析挖掘等高端需求的深化,BAS 系统仍处在不断发展和自我完善的过程中。

9.2 BAS 主要设备

9.2.1 BAS 的监测器件

1. 概述

在 BAS 中,为了对各种变量(物理量)进行监测和控制,首先要把这些物理量转换成容易比较而且便于传送的信息,这就要用到传感器。

传感器是一种能把特定的被测量信息(包括物理量、化学量、生物量等)按一定规律转换成某种可用信号输出的器件或装置。通常传感器由敏感元件和转换元件所组成。其中,敏感元件是指传感器中能直接感受或响应被测量的部分;转换元件是指传感器中将敏感元件感受或响应的被测量部分转换成适于传输或测量的电信号部分。传感器是自动化控制及信息监测技术中不可缺少的控制元件。它可以把例如温度、压力、流量、液位、位置等模拟量或开关量转变成电信号,再由自动化控制仪表或计算机进行控制处理和调节。

当传感器输出的是规定的标准信号时,则称为变送器。变送器的任务就是将各种不同的信号统一转换成在物理量的形式和取值范围方面都符合国际标准的统一信号。在当前的模拟控制系统中,统一信号为 4~20mA 的直流电流信号,也可以是 1.5V 的直流电压信号,用于与计算机系统的接口。有了统一的信号形式和数值范围,就便于把各种传感器和其他仪表或控制装置构成控制系统。无论什么仪表或控制装置,只要具有同样标准的输入电路或接口,就可以从各种传感器获得被测量的信息。这样,兼容性和互换性大为提高,仪表在配套时也更加方便。变送器的另一个功能,就是在将敏感元件的响应信号变换为标准信号,同时校正敏感元件的非线性特性,使之尽可能接近线性。

当前,传感器和变送器正朝着小型化、多功能化及智能化方向发展,特别是增加了数据处理功能、自诊断功能、软硬件相组合功能、人机对话功能、接口功能、显示和报警功能等。它们在 BAS 中得到广泛的应用。

传感器是 BAS 控制的依据和基础,所以传感器的精度将直接影响控制的效果。BAS 常用的传感器包括温度传感器、湿度传感器、压力/压差传感器、空气品质传感器、太阳辐射传感器、压差开关、水流开关、焓值变送器、电量变送器等。

对于集散型 BAS,传感器是 BAS 的现场控制层 DDC 下所连接的设备之一,传感器将各种不同的被测物理量转换为能被 DDC 接受的模拟量或开关量。传感器、变送器监测获得的信号将通过模拟量输入(AI)通道或者数字量输入(DI)通道输入 DDC。

2. 模拟量传感器

通常把监测得到的信号是模拟量的传感器,称为模拟量传感器,该信号通过 AI 通道输入 DDC。

1) 温度传感器

温度传感器用于测量水管或风管中介质的温度,以此来控制相应的水泵、风机、阀门和风门等执行元件的开度。温度传感器是 BAS 中最常用的传感器之一,也是种类最多的传感器之一。

在 BAS 中对温度的监测主要用于以下几个方面。

(1) 室内气温、室外气温,范围在 $-40 \sim 45℃$。

(2) 风道气温,范围在 $-40 \sim 130℃$。

(3) 水管内水温,范围在 $0 \sim 90℃$。

通常采用接触式监测方式,传感器一般采用铂热电阻、铜热电阻、热敏电阻、热电偶等,测量精度在 $\pm 1\%$ 以内。温度监测器件的结构有室内墙挂式、水管式、风道式、室外温度式等,见图 9-4。

热电阻有多种规格,除 Pt100、Cu53 等之外,国外有 Pt1000、Pt3000 等,也有铁镍合金

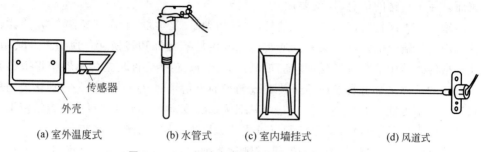

(a) 室外温度式　　　(b) 水管式　　　(c) 室内墙挂式　　　(d) 风道式

图 9-4　BAS 系统中常用的几种温度监测器件

BALCO500 热电阻,它们基本上是线性的器件。

热敏电阻的灵敏度大(是热电阻的 100 倍以上),但是它的输入/输出是非线性的,因此后续的 R-U(电阻-电压)变换和信号调理电路比较复杂,要进行非线性校正。如果通过计算机软件进行非线性校正处理,则当测点数量增加时,其数据处理量将非常大,甚至会导致系统不能正常工作。另外,热敏电阻的互换性差,这给系统的维护工作带来一定的困难。

2) 湿度传感器

在 BAS 中对湿度的监测主要用于室内、室外的空气湿度、风道的空气湿度的监测,也是 BAS 中最常用的传感器之一。湿度传感器测得的空气相对湿度作为 AI 信号输送到 DDC 中,DDC 以此来控制相应的加湿阀的开度。

常用的湿度传感器有烧结型半导体陶瓷湿敏元件、电容式相对湿度传感元件等。湿度传感器的安装位置有室内、室外或管道,其输出信号一般都经变送器变为标准的电压(0~5V,0~10V)或电流(4~20mA)信号。

【注】　在一些产品说明书中,常采用 RH 表示相对湿度。

3) 压力或压差传感器

压力或压差传感器主要用来监测水管或是风管中的压力和压差,以此来控制相应的变频器,以调整水泵或风机的转速,或是调节比例阀门的开度。水压力/水压差传感器主要用于冷热源系统中,用于监测水泵的运行状态和压差旁通控制,也有将水压力传感器安装在水箱内,用于测量水箱的液位。压力或压差传感器通过模拟量输入(AI)通道将信号输入到 DDC。

BAS 中常用的压力自动监测装置原理示意图见图 9-5,它是位移式开环压力变送器。采用的弹性元件有弹簧管、波纹管、膜片、波纹管与弹簧组合等,见图 9-6。

图 9-5　压力自动监测装置原理示意图

4) 流量传感器

流量传感器主要用来监测水系统中液体的流量,以此来控制相应水泵阀的数量。监测流量有多种方法,有节流式、容积式、速度式、电磁式等。在使用流量监测仪表时,要考虑控制系统容许压力损失,最大、最小额定流量,使用场所的环境特点及被测流体的性质和状态,

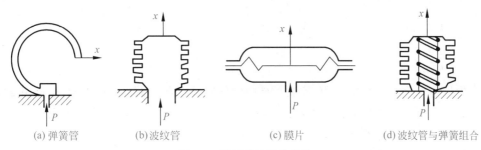

(a) 弹簧管　　　(b) 波纹管　　　(c) 膜片　　　(d) 波纹管与弹簧组合

图 9-6　常用弹性元件结构

也要考虑仪表的精度要求及显示方式等。

5）其他模拟量传感器

以上常用的传感器通常用来控制模拟量,它们的结构是传感器和变送器的组合。除此之外,BAS中有时还会用到许多其他类型的特殊传感变送器,如用来检验空气中 CO_2、CO浓度等的传感器(空气品质传感器),用来监测环境明暗程度的照度传感器;还有将各种电量,如电压、电流、功率、功率因数、频率,转换为标准输出信号(4～20mA 或 0～10V)的电量变送器,可完成对大楼内变配电系统的各种电量的监测、计量、统计与记录。

3. 开关量传感器

常把监测得到的信号是数字量的传感器称为开关量传感器。该信号将通过 DI 通道输入到 DDC 中。

1）压差开关

压差开关有空气压差开关和水压差开关之分,都通过判断两端的压差是否在规定的范围内来输出开关信号。空气压差开关主要使用在风机两端和空气过滤网两端,用于监测风机的运行状态和过滤网的清洁状态。水压差开关通常用在水泵的两端,用于监测水泵的运行状态。

2）水流开关(流量开关)

液体流量开关主要用于测量流经管道的液体的流动状态,例如水、乙烯等液体的流体,其典型应用是使用在需要有连锁作用或"断流"保护的场所。

3）液位开关

液位开关又可称为液位信号器,用于液位的报警。它是控制液体的位式开关,即是随液位变动而改变通断状态的有触点开关。按照结构区分,液位开关有磁性开关(也称为干式舌簧管)、水银开关和电极式开关等类别。在楼宇自动化系统中,最常见的是水位开关,用于对储水容器的报警液位的监测。

4）防冻开关

防冻开关主要用于制冷系统的管道或各种需要进行过冷保护的设施,在冷水机组、新风机组、空调机组、汽车发动机等得到应用。在低于设定温度时,防冻开关给出信号,停止或加热防止设备管道冻裂。例如,在新风机组或在空调机组中,防冻开关设在表冷器之后,在监测到盘管后的温度超过温度设定值时,防冻开关立即动作(停止风机,关闭新风阀,打开热水阀门,并报警)。

9.2.2 执行机构

1. 概述

执行机构也称为执行器,其在控制系统中的作用是执行控制器的命令,直接控制能量或物料等被测介质的输送量,是自动控制的终端主控元件。对 DDC 来说,可通过 DO 或 AO 通道将命令输送给执行器件。

执行器安装在生产现场,常年和生产工艺中的介质直接接触,如执行器选择不当或维护不善,通常使整个控制系统不能可靠工作,严重影响控制品质。从结构来说,执行器一般由执行机构、调节机构两部分所组成。其中,执行机构是执行器的推动部分,按照控制器输送的信号大小产生推力或位移,调节机构是执行器的调节部分。执行机构使用的能源种类可分为气动、电动、液动三种。智能楼宇中常用电动执行机构。在结构上,电动执行机构除可与调节阀组装成整体式的执行器外,常根据各方面的需要单独分装。在许多工艺调节参数中,电动执行机构能直接与具有不同输出信号的各种电动调节仪表配合使用。

2. 电动调节阀

电动调节阀通常用来调节系统流量。凡是涉及流体的连续自动控制系统,除了采用电机变频调速直接控制水泵或风机的转速,一般都采用调节阀调节流体的流量。这种方法投资费用低,简单实用。如果能够正确选择阀门的结构形式和流量特性,同样能够取得良好的控制效果。

电动调节阀通常由阀体和阀门驱动器两部分组成。阀门驱动器以电动机为动力,依据现场 DDC 输出的 AO 信号(0~10V 电压或 4~20mA 电流)控制阀门的开度。阀门驱动器按输出方式可分为直行程、角行程和多转式三种类型,分别同直线移动的调节阀、旋转的蝶阀、多转式调节阀配合工作。

图 9-7 是直线移动的电动调节阀原理,阀杆的上端与执行机构相连接,当阀杆带动阀芯在阀体内上下移动时,改变了阀芯与阀座之间的流通面积,即改变了阀的阻力系数,其流过阀的流量也就相应地发生改变,从而达到调节流量的目的。

调节阀有许多种类,主要有直通单座阀、直通双座阀(平衡阀)、隔膜调节阀、蝶阀、闸板阀等。

1)直通单座阀

直通单座阀的结构见图 9-8。这种阀门的阀体内只有一个阀芯和阀座,特点是泄漏量小,易于保证关闭,因此在结构上有调节型和截止型两种,它们的区别在于阀芯的形状不同。直通单座阀的另一个特点是不平衡力大,特别在高压差、大流量的情况下更为严重。所以,直通单座阀仅适用于低压差的场合。

(1)接受各类控制系统输出的断续和连续控制信号。

(2)阀体构造采用平衡式结构,在电动执行器输出力相同的情况下,它比单座直通阀适用的允许压差范围更广,且体积小、质量轻、安装方便。

(3)电动执行器使用永磁同步电动机,响应速度快、输出力大、功耗低、噪声低。

(4)当阀门关闭或开到最大时,限位开关切断电源,保护电动机。

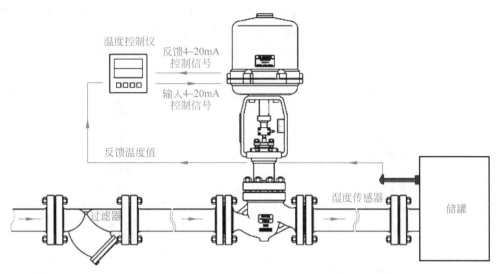

图 9-7　直线移动的电动调节阀原理

2）直通双座阀

直通双座阀的结构见图 9-9。阀体内有两个阀芯,流体从左侧进入,通过阀座和阀芯后,由右侧流出。在口径相同时,它能比单座阀流过更多的介质,流通能力可提高 20%～25%。流体作用在上、下阀芯上的力可以相互抵消,因此不平衡力小,允许压差大。但是,由于结构上不容易保证上、下阀芯同时关闭,所以泄漏量较大。

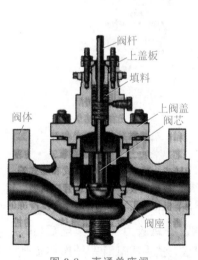

图 9-8　直通单座阀

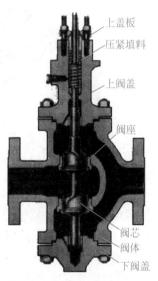

图 9-9　直通双座阀

3）角形阀

角形阀的阀体为直角形结构,它流路简单,阻力小,适用于高压差、高黏度、含有悬浮颗粒物的流体的调节,可以避免堵塞,也便于自净和清洗。角形阀的结构见图 9-10。

4）套筒阀

套筒阀是一种结构特殊的调节阀,它的结构见图 9-11。套筒阀阀体与直通单座阀相似,但阀内有一个圆柱形的套筒。利用套筒导向,阀芯可以在套筒中上下移动,移动时改变套筒上节流孔的面积,从而实现流量的调节。由于套筒阀是采用平衡型的阀芯结构,因此不平衡力小,稳定性好,不易振荡,允许压差大。如果改变套筒上节流孔的形状,就能够得到不同的流量特性。

图 9-10　角形阀

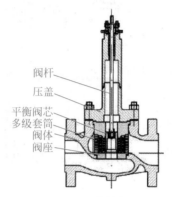

阀杆
压盖
平衡阀芯
多级套筒
阀体
阀座

图 9-11　套筒阀

5) 三通阀

三通阀的阀体上有 3 个通道与管道相连,按其作用方式三通阀可以分为分流型(把一路介质分为两路)和合流型(把两路介质合成一路)两种,三通阀的结构见图 9-12。一般来说,三通分流阀与三通混合阀不宜混用。

(a) 分流三通阀

(b) 合流三通阀

图 9-12　三通阀

3. 电磁阀

电磁阀是常用电动执行器之一,其结构简单,价格低廉,多用于两位控制中,见图 9-13。它是利用线圈通电后产生的电磁吸力提升活动铁心,带动阀塞运动控制气体或液体流量通断。DDC 以 DO 信号控制电磁阀的通断。电磁阀有直动式和先导式两种。图 9-13(a)为直动式电磁阀,这种电磁阀的活动铁心本身就是阀塞,通过电磁吸力开阀,失电后,由恢复弹簧闭阀。图 9-13(b)为先导式电磁阀,由导阀和主阀组成,通过导阀的先导作用促使主阀开闭。线圈通电后,电磁力吸引活铁心上升,使排出孔开启,由于排出孔远大于平衡孔,导致主阀上腔中压力降低。但主阀下方的压力仍与进口侧的压力相等,则主阀因差压作用而上升,阀呈开启状态。断电后,活动铁心下落,将排出孔封闭,主阀上腔因从平衡孔冲入介质压力上升,当约等于进口侧压力时,主阀因本身弹簧力及复位弹簧作用力而使阀呈关闭状态。

4. 电动蝶阀

蝶阀结构简单、体积小、质量轻,只由少数几个零件所组成,而且只需旋转 90°即可快速

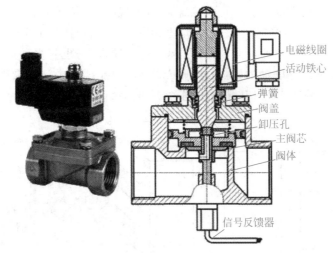

电磁线圈
活动铁心
弹簧
阀盖
卸压孔
主阀芯
阀体
信号反馈器

(a) 直动式电磁阀

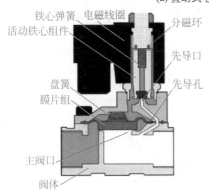
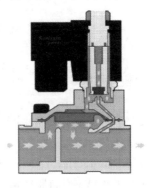

铁心弹簧　电磁线圈　分磁环
活动铁心组件
先导口
先导孔
盘簧
膜片组
主阀口
阀体

先导式电磁阀关闭状态(断电)　　先导式电磁阀开启状态(通电)

(b) 先导式电磁阀

图 9-13　电磁阀

启闭,操作简单,同时该阀门具有良好的流体控制特性。蝶阀处于完全开启位置时,蝶板厚度是介质流经阀体时唯一的阻力,因此通过该阀门所产生的压力差很小,故该阀门具有较好的流量控制特性。蝶阀有弹性密封和金属密封两种密封形式。弹性密封阀门的密封圈可以镶嵌在阀体上或附在蝶板周边。常用的蝶阀有对夹式蝶阀和法兰式蝶阀两种,见图 9-14。对夹式蝶阀是用双头螺栓将阀门连接在两管道法兰之间;法兰式蝶阀是阀门上带有法兰,用螺栓将阀门两端的法兰连接在管道法兰上。

(a) 对夹式蝶阀　　(b) 法兰式蝶阀

图 9-14　蝶阀

5. 风门

在智能楼宇的空调、通风系统中,使用最多的执行器是风门。这种执行器用于控制风门、通风百叶窗和 VAV 装置的调节、浮点,可以和标准的圆形和方形的风门连杆进行连接,因而广泛地应用在风门的开度控制,特别是在空气处理机和新风机组的回风阀、排风阀、新风阀中实行 PID 的控制,使之形成一定的比例连锁控制。

　　风门的结构原理见图 9-15。风门由若干叶片组成,当叶片转动时,改变流道的等效截面积,即改变风门的阻力系数,其流过的风量也相应改变,从而达到了调节风流量的目的。

　　叶片的形状将决定风门的流量特性,与调节阀一样,风门也有多种流量特性供应用选择。风门的驱动器可以是电动的,也可以是气动的。智能楼宇中一般采用电动式风门,见图 9-16。在 BAS 中,除可实现 PID 控制的连续调节的风门,还有通断式的风门。

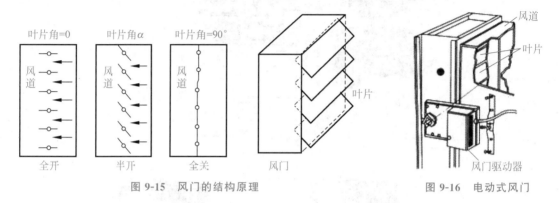

图 9-15　风门的结构原理　　　　　　　　　图 9-16　电动式风门

9.2.3　现场控制器 DDC

　　智能建筑中的 BAS 通过通信网络系统将不同数目的现场控制器与中央管理计算机连接起来,共同完成各种采集、控制、显示、操作和管理功能。现场控制器一般采用直接数字控制器(direct digital controller,DDC)。DDC 由 CPU、内存和输入/输出通道及通信接口等部件组合而成,典型的 DDC 控制器结构见图 9-17。

图 9-17　典型的 DDC 控制器结构

　　根据现场应用的情况,DDC 可分为独立控制器结构和模块化结构两种形式,独立控制器结构是指它的所有输入/输出控制点全部在一台控制器中,而模块化结构是指将输入/输出控制点设计成模块的方式,根据监控要求选择配置。现场控制器一般采用模块化结构的DDC,通常包含电源模块、计算模块、通信模块和输入/输出模块等。进行系统配置时,设计者应根据系统在该区域监控点的数量和类型来配置模块的数量和类型。

　　DDC 控制器通常可以通过通信接口与计算机或其他 DDC 控制器通信,也可以独立运行。DDC 控制器是 BAS 系统的核心。

对于 DDC 在楼宇智能化工程中的应用,我们关注的不是 DDC 内部的结构原理,而是 DDC 的外在特性和应用。这类似于数字电路中集成器件的应用。图 9-18 是 DDC 对空调机组的监控应用。DDC 利用传感器和检测设备通过 DI、AI 通道监测空调机组的有关数据和状态,DDC 通过 DO、AO 通道将控制命令送给执行机构,以实施对空调机组的控制。

在实际的控制回路中,DDC 常常不能直接控制相关设备,中间还要用到其他类型的辅助控制器以完成动作,如变频器、继电器等。

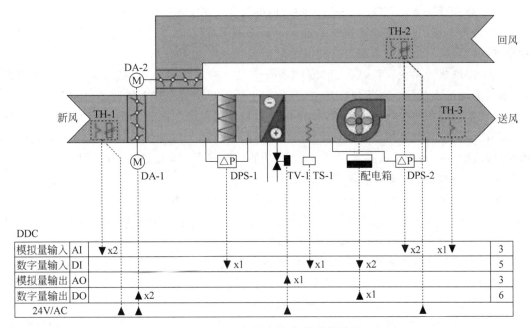

DDC						
模拟量输入	AI	▼x2			▼x2	x1▼	3
数字量输入	DI		▼x1	▼x1	▼x2		5
模拟量输出	AO		▲x1				3
数字量输出	DO	▲x2		▲x1			6
24V/AC		▲ ▲	▲		▲		

图 9-18　DDC 对空调机组的监控应用

9.3　BAS 节能的综合控制策略

除通过其基本功能来减少建筑设备能源主动节能增效,建筑设备监控系统中不仅对设备与环境参数进行监测,而且根据大楼的运行管理要求,对机电系统的很多方面实施了自动控制。这些自动控制的手段和方法,再结合控制对象本身,就构成了建筑设备监控系统的自动调节系统。BAS 的监控对象众多,本节仅对建筑设备中能源消耗量大、监控复杂的冷热源及空调风系统进行说明,同时讨论呼吸墙、遮阳、智能照明与空调系统联动所能产生的节能效果。

教学视频:
BAS 系统节能
的基本方式

9.3.1　冷热源群控

冷热源群控是指综合考虑负荷侧需求、设备参数及室外气候条件,对相关设备的运行流程及运行状态进行综合控制,以保证整个系统运行的经济性和可靠性。

冷热源群控策略包括设备连锁控制、机组投运台数及出水温度再设定控制，冷冻水/空调热水循环控制及冷却水循环控制（仅适用于冷水机组系统）等，实际工程中锅炉机组多采用就地控制，一般不纳入 BAS 群控策略，故不在此进行讨论。

1. 设备连锁控制

冷热源系统涉及众多冷热源设备（如冷水机组、热泵机组等）、冷却塔、水泵及各类蝶阀、调节阀等。

对于非变频设备，工程中多采用一一对应的控制方式，即一台冷热源机组冻水/空调热水泵、一台冷却塔（仅对于冷水机组系统）、一台冷却水泵（仅对于冷水机组系统）以及相关传感器和阀门设备。这些设备都具有相关的启停顺序及联动关系。

对于冷水机组系统而言，其启动原则为首先启动冷却水侧设备，然后启动冷冻水侧设备，最后启动冷水机组。对于风冷热泵，只需将上述流程中的冷却水侧设备去除即可。

除设备启停顺序外，设备连锁控制还包括故障处理程序。在部分设备发生故障时，自动启动备用设备或其他可用设备保证系统正常运行。此外，为保证所有设备寿命及能效的一致性，应定期互换备用设备和常用设备，这一功能也应包含在连锁控制程序模块中。

2. 机组投运台数及出水温度再设定

在冷热源机组投运台数方面，BAS 的群控策略包括两大类。

第一类是将冷热源设备作为一个黑箱进行控制，仅通过机组容量和冷热源的进、出水温度及流量制定加减机策略，实现投运台数控制。

第二类需要读取冷热源设备的部分内部运行参数，充分考虑冷热源在不同负荷率及环境下的能效比，从而综合制订加减机策略。目前比较常用的策略是通过读取冷水机组或热泵机组压缩机的电流百分比作为加减机控制依据。

以上控制策略仅确定了系统是否需要加减机，具体加减哪台机组需由机组容量（对于各台机组额定容量不同时，需针对具体容量差异制订相关策略，各工程需独立订制）及累计运行时间共同决定。

此外，在第二类控制策略中，还可以通过再设定出水温度进一步优化机组能效比。根据机组当前的负荷率、供水设定值及回水温度，按照机组厂商提供的特性曲线或者数据、公式，可计算出机组在当前负荷下的最优出水温度，以提高机组运行能效。

3. 冷冻水/空调热水循环控制

冷冻水/空调热水循环系统一般包括一次泵冷冻水系统和二次泵冷冻水系统，见图 9-19。

一次泵冷冻水系统用一次泵克服阻力，组成简单，控制容易，运行管理方便，应用广泛。该系统通常分为一次定流量系统与一次变流量系统，其中一次定流量系统控制最为简单，其冷冻水泵一般与冷热源机组一一对应进行启停控制；旁通阀根据冷冻水/空调热水供、回水压差进行控制，维持压差恒定。但是，一次定量系统无法根据末端需求变化调整水泵运行状态，以达到节约水循环能耗的目的。一次变流量系统直接对一次泵进行变流，不仅可以根据末端负荷需求通过变频节约水循环能耗，与二次变流量系统相比，还可以减少泵的初投资，节约机房空间。同时，一次变流量系统还可以消除一次定流量和二次变流量系统中机组供回水温差过低的问题，使机组始终保持在高能效比运行状态。但是一次变流量系统对机组变流能力和控制的要求较高。最好要求机组的最小流量可以达到设计流量的 40% 左右（不得高于 60%）。在控制方面，对流过机组的最小流量控制精度要求较高。

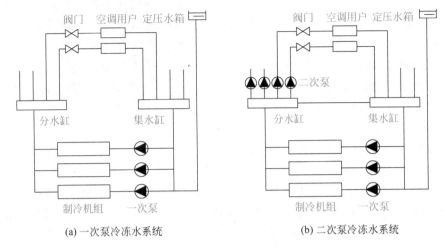

(a) 一次泵冷冻水系统　　　　　　　(b) 二次泵冷冻水系统

图 9-19　冷冻水/空调热水循环控制系统

二次泵冷冻水系统将冷冻水/空调热水系统分为机组侧和负荷侧两部分：由一次定流量泵维持机组侧恒定的水循环，一次定流量泵与冷热源机组一一对应进行启停控制；二次变流量泵(大扬程)根据末端需求(一般在末端压力最不利点设置压力传感器)进行变频及台数控制。一次定流量泵与二次变流量泵之间的流量差由旁通桥管自动平衡，二次变流量系统用小扬程低功率的一次水泵来保证机组侧水流的稳定，而对大扬程高功率的二次水泵进行变频控制，以减少末端负荷需求降低时的水循环能耗，通常应用于大型系统。

4. 冷却水循环控制(仅适用于冷水机组系统)

冷水机组的冷却水泵一般为定流量水泵，与冷热源机组一一对应进行启停控制。

冷却塔的风机设计包括单风机定频、多风机分级控制及风机变频控制等。对于单风机定频控制，一般仅需对风机与冷热源机组一一对应进行启停控制；对于多风机分级控制和风机变频控制，则需根据冷却塔出水温度设定值进行风机级数或频率控制。

5. 冷却水的免费供冷(仅适用于冷水机组系统)

对于冷水机组系统，当室外湿球温度降至较低的温度(如8℃以下)时，如系统仍存在供冷需求，在系统设计预先留有冷水机组旁路管路时，可通过蝶阀切换将原本冷水机组冷凝器侧的冷却水管路与原本蒸发器侧的冷冻水管路跨过冷水机组直接相连。利用冷却直接获得的温度较低的冷却水对末端负荷进行免费供冷。可以通过免费供冷来节约冷水机组的能源，仅消耗冷却塔风机和相关水泵能源即可完成末端负荷供冷，但需要预设冷水机组旁路管路、合理的切换条件及切换流程(主要是蝶阀的开关、切换流程)。此外，由于免费制冷过程中冷却塔处于较低的工作温度下，还需做好冷却塔的防冻措施。

9.3.2　空调风系统中的节能增效手段及 BAS 优化控制策略

1. 中央空调常见风系统类型及比较

风机盘管加新风系统、全空气定风量系统及 VAV 变风量系统是目前中央空调系统中最常见的三种形式。

风机盘管加新风系统属于初始投资较低,且可以满足不同区域温度个性化设置的空调形式,因控制方便而广泛应用于宾馆客房、普通办公区域、医院病房等简单空调区域。全空气定风量系统同样属于初始投资较低的空调形式,且维护管理费用也较低,但无法实现区域温度个性化设置,因此仅适用于区域温度统一控制的大空间区域,如大型会议室、餐厅区域、酒店大堂等。VAV 变风量系统在舒适性、能耗、灵活性等方面都具有较强的优势,但初始投资和管理维护费用都比较高,在高档办公楼、机场等区域应用广泛。

2. 空调风系统控制中的通用节能增效控制策略

采用 BAS 系统对空调风系统进行控制,具有众多通用的节能增效控制策略。

1) 空调内外分区控制

对于进深较大的建筑,空调区域内区与外区负荷特性相差较大。外区负荷来自室内、外温差,太阳辐射热,以及人员、设备等的发热;而内区负荷则主要来自人员及设备的发热;如果对内、外区采用相同的空调控制,那么在冬季及过渡季必然产生室内温度分布不均,外区过冷,而内区过热,严重影响环境舒适度和能源效率。因此,通常建议分别采用内、外分区对空调进行控制。空调内、外分区虽然属于暖通设计范畴,但 BAS 设计及实施人员必须清楚地理解空调内、外分区的意义及控制要点,合理设置测温点与控制策略,才能保证空调内、外分区协调工作,实现控制目标,节约能源。

2) 温度自适应控制

常规空调系统的目标温度是由人为设定的,一旦设定后,BAS 系统即按照固定不变的设定温度进行控制。温度自适应控制是指按照室外环境温度对人为设定的温度进行正、负偏差修订。当室外环境温度过高时,适当提高室内设定温度;而在室外环境温度过低时,适当降低室内设定温度。根据统计,夏季当室外环境温度超过 35℃时,设定温度每提高 1℃即可平均节能 6%。同时,盛夏适当减小室内外温差,对人体进出室内、外时的舒适度及身体健康均有利。而夏季当环境温度低于 30℃时,适当地降低室内设定的温度,可以加大室内、外温差,同时减少空气湿度,从而增加环境舒适度。而此时每减低 1℃室内温度所消耗的能源远远小于室外环境温度大于 35℃时每降低 1℃所消耗的能源。冬季也有类似的控制效果。由此可见,温度自适应控制可以节能降耗,同时可以很好地平衡能源消耗、环境舒适性及人体健康等众多因素。

3) 免费供冷

在过渡季或夏季夜间,当室外温度降至室内回风温度以下,且空调设备仍工作在制冷工况时,从控制策略角度就应该尽可能多采用新风,以节约空调设备制冷能耗。随着室外温度继续下降,当全新风量可以完全综合室内由人体、照明及其他发热设备产生的余热时,空调设备可以完全脱离冷源供冷,而仅依靠调节新风量控制室内温度,这就是所谓的免费供冷。通过 BAS 可适时地发现免费供冷机会,将空调设备的运行模式由夏季制冷工况切换至免费供冷模式,不仅可以节约能源,也可以有效地提高室内空气品质。

4) 热回收

空调排风中含有大量的余热、余湿,利用热回收设备回收排风中的余热、余湿,并可以通过对新风进行预处理来有效地节约能源。BAS 通常只对热回收设备进行启停控制,而不涉及热回收具体过程。BAS 所需判断的是在何种情况下启动热回收设备能够保证回收的能源大于热回收设备本身所消耗的能源。根据所使用的热回收设备是全热回收器还是显热回收器,按照热回收器的热回收效率及能耗情况确定启动热回收设备的最小焓差或温差。当新排风的焓差或温差大于此最小值时,启动热回收设备,否则停止热回收设备。

5) 夜间换气与清晨预热

对于间歇性运行的建筑,清晨预冷、预热能耗占到其全天总能耗的 20%～30%。应充分利用夜间非运行状态进行全面换气,而清晨预冷、预热期间则采用全回风运行模式,可以节能降耗,同时有效缩短预冷、预热所需的时间。

6) 通过空气品质控制新风量

常规空调系统的新风量都按照设计新风量要求或经验参数设定最小新风量输入。然而,在实际运行过程中,对新风量的需求往往随着空调区域的使用状态、区域内人员多少而变化。按照固定不变的设计参数或经验参数进行控制,必然造成能源浪费或空气品质过差。在使用状态和人员数量变化频繁的区域设置空气品质传感器,根据空气品质对新风量进行控制,可以同时保证室内环境舒适性与能源利用有效性。在安装空气品质传感器时,应注意安装在对应空调区域可能出现的空气品质最不利点。当存在多个空气品质传感器时,应取其中空气品质最差的传感器作为新风控制的依据。

7) 低温送风

对于相同的负荷量,增大送、回风温差即可减少送风量,节约送风能源。尤其对于冰蓄冷等应用,采用低温送风不会造成冷源效率下降,节能效果明显。然而使用低温送风也对风管保温层、送风温度控制、送风末端混风提温等提出了更高的要求。风管保温层未做好引起的额外换热和结露、送风温度过低及送风末端混风不足,导致的出风温度过低和出风口结露都会严重影响室内环境舒适度、设备使用寿命和能源使用的有效性。因此,在低温送风系统中,BAS 系统一定要配合暖通专业做好送风温度控制和送风末端混风提温。

8) 焓值控制

焓值控制是指将室内温湿度设定点、室内实际温湿度点和室外环境温湿度点全部绘制在焓值图上。同时,将空调设备所能提供的各种空气处理手段也都表示在焓值图上,空调控制按照室外环境温湿度点相对于室内温湿度设定点的位置进行分区,以此作为空调模式切换的依据;同时,在焓值图上确定最优的空气处理控制策略,以保证最经济有效地将室内实际温湿度控制在设定点附近。

9) 遮阳、照明、空调及门窗状态联动

BAS 系统具有很强的底层(现场层)集成联动能力。BAS 在现场层集成遮阳控制、智能照明控制、门窗状态监控等信号,结合气象传感等设备,可将这些相互关联的智能设备连成一个整体来协调工作。如盛夏日光强射时,首先利用遮阳系统阻止部分太阳辐射热,同时避免强光直射工作面;当阳光减弱时,首先自动收起遮阳,在自然光仍然不足时,再打开或加强窗边照明;在窗打开时,自动关闭空调系统;在外界气温降低至舒适温度时,自动开窗换气;在气象传感器探测到风雨时,自动关窗并收起外遮阳等。这些措施均可在环境舒适度的前提下有效降低能源消耗。

近年来,一些建筑领域的新技术,如呼吸窗、呼吸幕墙等,也会纳入其状态监控。

3. 呼吸墙、遮阳、智能照明及空调系统的联动控制

呼吸墙在本书模块 3 第 13 讲中单独进行讨论;遮阳在本书模块 3 第 12 讲中单独进行讨论;智能照明在本书模块 3 第 10 讲中单独进行讨论。在此仅对各系统间及其与空调系统的联动控制加以说明。

目前,呼吸墙、遮阳、智能照明及空调系统一般进行独立控制,或者仅一两个系统之间进行联动。由于控制策略的不同步往往会造成众多不必要的能源浪费。例如,呼吸墙下动成自动进入自然通风状态,而空调系统仍运行于制冷或制热模式;遮阳系统处于遮阳模式,而实际室内照度不足,照明系统的相应发热又影响了正处于制冷模式的空调系统能耗等。

目前,BAS系统已经逐渐突破了单纯的控制系统的定位,使建筑设备及其他弱电系统的运行策略与企业业务流程保持一致,将整个建筑作为一个整体,服务于企业的业务目标,实现真正的高效节能。

学习笔记

模块 3

绿色建筑的节能环保

第10讲 绿色照明控制系统

10.1 绿色照明概述

教学视频：
绿色照明概述

简单的照明一般采用开关或断路电器等进行控制,这种手动控制方法在回路较少的情况下简单、直观、方便,但不能满足现代社会大规模、高精度照明控制的要求。

随着计算机技术的出现,照明控制也进入智能控制阶段。习近平总书记在全国科技创新大会上指出:"生态文明发展面临日益严峻的环境污染,需要依靠更多更好的科技创新建设天蓝、地绿、水清的美丽中国""依靠绿色技术创新破解绿色发展难题,形成人与自然和谐发展新格局。"习近平总书记这一科学论断强调了科技创新,尤其是绿色技术创新在生态环境保护、生态文明建设中的作用。智能控制系统以计算机网络技术为核心,以计算机技术、通信技术、自动控制技术等互相渗透为基础,以现代化多种光源共同组成的照明系统为控制对象,以人机交互为最终目的。

随着现代科技的发展,高效节能的 LED 绿色照明技术将取代传统光源成为主流照明技术。LED 照明与智能控制的结合也是未来绿色低碳技术发展的必然趋势。这一技术在 2010 年上海世博会中已得到广泛应用。

智能照明控制系统不仅能控制照明模式,还能对单体照明回路进行个性化调节,从而达到节约能源、延长灯具使用寿命的目的;同时,可以营造出舒适的生活和工作环境,减少翘板开关造成的电磁污染,最大限度地展现绿色建筑节能、节材的理念。

10.2 智能照明控制系统原理与特点

教学视频：
智能照明控制系统原理与特点

智能照明控制系统利用电磁调压及电子感应技术,对供电进行实时监控与跟踪,自动平滑地调节电路的电压和电流幅度,改善照明电路中不平衡负荷所带来的额外功耗,提高功率因素,降低灯具和线路的工作温度,从而达到优化供电的目的。智能照明控制系统在确保灯具能够正常工作的条件下,给灯具输出最佳的照明功率,既可减少由于过压所造成的照明眩光,使灯光所发出的光线更加柔和,照明分布更加均匀,又可大幅度节省电能。同时,智能照明控制系统采用计算机编程,将外部环境的监测、灯具的监控与跟踪、系统的优化集成到一个平台或模块上,有利于进行集中式的智能化管理。

智能照明控制系统具有以下特点。

（1）集成性：集计算机技术、网络通信技术、自动控制技术、微电子技术、数据库技术和系统集成技术于一体的现代控制系统。

（2）自动化：具有信息采集、传输、逻辑分析、智能分析推理及反馈控制等智能特征的控制系统。

（3）网络化：智能照明控制系统可以是大范围的控制系统，需要包括硬件技术和软件技术的计算机网络通信技术支持，以进行必要的控制信息交换和通信。

（4）兼容性：智能照明控制系统可以与楼宇中的其他智能控制系统具有控制和监测信号的可兼容性。智能照明控制系统既可以形成单独的独立系统，也可以作为整体智能化系统的子系统。

（5）易用性：由于各种控制信息可以以图形化的形式来显示，所以控制方便，显示直观，并可以利用编程的方法灵活改变照明模式和效果。

10.3　照明控制系统的分类

10.3.1　多线制与总线制

现代照明控制系统主要有多线制和总线制两种方式。

多线制控制系统是由一个总控制器来完成对于整个照明系统的监测与控制，各个照明点的控制及信息处理都是在这个总控制器中完成的。这种方式控制管理集中，在一个点就可以完成对于整个系统的控制。但是一旦总控制器出现软/硬件故障，那么整个系统就处于失控状态。也正是因为这种架构上的隐患，所以近年来采用多线制控制的照明系统越来越少。

为了消除这种隐患，从而出现了总线制控制系统。现在的智能照明控制系统大多采用模块化的总线制控制结构，将各个子系统挂接在总线上，各个子系统通过通信协议进行信息传递。各个子系统既可以独立在各自区域内进行照明控制，也可以由主控制器集中控制。如果某个子系统出现故障，影响范围仅限于子系统本身。这种总线制的结构也具有良好的扩展性。

总线制智能照明控制系统按照功能一般可以划分为输入单元、输出单元、系统单元及相应的辅助单元和软件系统，各个单元则由不同功能的基本模块构成。

输入单元的功能是将外界的控制信号（即控制愿望）转化为系统可识别的系统信号，之后输入单元，大致形式有控制面板、液晶触摸屏、智能传感器、时钟管理器、遥感器等。

输出单元的功能是接受控制总线上输入单元发出的控制信号，并具体实施照明系统的控制功能，控制相对应的负载回路。输出单元的大致形式有开关控制模块、传统光源调光控制模块、LED调光模块、开关量控制模块及其他模拟输出模块等。

系统单元是构成智能控制网络的各个独立功能部件，在系统控制软件的调控下，通过计算机系统对整个照明系统进行全面实时地控制。系统单元主要包括控制总线、编程插口主控计算机及其他网络配件等。

辅助单元并不是每个系统的必要构件,只有在自身控制系统无法满足控制需求时,才考虑加设诸如分割模块、电源模块、辅助控制器或功率放大器之类的辅助单元。

软件系统则应当根据系统的要求,包含控制软件、编辑软件、图形监控软件和一些具有特定功能的辅助设计软件。

10.3.2 分区域控制、分类型控制与情景模式控制

智能照明控制按照不同的控制方式,可以分为分区域控制、分类型控制和情景模式控制等。

分区域控制就是将一个区域划分为若干个子区域,从而达到既可以独立控制每个独立区,又可以联合控制整个区域的目的。

分类型控制就是将一个区域内相同类型或者相同控制要求的灯划分为一组或若干组,从而达到既可以同组控制又可以整体控制的目的。

情景模式控制就是为某个回路的灯具按照使用要求设置一定的智能运行程序,从而使这个回路的灯具根据不同的使用场景来自动调节运行状态。

采用这些智能控制模式,可以大幅减少传统翘板型开关的使用量,降低传统开关开时产生的电磁污染,优化室内环境。而集中式的监控模式又便于了解和控制整个照明系统的运行状态,避免因为人为疏忽而造成某个区域或某个回路的错误开启/关闭,减少必要的能源浪费以及对人类工作和生活的影响。

这几种控制类型也可以根据具体需求和环境组合使用,从而达到更便捷、更节能的目的。

10.4 案例分析

教学视频:
案例分析

杭州低碳科技馆位于浙江省杭州市滨江区秋水路以北,汉江路以东,文套路以南。科技馆建筑因地制宜地采用了日光利用与绿色照明技术。

导光管采光系统(图 10-1)是一种不耗电的绿色节能照明系统,主要通过特定的设备采光罩对室外的自然光线进行采集,再通过系统重新分配光线;然后利用特殊的光导管进行传输和强化,最后自然光就可以通过系统底部的漫射装置均匀高效地照射到任何需要光线的空间。只要有光源,无论何时段、何天气,导光管采光系统导入室内的光线都足以满足采光需求。该装置由采光装置、导光装置、漫射装置三部分组成。

(1)采光装置:采光罩是专门为导光管采光系统而研发的,最大的作用是可以过滤掉100%的紫外线和红外线,从而获得健康的可见光。通过这样的装置,阻止紫外线摄入,保护室内物品,同时隔离太阳热辐射的传递,以减轻内部空调负荷。

(2)导光装置:具有国际专利技术的七彩无极限光导管,它的单次光反射率为 99.97%,大于物理极限的反射率 98%,可最大限度地传输太阳光。

(3)漫射装置:利用菲尼尔透镜技术,让室内空间可以均匀地接收到光线的漫射,使使用者全天都可以沐浴在柔和的自然光中。

　　管道式日光照明装置(图 10-2)通过在屋顶安装采光罩来获取折射阳光,然后经过反射管道向下漫反射。天花板上的漫射器可以将自然光均匀地漫射到需要采光的内部区域。该装置还可以完全过滤掉红外线和紫外线,不仅具有安全、环保、健康等特点,而且在晴天、雨天都可以实现高效照明。

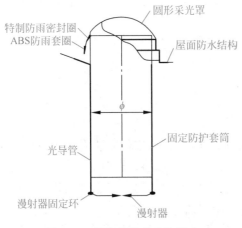

圆形采光罩
特制防雨密封圈
ABS防雨套圈
屋面防水结构
固定防护套筒
光导管
漫射器固定环
漫射器

图 10-1　导光管采光系统组成

图 10-2　管道式日光照明装置

　　建筑科技馆三层选用索尔图日光照明技术。光线在管道中以高反射率进行传输,光线反射率达 99.7%,光线传输管道长达 15m。该建筑通过采光罩内的光线拦截传输装置捕获更多光线,同时采光罩可滤掉光线中的紫外线。办公、设备用房等场所选用 T5 系列三基色节能型荧光灯。楼梯、走道等公共部位选用内置优质电子镇流器节能灯,电子镇流器功率因数达到 0.9 以上,镇流器均满足国家能效标准。楼梯间、走道采用节能自熄开关,以达到节电的目的。

学习笔记

第11讲 水处理控制系统

11.1 水处理控制系统结构

水处理自动化控制系统的构成按照具体的处理对象、应用要求及范围有所不同,但是,其基本形态均遵守工业计算机、控制器逻辑单元(以 PLC 或者 DCS 为核心)和自动化仪表组成的多级分布式架构。从层次角度上来看,水处理自动化控制系统结构通常包含现场仪表以及设备层、控制层、调度控制与应用层三个层次。

现场仪表和设备层包括监控对象、监测仪表、监控状态及其他仪表等。监控对象包括各种水泵、闸门、格栅除污机、电动执行机构等。监测仪表主要包括两大类:一类属于监测生产过程物理参数的仪表,如监测温度、压力、流量等;另一类属于智能分析监测仪表,应用于水质分析,如浊度、pH 值等;还有一些用于分析处理某个特定目的的仪表,如移动目标监测等。

控制层是完成现场设备的监测与控制命令的执行工作,也可以接受上层指令对现场设备进行控制的设施。通常采用标准网络接口或者其他通信接口与上层设备通过电缆或光缆相连。设备控制层是控制系统发出控制命令、执行控制动作的核心单元,通常由若干套现场逻辑单元组成。每套控制单元控制若干台执行机构,或者监测若干台仪表、状态接点。现场控制单元通常由 PLC、DCS 以及为了控制现场设备的接触器、断路器、显示仪表、执行机构二次回路、按钮及选择开关等电气设备构成。对于某些监测要求不算高的应用,控制层往往仅有一台远程数据采集终端实现对监控对象的控制及对现场数据的采集工作。

调度控制与应用层是整个自动化监控系统的最上层,是所有现场仪表、状态监测数据信息汇集与处理的中心,也是现场各种控制单元执行命令的发出地点。它是从系统的角度出发,调度控制与应用层接收所有现场状态,根据工艺和流程要求对控制节点上的每个设备进行控制。

11.2 节水与水资源利用

利用雨水、再生水等是重要的节水措施。多雨地区应加强雨水利用;沿海缺水地区应加强海水利用;内陆缺水地区应加强再生水利用;而淡水资源丰富地区不宜强制实施污水再生利用;但所有地区均应考虑采用节水器具。

要根据当地地形、地貌等特点合理规划雨水排放渠道、渗透途径和收集回用等设施,实行雨污分流,尽可能保证合理利用雨水,减少雨水和污水的交叉污染。无论如何收集、处理、排放雨水和污水,整个收集、处理、排放系统都不应对周围环境和人产生负面影响。

应选用国家当前鼓励发展的节水设备、器材和器具,根据用水场合的不同,合理选用节水水龙头、节水便器、节水淋浴装置等。

本着开源节流的原则,缺水地区在规划设计阶段还应考虑将污水再生后合理利用,用作室内冲厕用水及室外绿化、景观、道路浇洒、洗车等用水。再生水(包括市政再生水以城市污水处理厂出水或城市污水为水源)、建筑再生水(以生活排水、杂排水、优质杂排水为水源)等,应结合城市规划、建筑区域环境、城市中水设施建设管理办法水量平衡等要素进行选择,并从经济、技术、水源水质或水量稳定性等各方面综合考虑而定。

公共活动场地、人行道、露天停车场的铺地材质采用多孔材质,以利于雨水渗透。可将雨水排放的非渗透管改为渗透管或穿孔管,兼具渗透和排放两种功能。另外,还可采用景观储留渗透水池、屋顶花园及中庭花园、渗井、绿地等增加渗透量。

11.3 污水处理自动化监控系统

污水处理厂自动化监控系统用于污水处理全过程的实时监控和调度管理。控制结构由监控中心和二级分控站组成。其应用从简单的逻辑控制到复杂的分散化控制,系统要求遵循"集中管理,分散控制,数据共享"的原则,具有适应性强、可靠性高、开放性好、易于扩展、比较经济等特点。

污水处理厂自动化监控系统采用"计算机＋PLC＋现场仪表"构成的分布式控制系统。系统设置一个监控中心和若干个现场 PLC 控制站,按照调度应用、控制层和现场测量仪表层的模式进行架构。控制中心的计算机设备与现场控制单元之间通过工业以太网通信。监控中心由数据库服务器、工作站、网络交换机、打印机、不间断电源、投影仪等组成。现场控制单元由 PLC、工控机、触摸屏、打印机、不间断电源、操作台、辅助继电器柜、高低压开关柜、机侧控制箱等组成。

11.4 中水回用系统

中水主要是指城市污水或生活污水经处理后达到一定的水质标准,可在一定范围内重复使用的非饮用杂用水,其水质介于上水与下水之间,是有效利用水资源的一种形式。其水质指标低于生活饮用水的水质标准,但又高于允许排放的污水的水质标准。中水回用是解决城市水资源危机的重要途径,也是协调城市水资源与水环境的根本出路。

中水处理技术可分为物化法、生物法、生物与物化联合处理法及土地处理法。目前的中水回用处理工艺中,最常见的生物处理方法有生物接触氧化法、活性污泥法等。常用的物化处理方法有混凝沉淀、过滤、活性炭吸附、消毒(紫外线、Cl_2、O_3 或 ClO_2 等)等方法。

中水回用的自动控制系统架构和污水处理自动化部分完全相同,分为现场仪表、现场控制单元和监控中心。现场控制单元的数量与中水回用规模及生产工艺流程密切关联。在控制系统中,现场控制单元控制废水处理成套设备、水泵、电动阀门等,并接收现场仪表的监测数据。通信网络实现控制单元和监控中心管理与调度计算机之间的链路。

现场控制单元一般由以 PLC 或者 DCS 为核心部件,外加保护设备,由短路器、接触器、继电器、电量采集与显示仪表等组成。现场处理软件完成本端设备的控制,并负责与上级监控中心的联络,如工艺流程下载、运行参数改变、状态报告等。

11.5　水处理监控系统实施

自动化控制工程与水处理基础工程密切配套,其应用要求、规模及安全等级均需要与基础工程相适应。因此,在确定基础工程后,必须组织对自动化控制方案进行深化设计。水处理自动化控制系统原则上包括监控中心和闸站端。监控中心的设计内容必须包括以下几个方面。

(1) 中心站系统的功能设计。

(2) 监控中心的结构设计。

(3) 通信网络设计。

(4) 视频监视系统设计。

(5) 主要设备(含仪表)的技术指标。

(6) 系统电源和外围设备(含防雷)的数量、类型和技术指标。

(7) 与其他系统的连接方式等。

在安装水处理自动化系统设备前,应检查外观是否完整、附件是否齐全,并按规定检查其型号、规格及材质。采集设备的安装和监测位置必须严格按设计要求进行施工和分布,避免监测数据和实际情况产生较大偏差。设备应安装牢固、平整,防止外力敲击与振动。所用的设备固定支架,无论是浸泡在水下的还是在水上的,均应使用专门的不锈钢支架。电缆敷设由金属软管或 PVC 管过渡,留有一定的伸缩余量。自动化控制系统的设备和仪表主要包括液位计、流量仪、开度仪、压力计、温度计、雨量计、风速风向仪、各种水质仪表(COD/TOC、pH 全天候自动采样仪、总磷总氮在线分析仪)等,其监测元件应安装在能真实反映实际输入变量的位置。

自控系统的设备调试、软件编制及仪表标定由专业人员负责,调试时由专业人员和设备安装人员共同进行。对输入该系统的各种电气信号,应检查核实后才能接入,以防止损伤元器件。对小型机械设备控制回路,可以直接在各种控制模式下操作调试,直至达到设计要求。对较大的机械设备,应采用回路模拟操作调试,达到要求后,再带机械设备运行调试。总体调试时,各方应相互配合进行,以确保各种模式下设备的控制运行达到要求。该系统试运行期间的操作监护由专业人员负责,其他人员必须经培训后才能上岗。

11.6　案例分析

杭州科技馆是杭州市政府倾力打造的低碳科技馆,杭州市政府要求杭州市科技馆必须重视环境质量,突出低碳生活。采用人工湿地技术处理生活污水就很好地诠释了杭州市政府的低碳理念。

教学视频:
案例分析

杭州科技馆利用人工湿地净化原理,对洗手、洗澡等所产生的优质杂排水进行处理。杂排水中的污染物浓度不是很高,但经过处理后对水质量要求很高,达到地表三级水,保证湿地植物四季常青。为了实现以上要求,措施如下:①采用复合流式人工湿地系统,由于杭州的冬天比较冷,除了常规的湿地植物,采用部分能耐寒的湿地植物,在冬天也能保证绿色植物的覆盖面积;②特别寒冷季节,采取搭塑料棚人工保温。

11.6.1　湿地工艺流程

湿地工艺流程如下:调节池→粗滤井→一级净化池(氧化塘)→二级净化池(潜流湿地)→三级净化池(垂直流复合湿地)→景观氧化塘→中水蓄水池→人工湖。

该湿地系统设计水力停留时间为 7 天,填料层深高设置为 0.95m,湿地系统面积为 $150m^2$。污水在湿地系统中沿湿地系统自流。初级系统出水处设置临时储水系统,经管道重力自流进入次级系统,最终进入蓄水池,以供回用。

11.6.2　湿地的主要构筑物

(1) 调节池:面积在 $10m^2$ 以上,与雨水提升井有可人为控制的连通管,在污水量不够时,作为补充水用。

(2) 粗滤井:面积约 $2m^2$,与一级净化池连接在一起。备用一套潜水泵,蓄水池中抽水进入粗滤井,以确保湿地用水量,并保持蓄水池循环用水。

(3) 一级净化池(氧化塘):长宽尺寸为 $3m×7m$,深 1.2m,发挥调节、初沉、净化作用。养殖水葫芦,以降低污染物的含量。

(4) 二级净化池(潜流湿地):长宽尺寸为 $7m×7m$,深 1.0m,由两个并联单元组成。

(5) 三级净化池(垂直流复合湿地):长宽尺寸为 $8m×7m$,深 10m,由两组并联单元组成。

(6) 景观氧化塘:面积约 $50m^2$,平均水深 0.8m,接纳从垂直流湿地出来的水,在此活化,池内种植沉水植物,放养观赏鱼类,可作为一个景观水池。景观水池除了有自流入中水蓄水池的系统,还应有一套向天然湖泊排水的系统,以作防洪用。

湿地植物配置主要是湿地植物(如黄花鸢尾、西伯利亚鸢尾、千屈菜等)和景观塘植物(如苦草、常绿苦草、衣乐藻等)。

滤料:粗滤井采用格栅和过滤棉;一级净化池采用塑料纱网;二级净化池采用砾石、脱磷脱氮填料、沙石、卵石;三级净化池采用砾石、脱磷脱氮填料、卵石、沙石;蓄水池中的水打回粗滤井参与下一轮水循环。

湿地自动控制:湿地一旦投入运行,就必须保持内部的正常水位,若长时间失水,其内的植物就会因缺水而死亡。因此,必须定时向湿地内补充足够的水量,万一污水量不够,则要采取以下措施。从雨水集水池中接一根管子到调节池,是从蓄电池水池中打循环补充,同时在一级氧化塘中安装一个最高和最低水位感器,能自动控制预设定水位。

可在蓄水池安装一台喷水式增氧机,既能增氧,又可点缀景观。蓄水池内种植沉水植物,沿岸种植沉水植物,放养一定数量的观赏鱼类,成为一处引人入胜的室外景观。

学习笔记

第12讲　建筑遮阳设备的监控系统

12.1　建筑热工设计分区及要求

根据建筑热工设计分区主要指标，我国可划分为五个区，即严寒地区、寒冷地区、夏热冬冷地区、夏热冬暖地区、温和地区。

由表12-1可知，夏热冬冷地区的主要分区指标是最冷月平均温度为0~10℃，最热月平均温度为25~30℃。

表 12-1　我国建筑热工设计分区及设计要求

分区名称	分区指标		设计要求
	主要指标	辅助指标	
严寒地区	最冷月平均温度≤-10℃	日平均温度≤5℃的天数≥145天	必须充分满足冬季保温要求，一般可不考虑夏季防热
寒冷地区	最冷月平均温度-10~0℃	日平均温度<5℃的天数为90~145天	应满足冬季保温要求，部分地区兼顾夏季防热
夏热冬冷地区	最冷月平均温度0~10℃，最热月平均温度25~30℃	日平均温度<5℃的天数为0~90天，日平均温度>25℃的天数为40~110天	必须满足夏季防热要求，适当兼顾冬季保温
夏热冬暖地区	最冷月平均温度≥10℃，最热月平均温度25~29℃	日平均温度>25℃的天数为100~200天	必须充分满足夏季防热要求，一般可不考虑冬季保温
温和地区	最冷月平均温度0~13℃，最热月平均温度18~25℃	日平均温度<5℃的天数为0~90天	部分地区应考虑冬季保温，一般可不考虑夏季防热

12.2　建筑遮阳形式及绿色节能效应

建筑遮阳系统（以下简称遮阳系统）的传统作用是通过降低过热和眩光来提高室内热舒适性和视觉舒适性，同时提供隔绝性。目前，通过设置遮蔽不透明或透明表面的设施来限制投射在建筑上的太阳辐射是比较常用的做法。此法不仅限制直射太阳辐射进入室内，同时限制散射辐射和反射辐射进入室内。

12.2.1　内遮阳

进入窗户的太阳辐射热在内遮阳设施处将被二次分配,一部分直接透过遮阳设施进入室内,另一部分则将被遮阳设施反射到室外,还有一部分将被遮阳设施所吸收,通过长波辐射和对流方式向室内和室外散发。显然,由于内遮阳设施的存在,进入室内的太阳辐射热在传输过程中受到阻挡,减少了最终进入室内的热量,从而降低了建筑的太阳辐射热。此法在兼顾室内装修效果的前提下,对于夏热地区减少空调能耗、达到绿色节能等方面起积极的作用。

12.2.2　外遮阳

建筑外遮阳设施可对建筑太阳辐射的热进行干扰和响应。在受到外遮阳设施的阻隔之后,太阳辐射热没有直接到达建筑表面,而是在遮阳设施表面被反射或吸收,只有很少一部分通过遮阳设施到达建筑表面。通过实验研究表明,外遮阳设施可降低建筑表面80%的太阳直接辐射得热,是比内遮阳设施更为有效的降温措施。例如,对于相同的窗帘或软百叶等遮阳设施,当内遮阳设施变为外遮阳设施之后,传入室内的热量将由原先的60%降为30%。

12.3　建筑遮阳设备的控制方式

建筑遮阳的应用不仅需要考虑建筑所在的地理位置、建筑朝向、建筑物类型、使用用途、技术经济指标等因素,其应用效果还与遮阳系统的调节、控制方式有关。不同的调节方式对室内空调能耗的影响很大,尤其是对活动外遮阳系统的使用效果影响更大。

(1) 手动控制。手动控制方式并不是用人力拉动遮阳系统,而是由人手按动电钮控制电机转动,实现遮阳设施的启闭。

(2) 时段控制。时段控制系统一般采用24h时间控制器,通过人为预先设定遮阳启闭的时间,进行自动控制。

(3) 温度控制。温度控制系统是根据室内气温的高低,自动控制遮阳幕的启闭。这种控制方式常用于夏季降温。

(4) 光照控制。对于大型办公场所,由于对采光要求比较严格,因此引入了光照控制模式的遮阳控制。这种方式,即在光照强度超过某设定值(一般工作面照度应为300lx)时,自动启用遮阳幕,以防室内产生眩光;当光照强度低于某个设计值时,自动收起遮阳幕,以充分利用自然光。

(5) 智能遮阳监控系统。智能遮阳监控系统是建筑智能化系统在节能应用方面不可缺少的一部分,它是根据季节、气候、朝向、时段等条件的不同进行阳光跟踪及阴影计算,自动调整遮阳系统的运行状态。

12.4　案例分析

位于浙江杭州的绿色建筑科技馆(图 12-1)楼宇自控系统结合自然通风系统采用了智能窗启闭监控系统,既满足建筑物舒适度及空气品质,又大幅节约了能源消耗。

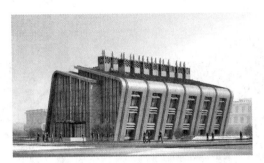

图 12-1　杭州绿色建筑科技馆

12.4.1　建筑物自遮阳系统

建筑物整体向南倾斜 15°,具有很好的自遮阳效果。夏季太阳高度角较高,南向围护结构可阻挡过多的太阳辐射;冬季太阳高度角较低,热量则可以进入室内,北向可引入更多的自然光线。这种设计降低了夏季太阳辐射的不利影响,改善了室内环境,见图 12-2。

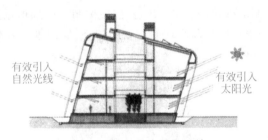

有效引入
自然光线

有效引入
太阳光

图 12-2　建筑物自遮阳系统

12.4.2　智能化外遮阳、通风百叶系统

杭州地区夏季炎热,持续高温时间长,被称为"新三大火炉"之一。而科技馆外墙采用了大面积的玻璃幕墙,如何将透明玻璃带来的能耗降低是建筑节能设计的重点。经过综合比较发现,玻璃幕墙不仅采用中空 LOW-E 玻璃,而且在日照强烈的东、南、西侧外窗和玻璃幕墙外部设置了大量的电动遮阳百叶。南、北玻璃幕墙上的电动遮阳百叶卷帘盒与条形灯带结合设计,日光照射强烈时,可以打开遮阳;关闭时,隐藏在灯带之后,不影响立面效果。屋面顶部玻璃幕墙设有固定的、夹有光伏电板的玻璃外遮阳百叶,既可以遮阳降低热辐射,又

可以在中庭上空观看,有较好的展示作用。

双层夹胶 LOW-E 玻璃与普通玻璃及传统的建筑用镀膜玻璃相比,具有优异的隔热效果和良好的透光性,见图 12-3。外门窗玻璃的热损失是建筑物能耗的主要部分,占建筑物能耗的 50% 以上。有关研究资料表明,玻璃内表面的传热以辐射为主,占 58%,这意味着要从改变玻璃的性能来减少热能的损失,最有效的方法是抑制其内表面的辐射。普通玻璃的辐射率高达 0.84,当镀上一层以银为基础的低辐射薄膜后,其辐射率可降至 0.15 以下。本建筑玻璃幕墙大面积采用 LOW-E 玻璃,可大幅降低因辐射而造成的室内热能向室外的传递,以达到理想的节能效果。

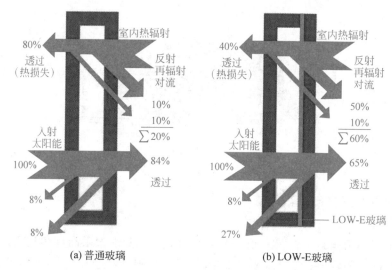

(a) 普通玻璃　　　　(b) LOW-E玻璃

图 12-3　玻璃

南立面采用电动控制的外遮阳百叶(图 12-4)来控制太阳辐射的进入,增加对光线照度的控制。东、西立面采用干挂陶板与高性能门窗的组合,采用垂直遮阳,减少太阳热辐射热,保证建筑的节能效果和室内舒适性。

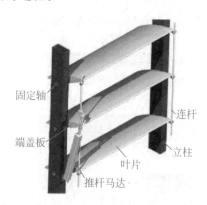

图 12-4　电动遮阳百叶

夏天和冬天遮阳控制的主要目的是调节空调负荷;过渡季节控制的主要目的是调节室内照度。在实际运用中,系统可以根据室外气象开闭遮阳百叶,当日照强度大时,百叶的角度可以调小;也可定时控制遮阳百叶的开闭、收放和角度。此外,物业管理还可以强制性地关闭或收放遮阳百叶。比如,可以根据太阳的走向设定每隔1h调整一次百叶角度。该科技馆内南向每个房间内的外区设有一个光照度计,每层外窗各安装两个室外光照度计,DDC通过通信线和电机连接,通过编程控制百叶旋转的角度。当遮阳失电时,叶片将保持原位;发生火警时,将强制打开遮阳百叶。若接收到火灾报警信号,所有遮阳百叶的角度均可处于水平位置,与火灾消防系统联动。

12.5 智能遮阳监控系统展望

遮阳是建筑节能的有效途径,良好的遮阳设计不仅可以节能,同时可以丰富室内的光线分布,还能丰富建筑造型及立面效果。作为建筑智能化系统不可或缺的智能遮阳系统,随着其技术的不断进步和建筑智能化的普及,建筑遮阳将会有更加完备的智能控制系统,相信越来越多的建筑将采用智能遮阳系统,通过智能化的运用,使遮阳达到最佳的效果。

遮阳技术的合理应用对于节能减排、绿色节能具有相当大的意义和价值。而融合了现代高度发展的智能化技术的遮阳技术,将充分发挥其遮阳技术的"主观能动性",势必可以在原有节能基础上达到更节能的效果,且变得更绿色、更智能。

学习笔记

第13讲　呼吸墙和呼吸幕墙

身处十面"霾"伏的世界,人们可谓费尽了心思:或闭门足不出户,或戴口罩/防毒面具……正是基于这样的空气污染困境,韩国设计师设计了一款"会呼吸的墙",见图13-1。

图 13-1　会呼吸的墙

13.1　呼吸墙

与普通墙壁不同,呼吸墙集合了纳米技术、智能材料等多种先进技术,具有净化空气的功能。

据悉,呼吸墙面将由抛光铝制成,当墙体对空气进行净化处理时,墙面会发生细微的形态变化。而在墙体内部,除了嵌入用于照明的石墨烯 LED(一种新型的发光材料),还安装了专门净化空气的设备。

呼吸墙将运用活氧技术(bio-oxygen)对空气进行净化处理,见图13-2。空气中含有氧分子,而氧分子有 16 个电子,当氧分子得到更多的电子时,就会产生磁性。活氧技术产生作用的过程,就是向空气中的氧分子释放电子,使其变得有磁性并相互聚集,继而形成氧分子团。由于氧分子团化学性质非常活泼,它们会和空气中的烟气、细菌、病毒等污染物发生反

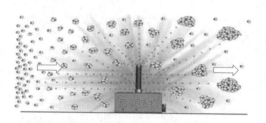

图 13-2　氧分子聚集成氧分子团的变化过程

应,从而达到净化空气的目的。整个过程的平均反应时间不超过 15s。

另外,设计师计划在呼吸墙的内部嵌入一台计算机和嗅觉显示屏。这样一来,用户通过智能终端上的 App 就能连通墙体内的计算机系统,对墙体的灯光进行调节,或者让墙体存储和散发特定的数字气味,见图 13-3。呼吸墙由上到下分别是嗅觉显示屏、活氧技术处理器和计算机。

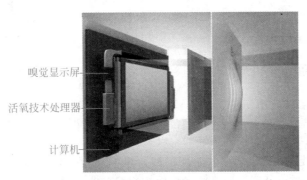

嗅觉显示屏
活氧技术处理器
计算机

图 13-3 墙体内部设计图

但是,目前会呼吸的墙还处于发展阶段,受各种因素的影响,成熟的产品还没有推广开来,目前发展势头较好的是呼吸幕墙。

13.2 呼吸幕墙

呼吸幕墙又称为双层幕墙、双层通风幕墙、热通道幕墙等。20 世纪 90 年代在欧洲出现,它由内、外两道幕墙组成,内、外幕墙之间形成一个相对封闭的空间。空气可以从下部进风口进入,又从上部排风口离开这一空间,这一空间经常处于空气流动状态,热量在这一空间流动。

与传统幕墙相比,呼吸式幕墙的最大特点是由内、外两层幕墙之间形成一个通风换气层,由于此换气层中空气的流通或循环的作用,使内层幕墙的温度接近室内温度,因而减小了温差。它比传统的幕墙采暖时节约 42%～52%的能源;制冷时节约 38%～60%的能源。另外,由于使用了双层幕墙,整个幕墙的隔声效果得到很大的提高。

13.2.1 呼吸幕墙的结构与分类

1. 按通风形式划分

呼吸式玻璃幕墙的种类有很多种划分方法,以通风形式来划分,分为外循环自然通风幕墙、外循环机械通风幕墙、内循环机械通风幕墙三种,见图 13-4。

(1) 外循环自然通风幕墙:是在外层幕墙的上、下端设置进出风口,并且需要采用保温性能比较好的材质来隔热,因为在夏季依靠热压进行自然通风来降低室内温度,而在冬季利用温室效应来保暖。由于外循环自然通风只依靠热压来进行通风。因此,内、外幕墙之间空气夹层的间距应该大一些,一般不低于 400mm。

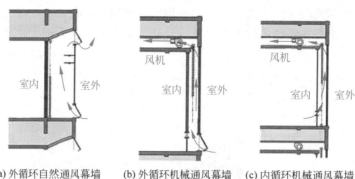

(a) 外循环自然通风幕墙　(b) 外循环机械通风幕墙　(c) 内循环机械通风幕墙

图 13-4　呼吸幕墙的通风形式

(2) 外循环机械通风幕墙：与外循环自然通风幕墙相比，夹层中增加了风机来强化通风，因此可以减小双层呼吸式玻璃幕墙的空气夹层的间距。

(3) 内循环机械通风幕墙：在内循环机械通风中，将保温性能比较好的幕墙材料作为外层幕墙，将保温性能相对较差的幕墙材料作为内层幕墙。在夏季，内循环机械通风依靠风机将房间内较低温度的空气抽进空气夹层内，来给空气夹层的温度进行降温，以此来减少太阳辐射得热。在冬季，内循环机械通风依靠风机将房间内较低温度的空气抽进空气夹层内，通过太阳照射的方式给空气夹层内的温度进行升温，即使风机关闭，在冬季，通透的玻璃幕墙也是会有温室效应，进而增加室内温度。

2. 按通风路径划分

根据通风路径的不同，开敞式外循环呼吸幕墙又可分为整体式、廊道式、通道式和箱体式四种基本形式，见图 13-5。

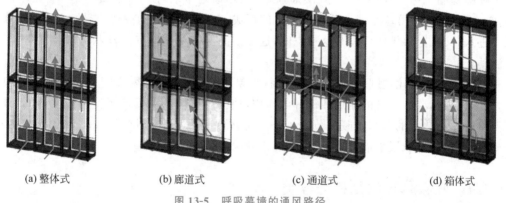

(a) 整体式　　　　(b) 廊道式　　　　(c) 通道式　　　　(d) 箱体式

图 13-5　呼吸幕墙的通风路径

(1) 整体式通风幕墙：结构简单，造价低，隔声性能好，外观效果和谐。空气从幕墙的最底部进入，从顶部排出。双层表皮之间的夹层空间通常比较大，既不做水平分隔，也不做竖向分隔。

(2) 廊道式通风幕墙：每层设通风道，层间以水平隔断进行划分，垂直方向不通风，每层楼的楼板和天花高度分别设有进、出风调节盖板，进、出气口在水平方向错开一块玻璃的距离，避免了下层走廊的部分排气再变成上层走廊的进气的"短路"问题。

(3) 通道式通风幕墙：用垂直隔断构件将双层玻璃之间的通风腔分为若干个单元，在每个竖向单元中,新鲜空气从每层进气口进入,集中进入风道,在热压的作用下,不断上升,最后在建筑顶部排出。

(4) 箱体式通风幕墙:这种形式的空气间层是沿水平、垂直双向划分的。典型做法是在水平方向以两块玻璃为一个单元,然后分别在其两边做竖向隔断,形成一层楼高、两块玻璃宽的独立箱体。对应每个房间为一个独立箱体,可设置开启窗进行独立换气。

13.2.2 新型双层呼吸式玻璃幕墙

新型双层呼吸式玻璃幕墙"新"的地方在于该双层呼吸式玻璃幕墙带有外部遮阳卷帘,并且在内层幕墙的上、下方均设有空气交换口。

空气交换口在一般情况下是关闭的,如果有换气需求的话,空气交换口可以手动打开进行换气。一般的双层呼吸式玻璃幕墙没有空气交换口,如果室内空气不新鲜,CO_2 随着人员的呼吸不断增加,则容易造成人员疲惫,无精打采。当室内空气仅靠开门无法进行更新的时候,这时新型双层呼吸式玻璃幕墙(图 13-6)的空气交换口就可以发挥它的作用(图 13-7)。因为不是频繁使用,空气交换口并不会影响双层呼吸式玻璃幕墙的使用性能。

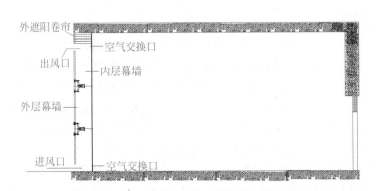

图 13-6 新型双层呼吸式玻璃幕墙结构示意图

图 13-7 通风换气示意图

内、外两层幕墙形成的通风换气层的两端装有进风和排风装置,通道内也可设置百叶等遮阳装置。在冬季时,关闭通风层两端的进排风口,换气层中的空气在阳光的照射下温度升高,形成一个温室,可有效地提高内层玻璃的温度,降低建筑的采暖费用。在夏季时,打开换气层的进排风口,在阳光的照射下换气层的空气温度升高,自然上浮,形成自下而上的空气流,由于烟囱效应带走了通道内的热量,降低了内层玻璃表面的温度,从而降低了制冷费用。另外,通过对进排风口的控制及对内层幕墙结构的设计,可达到由通风层向室内输送新鲜空气的目的,从而优化建筑通风质量。

13.2.3 呼吸式动态双层幕墙

1. 呼吸式动态双层幕墙的定义

呼吸式动态双层幕墙(也称双通道幕墙)是一种节能环保型幕墙,主要是由外层幕墙、空气交换通道(俗称热通道)、进风装置、出风装置、承重格栅、遮阳系统及内层幕墙(或门窗)等组成,且能够在空气交换通道内形成空气有序流动的建筑幕墙。

呼吸式动态双层幕墙的设计理念与设计思想主要是体现"自然、节能与环保",使室内工作环境与室外自然环境融为一体。双层幕墙经过四个演变过程,即整体式双层幕墙、通道式双层幕墙、廊道式双层幕墙、箱体式双层幕墙。

2. 呼吸式动态双层幕墙的特点和优势

呼吸式动态双层幕墙的内、外幕墙之间形成一个相对封闭的空间。其下部有进风口,上部有排风口,可控制空气在其间的流动状态。设有可控制的进风口、排风口、遮阳板和百叶等。

呼吸式动态双层幕墙的主要有以下特点。

(1) 双层幕墙之间的空气可有序流动和交换,提高适应天气的变化能力。

(2) 在夏季,通过控制百叶调节阳光射入室内的强度、角度,实现幕墙的隔热功能;在冬季,关闭出风装置,在太阳光的作用下,形成热空气保温层,保持室内的温度,实现幕墙的保温功能。

(3) 可根据使用者的需要,通过调整遮阳系统,改善室内光环境,合理采光。

(4) 双层幕墙加上设计合理的空气通道,有效地降低了噪声,创造了宁静、安详的生活、工作环境。

呼吸式动态双层幕墙主要有以下优势。

(1) 呼吸式动态双层幕墙不同于传统的单层幕墙,它由内、外两层玻璃幕墙组成。内层幕墙与外层幕墙之间形成一个相对封闭的空间,在此空间内,利用气压差、热压差和烟囱效应的原理,使空气通过下部进风口进入此空间,又从上部排风口离开此空间,形成空气在空间内自下而上地流动,同时将空间内的热量带出,这个空间称为热通道。热通道内的空气一直处于流动状态,并与内层幕墙的外表面不断地进行热量交换,使内层幕墙的温度接近室内温度,从而减小温差。因此,呼吸式动态双层幕墙也称为双层通道幕墙,或称为热通道幕墙。

(2) 呼吸式动态双层幕墙改变了传统幕墙的结构形式,外层幕墙无须镀膜玻璃。当直射日光照射到玻璃表面上时,玻璃不会因镜面反射而产生反射眩光,没有光污染,由于采用无镀膜玻璃,实现了自然光照明,节省了电力。

(3) 呼吸式动态双层幕墙由内外两层玻璃幕墙组成,由于双层幕墙的使用,使整个幕墙的隔声效果得到很大的提升。双层幕墙独特的内、外双层构造及其中有一层幕墙采用中空玻璃,使其隔声性能比传统幕墙提高了 $20\% \sim 40\%$,隔声量达 50dB,隔声性能达到国际Ⅰ级,可大幅改善办公或居住的环境。其防尘通风的功能使其在恶劣天气(特别是沙尘暴发生的地区)也不影响开窗换气,提高了室内空气质量,它同时提供了高层甚至超高层建筑幕墙自然通风的可能,从而最大限度地满足使用者在生理和心理上的需求。

(4) 呼吸式动态双层幕墙的内、外两层幕墙之间形成一个通风换气层,因而它在节能方面比传统的幕墙节能高 50%,采暖时节约 $42\% \sim 52\%$ 的能源,制冷时节约 $38\% \sim 60\%$ 的能源,保温性能达到国际Ⅱ级,具有冬季保温和夏季隔热的双重功能,有效地减少对空调的使用,达到节能的效果。

(5) 呼吸式动态双层幕墙从经济方面来看,单位面积成本较高,首期投资较大,比传统幕墙高出近 1 倍,这是广大建筑师和业主较为关心的问题。但从长远利益来看,其节能所产生的效益将更加明显。从技术方面来看,主要是空气通道内的防火问题,各种防火的方法及其效果需要通过实践加以检验。

3. 呼吸式动态双层幕墙的设计

1) 结构形式设计

（1）内外层结构一体式，即内外层幕墙做成一体或一个单元。构成通风层的内、外两层幕墙共用一根竖骨料，外层可做成明框或隐框形式，内层则做成可开启窗或固定窗。当两层幕墙一体地做成单元式，则每个单元犹如一个个玻璃箱子，因此也称为箱体式幕墙，见图 13-8。

图 13-8　箱体式幕墙

（2）内外层结构分体式，即内、外两层幕墙各成体系，为形成通气层，通过其他方式进行隔断。由于此种形式的两层幕墙分别独立，外层结构可选用明框、隐框或点式玻璃幕墙结构；内层结构可选用各种幕墙形式或推拉、平开窗的形式。

外层幕墙作为建筑物的外表，一方面直接反映的是建筑物的造型，另一方面作为外围护结构，它还承受风荷载、防雨水等作用，因而其结构在强度与水密性方面应作为重点考虑。内层幕墙由于其主要是与外层结合形成换气层，所以更应注意其与室内功能的配合，对其密封性能要求可适当降低。

2) 通风系统设计

呼吸式幕墙换气层是关键，其进出风口的设置、换气层的宽度大小、材料的选用等直接影响到其性能的发挥。

一般来讲，北方寒冷地区因采暖时间长，选用呼吸式幕墙时，主要是利用换气层的温室效应来减少室内热量的散失。内层采用中空 LOW-E 玻璃、断热铝型材，以及相对较大的换气层宽度，将会达到较好的节能效果。

南方温暖地区，因冷气使用时间较长，利用呼吸式幕墙换气层的烟囱效应来降低内层玻璃表面的温度可达到节能目的。因此，外层采用热反射玻璃，以及相对较小的换气层宽度，将会增强烟囱效应的效果，来达到最佳的节能状态。

在进行外循环体系通风系统设计时，要考虑到楼体楼层不同高度，也要考虑到抗震要求和风压影响。进出风口的沙尘过滤网的目数应通过计算选用不同目数的过滤网，而解决由于楼层高度变化所产生不同烟筒效应，出风口可采用鱼嘴式结构，滤网目数不要过大，以防止空气滞阻。

3) 节能结构设计

外循环体系的内层玻璃幕墙玻璃，应采用 6mm＋12mm＋6mm（即内外层都是 6mm 的玻璃，中间是 12mm 的空气层），外层幕墙尽可能地采用夹胶钢化，内层幕墙采用热断桥铝合金结构，外层可采用点式驳接结构或铝合金结构。若内、外层幕墙选用透明玻璃，就必须考虑冬季与夏季，白天与夜间的气候、温度不同，而对结构设计产生的影响。外层玻璃选用夹胶透明钢化，玻璃即便破损，也不会附落，避免对楼底行人造成伤害；选择透明玻璃，可使阳光充分进入双层幕墙之间的腔体，形成温室效应。

夏季考虑方式：由于白天日光照射，使双层幕墙之间通道温度升高，由于烟筒效应使热的气流上升,并通过上端出风口排到室外;夜间没有阳光照射,双层幕墙通道间由于室内与室外的温度交换,双层幕墙之间间隙温度低于室外温度。因此,应关闭通风装置,不会使气流上升并通过上端出风口排到室外,减少能量损失,但应随时开闭内侧窗自然通风。

冬季考虑方式:应从节能角度来考虑,由于白天日光照射,使双层幕墙之间通道温度升高,因此应关闭通风装置,减少室内与室外温度交换;夜间没有阳光照射,也应关闭通风装置,夜间内层的 LOW-E 玻璃起绝对节能作用。

在春、秋季时,室内可以通过打开内层门或窗及通风装置获得室外新鲜的自然空气。

双层幕墙之间的腔体高度、腔体宽度等主要从以下方面进行考虑,应把进出风口面积比控制在一定比例之间,温度与温差变化、外界风矢、进出风口压力受外界自然环境的影响,腔体高度与腔体宽度应进行计算,并通过风洞实验后取得合理的数据,以便应用到设计,腔体也要设计成一个正常人能够进入的宽度。

由于双层幕墙从材料选用到结构表达式设计的不同选择,双层幕墙节能的数据是不同的。因此,最终设计的双层幕墙节能数据应通过实验手段来获得。

4) 防尘与清洗设计

结构的防尘是相对防尘,外循环式结构在欧洲地区应用较为广泛。由于我国北方大部分地区春、秋季节风沙天气较多,尤其可吸入颗粒物和昆虫非常严重,欧洲的外循环体系结构从防尘与清洗等方向不能完全满足我国北方地区的要求。可以采用外循环体系结构,设计时应充分考虑防尘与清洗形式来适用我国的实际情况,进、出风口可采用一种电动调节百叶装置,并在通风装置中设置表面涂纳米涂料,减少积尘。双层幕墙之间过滤网的设计应便于室内的更换、清洗。

5) 遮阳设计

双层幕墙之间安装电动或手动操作的遮阳装置、遮阳百叶,应可调节角度,使进入室内的阳光得到合理的控制,遮阳装置的安装位置非常重要,一般距外层玻璃 150~180mm 为最佳,也应考虑内层幕墙开启窗或门的形式而定,避免影响窗或门的正常开启与闭合。

13.2.4 呼吸式幕墙的发展

当呼吸式幕墙在我国刚刚起步的时候,德国、美国等发达国家已将呼吸式幕墙与电子计算机系统结合在一起,发展了智能幕墙。采用智能幕墙系统的建筑的能耗只相当于传统幕墙的 30%,可见,智能幕墙将是节能环保幕墙发展的又一新的目标。

智能幕墙是呼吸式幕墙的延伸,是在智能化建筑的基础上适度控制建筑配套技术(暖、热、光、电),有效利用幕墙材料、太阳能,通过计算机网络有效地调节室内空气、温度和光线,从而节省了建筑物使用过程的能源,降低了生产和建筑物使用过程的费用。它包括呼吸式幕墙、通风系统、遮阳系统、空调系统、环境监测系统、智能化控制系统等。

智能幕墙的关键在于智能控制系统,这种智能控制系统是一套较为复杂的系统工程,是从功能要求到控制模式,从信息采集到执行指令传动机构的全过程控制系统。它涉及气候、温度、湿度、空气新鲜度、照度的测量,取暖、通风空调遮阳等机构运行状态信息采集及控制,电力系统的配置及控制,楼宇计算机控制等多方面因素。

13.2.5　呼吸幕墙应用案例一

北京凯晨世贸中心位于长安街畔,占地面积约为 4.4hm²,建设用地约为 2.2hm²,总建筑面积约为 19.4 万 m²。

整个玻璃幕墙由 3 层玻璃构筑而成,每个单元板块高 3.9m、宽 1.5m;玻璃单元厚度 250mm;外层的玻璃采用 1.5m 宽、3.425m 高的单层夹胶透明玻璃,厚度 10.76mm。在玻璃的 4 个边缘用结构硅胶与铝合金窗框相连接,在每层楼板处设置一个 435mm 高的不锈钢外墙饰面板。玻璃窗下部和不锈钢外墙饰面板之间有约 40mm 的开缝(为进气口);不锈钢外墙饰面板的侧面有 10mm 宽、475mm 高的出气口。夹胶玻璃还具备隔音性强、有效阻隔紫外线的特点。内幕墙是相对封闭的,由带有 LOW-E(低辐射)涂层的两块中空玻璃窗组成;上部为 1.5m 宽、1.95m 高的标准固定玻璃窗;底部为 1.5m 宽、0.85m 高的可向内侧开启玻璃窗,为办公区提供自然通风。

内、外两层幕墙之间留有一个宽 170mm 的热通道,室外新风通过位于外幕墙玻璃窗下部的开缝进入,经过热通道带走热量,从上部排风口排出,形成外循环。在两层幕墙之间内设 80mm 宽、带穿孔的铝合金百叶遮阳板,遮阳板与先进的楼宇自控系统连接计算机总控中心,其开启、关闭和旋转可以根据季节和气候条件通过计算机总控中心统一控制,也可以由客户自己进行调节。

值得一提的是,北京凯晨世贸中心不仅在环楼的外层立面上采取了双层玻璃幕墙,两个挑空中庭两侧的内墙面上也采用了双层玻璃幕墙。这样客户自己调节铝合金百叶,可以有效地解决私密性的问题,见图 13-9。

图 13-9　北京凯晨世贸中心(世界最大的环楼双层智能呼吸式玻璃幕墙)

13.2.6　呼吸幕墙应用案例二

教学视频:
呼吸幕墙案
例分析

德国邮政局在波恩的新总部大楼(图 13-10)的建筑形态及立面设计,将换气通风作为主要因素之一,弧面开放性玻璃幕墙(图 13-11)分散引进室外空气,每 9 层楼的空中庭园集中排气。

图 13-10 德国邮政局在波恩的新总部大楼

图 13-11 弧面开放性玻璃幕墙

分段开放式双层结构的玻璃幕墙，每段 9 层楼高，外层幕墙采用单层低铁玻璃，开关采用中央控制；内层采用低铁充气钢化中空玻璃，开关采用手动控制；内、外层之间的通道宽度如下：南立面为 1.35m，北立面为 0.85m。双层玻璃幕墙的温室效应将进气预热，独立的地板环流加热，顶棚中央系统提供基本暖气，利用办公室排放的热气加热空中花园，作为间接热回收。

13.3 呼吸墙的发展方向

智能玻璃幕墙是指幕墙以一种动态的形式，根据外界气候环境的变化，自动调节幕墙的保温、遮阳、通风系统，最大限度地降低建筑物的能源消耗，同时最大限度地创造出宜人的室内环境，其主要通过双层幕墙的形式得以实现。其内层幕墙通常由中空保温玻璃构成，外侧玻璃通常由单层钢化玻璃构成。外侧玻璃主功能是承受风载，防雨水、风沙、噪声，以及在两层玻璃之间形成相对稳定的、可以调节的空气缓冲层。外侧玻璃幕墙上有可调节的进风口和出风口。两层玻璃之间的空间通常设置遮阳百叶等装置。

智能幕墙是呼吸式幕墙的延伸，在智能化建筑的基础上，适度控制建筑配套技术（暖、热、光、电），通过计算机网络有效地调节室内空气、温度和光线，从而节省建筑使用中能源的消耗，降低了生产和建筑物使用过程中的费用。它包括呼吸式幕墙、通风系统、遮阳系统、空调系统、环境监测系统、智能化控制系统等。采用智能幕墙系统的建筑其能耗只相当于传统幕墙的 30%。可见，智能幕墙将是节能环保幕墙发展的又一新的目标。

学习笔记

第14讲　节能电梯

　　电梯在建筑中的应用越来越多,在对宾馆、写字楼等的用电情况调查统计中表明,电梯用电量占建筑总用电量的17％～25％,仅次于空调用电量,高于照明、供水等的用电量。

　　能源危机困扰着人类的现代社会,要想能源得到持久的开发和利用,电梯的节能设计势在必行,因此节能电梯应运而生。

　　电梯节能技术最早在2002年被引入我国,而随着计算机技术的飞速发展,对电梯节能技术的研究也取得了一定的成绩。那么,什么样的电梯才是节能电梯呢?

14.1　节能电梯的定义

　　并不是所有具备节能效果的电梯都可以称为节能电梯。在对节能电梯定义方面,我国始终没有明确的规定。但是,部分电梯专家与行业相关人士认为,节能电梯应当满足以下要求。

　　(1) 在电梯实际使用的过程中,实际消耗的电能一定要比普通电梯节省超过30％。

　　(2) 电梯的控制系统一定要采用微机控制方式。

　　(3) 电梯本身要具备可拓展的功能。

　　(4) 在处于停电的状况下,不用利用机房就能够展开救援。

　　(5) 电梯机房的面积必须小,或者是不存在机房。究其原因,节能电梯不仅能使自身节能,同样需要节省土建工程的成本。而小机房的电梯能够使设计的时间缩短,同样,可以有效节省土建工程的时间与费用。如果电梯不具备机房,那么节省的效果会更加理想。

　　(6) 节能电梯必须保证维护费用不高,且维护工作相对便利。

　　(7) 节能电梯一定要采用成熟技术,且具备一定的知识产权。

　　(8) 节能电梯必须符合我国国家最新电梯标准《电梯制造与安装安全规范》(GB 7588—2016)的规定。

　　电梯的节能效果与电梯功率、电梯整个系统、电梯的平衡系统等方面有关。

　　(1) 楼层越高的电梯,制动越频繁,节能越多。

　　(2) 越新安装使用的电梯,机械惯性越大,节能越多。

　　(3) 使用时间越久的电梯,摩擦力越大,节能越多。

　　(4) 速度越快的电梯,制动越频繁,节能越多。

　　(5) 使用越频繁的电梯,制动越频繁,节能越多。

14.2　节能电梯技术

随着现代化生产规模的不断扩大和人们生活水平的不断提高,电能供需矛盾日益突出,节电呼声日益高涨。据有关统计数据表明,电动机拖动负载消耗的电能占总耗电量的70%以上。因此,节约电能的电机拖动系统具有特别重要的社会意义和经济效益。

14.2.1　节能电梯技术的种类

开展电梯的节能降耗工作,有以下几种节能技术。

1. 改进机械传动和电力拖动系统

例如,将传统的蜗轮蜗杆减速器改为行星齿轮减速器,或采用无齿轮传动,机械效率可提高15%~25%;将交流双速拖动系统(AC-2)改为变频调压调速拖动系统(VVVF),电能损耗可减少20%以上。

2. 采用(IPC-PF系列)电能回馈器将制动电能再生利用

电梯作为垂直交通运输设备,其向上运送与向下运送的工作量大致相等,驱动电动机通常是工作在拖动耗电或制动发电状态下。当电梯轻载上行及重载下行,以及电梯平层前逐步减速时,驱动电动机工作在制动发电状态下。此时是将机械能转化为电能,过去这部分电能要么消耗在电动机的绕组中,要么消耗在外加的能耗电阻上。前者会引起驱动电动机严重发热,后者则需要外接大功率制动电阻,不仅会浪费大量的电能,还会产生大量的热量,从而导致机房升温。有时候还需要增加空调降温,从而进一步增加能耗。利用变频器交—直—交的工作原理,将机械能产生的交流电(再生电能)转化为直流电,并利用一种电能回馈器将直流电电能回馈至交流电网,供附近其他用电设备使用,使电力拖动系统在单位时间内消耗电网电能下降,从而使总电能表走慢,起到节约电能的目的,见图14-1。当下将制动发电状态输出的电能回馈至电网的控制技术已经比较成熟,据介绍,用于普通电梯的电能回馈装置市场价在4000~10000元,可实现节电30%以上。

3. 更新电梯轿厢照明系统

据相关资料介绍,用LED发光二极管代替电梯轿厢常规使用的白炽灯、日光灯等照明灯具,可节约照明用量90%,灯具寿命是常规灯具的30~50倍。LED灯具功率一般仅为1W,无热量,而且能实现各种外形设计和光学效果,美观大方。

4. 采用先进电梯控制技术

采用已成熟的各种先进控制技术,如轿厢无人自动关灯技术、驱动器休眠技术、自动扶梯变频感应启动技术、群控楼宇智能管理技术等,均可达到很好的节能效果。

14.2.2　节能电梯新型能量回馈器

新型能量回馈器与国内外其他能量回馈器相比,最主要的特点是具有电压自适应控制回馈功能。

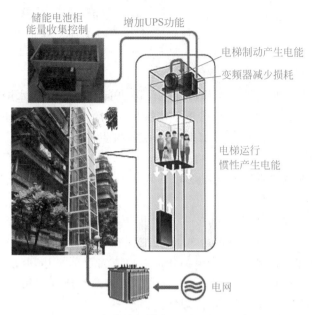

储能电池柜
能量收集控制

增加UPS功能

电梯制动产生电能

变频器减少损耗

电梯运行
惯性产生电能

电网

图 14-1　电梯能源储存再利用原理示意图

一般能量回馈器都是根据变频器直流回路电压 UPN 的大小来决定是否回馈电能,回馈电压采用固定值 UHK。由于电网电压的波动,UHK 取值偏小时,在电网电压偏高时会产生错误回馈;UHK 取值偏大时,则回馈效果明显下降(电容中储能被电阻提前消耗了)。

新型能量回馈器采用电压自适应控制,即无论电网电压如何波动,只有当电梯机械能转换成电能送入直流回路电容中时,新型能量回馈器才能及时地将电容中的储能回送至电网,可有效解决原有能量回馈的缺陷。

此外,新型能量回馈器具有十分完善的保护功能和扩展功能,既可以用于现有电梯的改造工程,也可以适用于新电梯控制柜的配套。新电梯控制柜采用新型能量回馈器供电,不仅可以大幅节约电能,还可以有效改善输入电流的质量,达到更高的电位兼容标准。

新型能量回馈器适用电压等级广泛,AC 220V、AC 380V、AC 480V、AC 660V 等均可。

根据监测产品可靠运行达到 7 万 h 以上。即电梯一年 365 天、每天 24h,不停地运行,能量回馈器可以连续使用 8～10 年。

由于电梯有一个等候或待机的状态,它不像灯泡一样,而是处于长期的工作状态。回馈器可能一天工作 10h 就已经是用得很多了。按这样计算,回馈器要比一台电梯的使用寿命长,而且电梯中的很多机械部件都有时间限制。因此,在使用寿命上,回馈器比电梯的使用寿命长很多。

14.3　节能电梯的发展趋势

14.3.1　电梯面临的挑战

在全球各地的高楼大厦中,每天都有 70 多亿次的电梯进行着上下之旅。世界上有一半人口居住在城市,预计到 2050 年,城市人口将占世界总人口的 70%,高效节能的垂直交通已成为十分紧迫的一项挑战。为应对城市人口不断涌入和海平面不断上升的严峻现实,不仅需要建造更高的建筑,还需要设计更环保的垂直交通工具,以一种安全且可持续的方式,将居民从地面转移到空中。

目前,最新设计的电梯已包含了许多绿色环保功能,如 LED 灯、水溶性涂料和可循环利用的建筑材料等,许多公司开始从有几百年传统历史的绳索-滑轮系统获取灵感,探索替代方案。从斜线升降式(如美国拉斯维加斯的卢克索酒店的电梯是以 39°的坡度沿着酒店金字塔结构的建筑升降的)到终点调度(将前往同一目的层的乘客安排在同一部电梯中),到磁马达设计(使用磁场驱动电梯间在楼层之间上下升降),世界上的垂直交通正在给人们带来更高的期望和挑战。

然而,电梯目前还存在许多问题,技术老化、电梯间笨重、润滑剂对环境有害、经济成本高等。一栋典型的摩天大楼里,将重达 30 多吨的电梯提升起来需要耗费十分庞大的能量。楼层越高,需要的电梯井越多,每一个电梯井都需要有自己的马达,高层建筑通常还需要在一楼和屋顶之间设置空中大厅。事实上,电梯通常占建筑物能源使用的 2%~10%,包括各种建材设施(室内油漆、地毯、控制面板、照明、通风系统)以及用于操控电梯间本身的机械系统。

以上内容都与美国绿色建筑委员会对建筑物进行能源和环境设计评估认证(leadership in energy and environmental design,LEED)总体得分有关。LEED 是全球公认的可持续发展标志,尽管也有许多电梯制造商会请第三方来对他们的材料进行生命周期和毒理学评估,但世界各地的大多数建筑都希望能够得到 LEED 的认证。

14.3.2 绿色垂直运输计划

虽然 LEED 直到 2016 年才发布了最新的电梯标准,但绿色垂直运输计划早在 20 世纪 90 年代就已经开始了。例如,无机房(MRL)电梯技术淘汰了安置液压油和机泵的房间,这是电梯设计自 1 个世纪前实现电气化以来的最大进步之一。无机房电梯占用垂直和水平空间更少,少了机房设计的建筑物屋可成为一片宽敞的绿色区域,例如在屋顶上种植植物和安置太阳能电池板等。

如今,一些制造商对再生能源驱动系统很感兴趣,正在开发设计可以回收能源的电梯,实现垂直运输行业的可持续发展。2017 年,世界领先的电梯公司蒂森克虏伯公司成为首个实现旧电梯更新净能耗为零的公司。现在的工程师不但要找到电梯运行时节约能源的方法,更关键的是,还要找到电梯不运行时节约能源的方法。

蒂森克虏伯电梯美洲公司负责可持续发展的副总裁布拉德·内梅斯说道:"我们实际上产生的能源比我们消耗的要多。"作为垂直运输技术领域的先驱,该公司设计了一种在电梯不用时关闭电梯灯光、风扇,甚至切断电梯驱动设备动力的睡眠模式,电梯在没人用时进入"睡眠"状态,在接收到乘客命令时立即"醒来"。

电梯需要大量能源的原因之一,是即使在没有人使用的情况下,仍然需要大量能源维持,例如,在早晨高峰时间过后,电梯处于闲置状态,但电梯系统仍然必须保持通电状态,这样才可以为下一位乘客的呼叫做好准备。为了减少能源浪费,提高效率,奥的斯电梯公司设计了一个名为"CompassPlus目的终点调度"的系统,同一目的层的乘客安排在同一部电梯中。该公司的另一种以太阳能和风能为动力通过电池供电的Gen2专利技术,则使电梯耗能量更低。如今50个国家250多个城市都使用了奥的斯的这项技术。奥的斯美洲公司总裁汤姆·维宁说:"到目前为止,我们已经卖出了50多万部Gen2电梯。"

14.3.3 电梯中的新技术

电梯上下运行的电梯井设计对于建筑物的结构完整至关重要,需要同时考虑到建筑物空间的可持续利用和投资回报。奥的斯是世界上最大的垂直运输系统制造商,世界上的一些标志性建筑中都有奥的斯公司的电梯,包括埃菲尔铁塔、帝国大厦、原来的世贸中心,以及公认的世界上最高建筑——高828m的哈利法塔。该公司的电梯生产史可以追溯到19世纪中叶,而提升设备的使用甚至可以追溯到罗马时代。起吊设备、绞车和绞盘等古老的提升装置都激发了早期电梯相应反重力设备的设计和应用灵感。

然而,现代电梯工程师面临着一个独特的现代问题:当电梯桥厢被潮水淹没时,如何消除水中有毒有害物质的问题。日益严峻的气候变化形势,意味着严重的风暴潮有可能会淹没电梯井。当潮水退去时,融入水中的电梯系统中的有害润滑剂将直接进入供水系统,对水生生物构成极大威胁。为应对威胁,蒂森克虏伯公司开发了一种以菜籽油为原料的可生物降解的新型润滑剂,以取代有可能造成水体污染的石油产品润滑剂。

迅达电梯公司则致力于减少电梯的能耗和排放。迅达电梯新设备安装部门高级副总裁迈克·拉姆丹恩斯说道。"我们的设备组件有80%是可回收的。"该公司与美国包括赫斯特大厦在内的一些最知名的绿色建筑进行合作,赫斯特大厦是纽约市第一个获得LEED认证的建筑。

根据2017年的一份全球报告,高层建筑的电梯安装价格从50万美元的每层都停的单层电梯,到100多万美元的隔层停站双层电梯不等,后者可以分别在单层或双层楼层停站,以减少每次运行的停站次数。根据报告显示,绿色电梯已经逐渐得到人们的认可,一些公用事业公司为绿色"现代化"电梯提供税收优惠,一些安装商向企业和客户提供现场测量数据,展示新安装电梯的真实节能效果。

虽然电梯的更新换代需要付出昂贵代价,但这种付出是值得的。当开发人员采用可持续的垂直运输技术时,他们也在刺激着创新。像蒂森克虏伯"TWIN"双层电梯,拥有在同一条导轨上运行的各自独立的电梯间,可以在30多层楼的建筑的顶层和底层之间移动,而无须在一楼和屋顶之间增加空中大厅,可为企业或住宅楼多腾出一整个楼层。奥的斯设计的较小的电梯设备则利用平型传动带取代传统的绳索,这样可以减少重力、空气阻力和热摩擦。这些解决方案对消费者有很大的吸引力,还可以大幅减少建筑物内的能源开支,并增加室内美感。

许多公司正在测试更新的技术。例如,总部位于赫尔辛基的电梯制造商KoneOyj,在一个石灰石矿山中向里钻进350m,创建了一个研究起重材料、机器人技术、振动共振和自由落体的技术实验室。在德国,蒂森克虏伯公司正在测试最新的"MULTI"电梯技术,依靠磁场而非电缆上下运行,这种电梯既可以在建筑物内部运行,也可以在建筑物外部运行,既可以垂直运行,也可以水平运行,为建筑师提供了一系列创新的可能性。

近年来,亚洲和中东地区的"高层建筑热"导致电梯需求激增。而我国的城镇化计划极大地增加了对垂直交通的需求。迪拜是世界上最高的 18 座高楼所在地,那里的全景电梯、人类环境改造突破系统和降噪技术,都是垂直运输领域内前沿新技术创新的标志。未来,当一位乘客乘坐电梯升上隐没在云层中的第 300 层楼层时,他将在完全由太阳能驱动的无绳电梯间内完成这次上升之旅。这样的电梯可以自由地旅行,建筑师在设计电梯时,将不再受到地心引力的限制。在一个土地资源有限的星球上,拥有可持续向上发展的海拔高度是最重要的。

学习笔记

模块 4

绿色建筑的新能源应用

第15讲　太阳能光伏发电系统

自古以来,人们就懂得利用太阳提供的热辐射能生存。例如,人们很早就懂得用阳光晒干物件,懂得以阳光晒盐、晒咸鱼等。

习近平总书记指出:"中国将加强生态文明建设,加快调整优化产业结构、能源结构,倡导绿色低碳的生产生活方式。"

如今,化石能源日趋紧张,我国大力推进能源结构的调整和转型升级,能源生产结构由煤炭为主向多元化转变,能源消费结构日趋低碳化。太阳能作为清洁无污染能源,已经成为人类能源的重要组成部分,并且在不断的发展中。

太阳辐射到地球大气层的能量仅为其总辐射能量的二十二亿分之一,但已高达17.3万TW,这个数量可以理解为太阳每秒钟照射到地球上的能量约为500万 t煤燃烧释放的热量。

广义的太阳能包括的范围非常广泛,地球上的风能、水能、海洋温差能、波浪能和生物质能等都来源于太阳;狭义的太阳能则限于太阳辐射能的光热、光电和光化学的直接转换。

一般来说,对太阳能的利用有光热转换和光电转换两种方式,这两种方式都可用作太阳能发电。所以,太阳能发电包括光热发电和光伏发电两种。

因光伏发电普及较广,而大多数人们接触光热发电较少,通常所说的太阳能发电往往指的就是太阳能光伏发电,简称光电或光伏。不论产销量、发展速度和发展前景,光热发电都赶不上光伏发电。本讲主要介绍太阳能光伏发电系统。

15.1　太阳能光伏发电系统概述

15.1.1　光伏发电系统原理

教学视频:
太阳能光伏发
电系统概述

光伏发电系统是指不用通过热过程,直接将光能转变为电能的发电系统。

光伏发电是利用半导体界面的光生伏特效应,将光能直接转变为电能的一种技术。这种技术的关键元件是太阳能电池(图 15-1 和图 15-2)。太阳能电池经过串联后进行封装保护,可以形成大面积的太阳电池组件,再配合功率控制器等部件,就形成了光伏发电装置。

光伏发电系统通常由光伏方阵、蓄电池组(可选)、蓄电池控制器(可选)、逆变器和太阳跟踪控制系统等设备所组成。高倍聚光光伏系统(HCPV)还包括聚光部分(通常为聚光透镜或反射镜)。光伏发电系统各部分设备的作用如下。

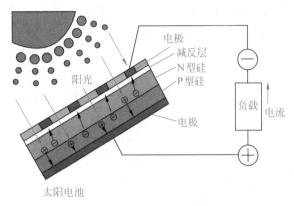

图 15-1 太阳能电池组成图   图 15-2 太阳能电池原理图

1. 光伏方阵

光伏方阵(PV array)也称为光伏阵列,是由若干光伏组件或光伏板按一定方式组装在一起,并且具有固定的支撑结构而构成的直流发电单元。在有光照(无论是太阳光,还是其他发光体产生的光照)的情况下,电池吸收光能,电池两端出现异号电荷的积累,即产生"光生电压",这就是光生伏特效应。在光生伏特效应的作用下,太阳电池的两端产生电动势能,将光能转换成电能,完成能量的转换。

2. 蓄电池组(可选)

蓄电池组的作用是储存太阳电池方阵受光照时发出的电能,并可随时向负载供电。太阳电池发电对所用的蓄电池组的基本要求如下:自放电率低;使用寿命长;深放电能力强;充电效率高;少维护或免维护;工作温度范围宽;价格低廉。

3. 蓄电池控制器(可选)

蓄电池控制器是能自动防止蓄电池过充电和过放电的设备。由于蓄电池的循环充放电次数及放电深度是决定蓄电池使用寿命的重要因素,因此,能控制蓄电池组过充电或过放电的蓄电池控制器是必不可少的设备。

4. 逆变器

逆变器是将直流电转换成交流电的设备。当太阳电池和蓄电池是直流电源,而负载是交流负载时,逆变器是必不可少的设备。

逆变器按运行方式,可分为离网逆变器和并网逆变器。离网逆变器用于独立运行的太阳电池发电系统,为负载供电。并网逆变器用于并网运行的太阳电池发电系统。

逆变器按输出波形可分为方波逆变器和正弦波逆变器。方波逆变器的电路简单、造价低,但谐波分量大,一般用于几百瓦以下且对谐波要求不高的系统。正弦波逆变器成本高,但可以适用于各种负载。

5. 太阳跟踪控制系统

由于相对于某个固定地点的太阳能光伏发电系统来说,一年四季每天日升日落,太阳光照射角度时刻都在发生变化,只有太阳电池板能够时刻正对太阳,发电效率才会达到最佳状态。世界上通用的太阳跟踪控制系统都需要根据安放点的经纬度等信息,计算一年中每天的不同时刻太阳所在的角度,将一年中每个时刻的太阳位置存储到 PLC、单片机或计算机软件中,也就是靠计算太阳位置以实现跟踪,采用的是计算机数据理论。需要地球经纬度地区的数据和设定,一旦安装,就不便移动或装拆,每次移动完,必须重新设定数据和调整各个参数。

15.1.2　光伏发电系统的特点

因为阳光普照大地,所以光伏发电系统较少受地域限制,具有以下特点和优势。

(1) 没有转动部分,不产生噪声。

(2) 没有空气污染,不排放废水。

(3) 没有燃烧过程,不需要燃料。

(4) 维护保养简单,维护费用低。

(5) 运行可靠,无工质消耗。

(6) 作为关键部分的太阳电池使用寿命长。

(7) 启动快,有太阳就能发电,适用于建立分布式变电站。

(8) 安装容易,建设周期短,很容易根据需要扩大发电规模。

(9) 规模大小皆宜(100W~100MW)。

当然,光伏发电系统除了有这些显著的优点,也存在一些很难克服的缺点。

(1) 属于平面光源,面密度较小,地面最大为 $1kW/m^2$。

(2) 发电随天气成周期性和随机性变化,电力调节比较复杂。

(3) 地区性分布有差异。

15.1.3　光伏发电系统的分类

光伏发电系统分为独立光伏发电系统、并网光伏发电系统及分布式光伏发电系统三种。

1. 独立光伏发电系统

独立光伏发电系统也称为离网光伏发电系统(图 15-3),它主要由太阳电池组件、控制器、蓄电池组成。若要为交流负载供电,还需要配置交流逆变器。独立光伏电站包括偏远地

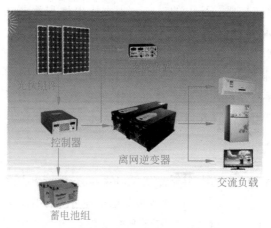

图 15-3　独立光伏发电系统

区的村庄供电系统、太阳能户用电源系统、通信信号电源、阴极保护、太阳能路灯等各种带有蓄电池的、可以独立运行的光伏发电系统。

2. 并网光伏发电系统

并网光伏发电就是太阳能组件所产生的直流电,经过并网逆变器转换成符合市电电网要求的交流电之后,直接接入公共电网。并网光伏发电系统可以分为带蓄电池的并网光伏发电系统和不带蓄电池的并网光伏发电系统。带有蓄电池的并网光伏发电系统具有可调度性,可以根据需要并入或退出电网,还具有备用电源的功能,当电网因故停电时,可紧急供电,通常安装在居民建筑中。不带蓄电池的并网光伏发电系统不具备可调度性和备用电源的功能,一般安装在较大型的系统上(图 15-4)。

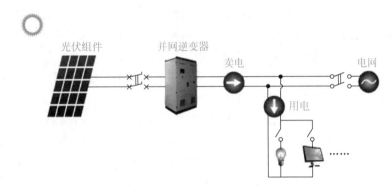

图 15-4　并网光伏发电系统

3. 分布式光伏发电系统

分布式光伏发电系统又可分为集中式大型并网光伏电站和分布式光伏系统。集中式大型并网光伏电站的主要特点是能将所发电直接输送到电网上,由电网统一调配向用户供电。这种电站投资大、建设周期长、占地面积大。而分布式光伏系统具有投资少、建设周期短、占地面积小、政策支持力度大等优点(图 15-5)。

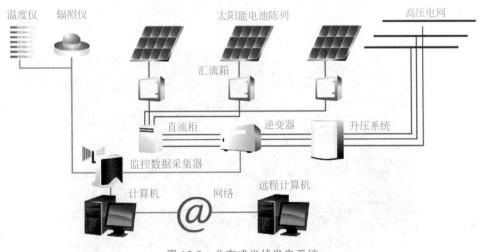

图 15-5　分布式光伏发电系统

15.2 太阳能光伏发电系统应用

教学视频：
太阳能光伏
系统案例

15.2.1 太阳能光伏发电系统的应用市场

国内太阳能电池产业发展的主要动力是对光伏发电市场的巨大需求，我国光伏发电的市场需求主要体现在以下几个方面。

(1) 通信和工业应用(大约占 36%)：如微波中继站、光缆通信系统、无线寻呼台站、卫星通信和卫星电视接收系统、农村程控电话系统、部队通信系统、铁路和公路信号系统、灯塔和航标灯电源、气象台站、地震预测台站、水文观测系统、水闸阴极保护和石油管道阴极保护。

(2) 农村和偏远地区应用(大约占 51%)：如独立光伏电站(村庄供电系统)、光伏下乡、小型风光互补发电系统、太阳能用户系统、太阳能照明灯、太阳能水泵、光伏水泵。

(3) 光伏扬水系统：如光伏扬水逆变器、光伏并网逆变器、光伏水利和农村社团(学校、医院、饭馆、旅社、商店、卡拉 OK 歌舞厅等)。

(4) 光伏并网发电系统(大约占 4%)：当前处于试验示范阶段，全国总装机容量大约有 2MWp。主要应用有太阳能商品及其他产品(大约占 9%)，例如太阳帽、太阳能充电器、太阳能手表、计算器、太阳能路灯、太阳能钟、太阳能庭院、汽车换气扇、太阳能电动汽车、太阳能游艇、太阳能玩具、太阳能手电和太阳能热水器等。

15.2.2 太阳能光伏发电系统的应用案例

教学视频：
太阳能光伏发
电系统的应用
案例

某职业学院的光伏并网发电项目充分利用行政楼、食堂、学生公寓、实验楼、科研楼、实训中心、教学楼等 20 栋建筑物，在其屋顶上安装 260Wp、255Wp、240Wp 高效晶硅组件、165Wp 双玻组件及 56Wp 薄膜组件，建设用户侧并网的太阳能光伏发电系统，系统总装机容量约为 2.2MWp(图 15-6)。

图 15-6 太阳能光伏发电系统应用效果图

此太阳能光伏发电站工程建成后,经测算,25 年内年平均发电量为 221.85 万 kW·h,按 220 万 kW·h 计,每年可为国家节约标准煤 732.6t。相应地,每年可减少多种有害气体和废气的排放,其中,减少 SO_2 排放量约为 14.65t,减少 CO_2 排放量约为 1809.52t。

此光伏电站主要由光伏方阵、并网逆变器、输配电系统及远程监测通信系统组成。光伏方阵到逆变器的电气系统称为光伏发电单元;并网接入部分则是常规的输配电系统(图 15-7)。

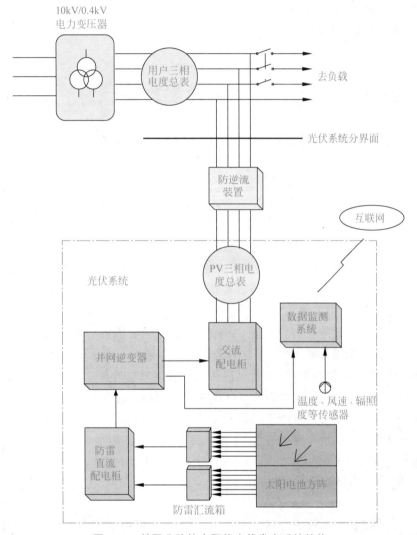

图 15-7 某职业院校太阳能光伏发电系统结构

此项目主要利用建筑物的屋顶安装光伏发电系统,除了需要处理好与建筑物本身的构造关系,对其他外部事物的不利影响较少。

整体来说,作为一个创新利用新能源的项目,本项目利用绿色无污染的太阳能来产生电能,具有较大的社会效益,外观图见图 15-8 和图 15-9。

图 15-8　某职业院校屋顶光伏外观

图 15-9　某职业院校大学生活动中心光电幕墙立面

15.3　太阳能光伏发电技术的发展趋势

15.3.1　光伏材料成本的进一步控制

从太阳能光伏发电技术的发展历史来看,影响该技术进一步发展的主要原因是光伏材料成本较高。一方面,高转换率的光伏单晶硅电池板成本较高;另一方面,低转换率的光伏单晶硅电池板很难满足市场的实际需求。从光伏材料光电转换效率的角度来讲,光电转换效率越高,意味着光伏电池板的生产能力和稳定性越强。根据研究人员的计算,光电转换效率在 63.2% 左右时,可以为光伏发电替代传统化石能源提供可靠的技术基础。但在实际应用的过程中,多数光伏单晶硅电池板的转换率为 10%～15%,其转换效率远低于市场的实际需求。虽然技术能力较高的生产企业可以将光伏转换率提升到 45% 左右,但由于高昂的生产成本,无法有效地进行市场化。例如,日本三洋电机将硅和锗应用到太阳能电池中,使其光电转化效率提升到 22%,但转换效率和成本依然不满足市场的实际需求;德国将稀土元素铒应用到太阳能电池中,虽然可以将光电转换率提升到 23% 以上,但依然存在市场化难度较高的问题。现阶段,太阳能电池中主要采用的硅材料成本高昂,还需要极长的生产周期,也进一步导致太阳能电池市场化面临较多的阻碍。在未来太阳能光伏技术发展的过程中,如何降低材料的生产制造成本,是光伏发电技术发展的主要研究方向。

15.3.2　光伏电站建设的进一步发展

现阶段,我国光伏发电行业得到快速发展,是因为太阳能集中在人口较少的区域,可以建设规模较大的地面光伏发电站,以满足其市场化的需求。

但是,对土地资源的大量需求,使光伏电站的进一步推广受到制约。因此,研究人员发明了农光互补、林光互补等分布式的发电站类型,可以充分利用空间建设小型光伏发电站,从而减少对土地资源的需求。但这种光伏发电站的维护难度较大,一般居民不具备维护光伏发电站的能力,在推广的过程中,面临技术、环境、政策等多方面的阻碍。

我国对地面光伏发电区域的规划依然存在不合理和不深入的问题。交通不便的西北部高海拔区域并没有得到充分利用,由于配套基础设施的问题,并没有将地面光伏发电站充分引入该区域的光伏电站建设过程中。总而言之,我国现阶段的光伏电站建设没有充分利用我国的太阳能资源,大规模地面发电站没有在太阳能较充足、人口较稀少的区域发展;同时,分布式小型光伏发电站的市场化运行模式依然待完善。

　　未来,研究人员会集中主要力量解决这些问题,促进光伏发电站的进一步建设。总体上来说,我国的太阳能光伏电站建设依然具有较广阔的前景,无论是土地资源的利用程度还是分布式光伏电站技术的利用状况,均具有广阔的发展空间,光伏发电技术的有效利用拥有良好的资源基础。

学习笔记

第16讲　太阳能光热系统

　　太阳能是取之不尽的可再生能源,可利用量巨大。太阳的寿命至少有 40 亿年,相对于常规能源的有效性,太阳能具有储量的无限性,取之不尽,用之不竭。人类自古就开始利用太阳能光热,如今,太阳能光热的利用如火如荼。太阳能光热是指太阳辐射的热能,是利用太阳能光热的重要方面。

　　太阳能光热利用,除太阳能热水器外,还有太阳房、太阳灶、太阳能温室、太阳能干燥系统、太阳能土壤消毒杀菌技术等。

　　太阳能光热发电是太阳能光热利用的一个重要方面。现代的太阳能科技可以将阳光聚合,并运用其能量产生热水、蒸汽和电力。集热式太阳能的原理是将镜子反射的太阳光,聚焦在一条称为接收器的玻璃管上,而该中空的玻璃管可以让油流过。从镜子反射的太阳光会令管内的油温上升,产生蒸汽,再由蒸汽推动涡轮机发电。目前,太阳能光热发电主要有槽式、塔式和碟式,见图 16-1。

图 16-1　碟式和槽式光电发热系统

　　太阳能房(图 16-2)是基于集热—储热墙的间接加热式被动太阳房。因其结构简单、运行方便而较易推广。这种在储热墙的基础上改进的太阳房采用小风机送风,代替传统的自然对流,用薄铁板作为吸热板,吸收太阳辐射后的热空气会很快流入房间。

图 16-2　太阳能房

在日常生活中,人们最熟悉、最常见的太阳能光热利用形式是太阳能热水器,据相关专家估计,如果全国3亿家庭都能用上太阳能热水器,每年可节约3个三峡水电站的发电量。太阳能热水系统主要由太阳能热水器、储热水箱和控制中心组成。

16.1 太阳能光热发电系统概述

教学视频:
太阳能光热发
电系统概述

16.1.1 槽式太阳能光热发电系统

槽式太阳能光热发电系统的全称为槽式抛物面反射镜太阳能光热发电系统,是将多个槽型抛物面聚光集热器经过串、并联的排列,加热载热工质,在太阳能热锅炉中产生高温蒸汽,驱动汽轮机发电机组发电(图16-3)。

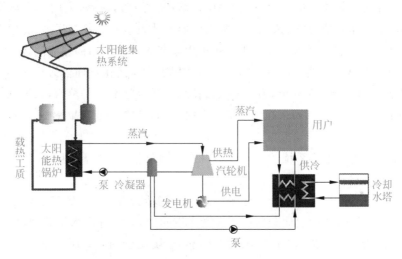

图16-3 槽式太阳能光热发电系统原理示意图

槽式太阳能光热发电系统的关键部位是太阳能集热系统,其结构包括集热管、集热镜面、支撑结构及控制系统和储热系统。

1. 集热管

集热管是槽式太阳能光热发电集热系统的关键部件,能够将反射镜聚集的太阳直接辐射能转换成热能,温度可达400℃。使用的集热管内层为不锈钢管,外层为玻璃管加两端的金属波纹管。内管涂覆有选择性吸收涂层,以实现聚集太阳直接辐射的吸收率最大,且红外波再辐射最小。两端的玻璃用金属封接,与金属波纹管实现密封连接,提供高温保护,密封内部空间保持真空。减少气体的对流与传导热损,又加上应用选择性吸收涂层,使真空集热管的辐射热损耗降至最低。在另一侧,金属波纹管焊接在内部吸热管上。这些具有弹性连接功能的波纹管可以在吸热管升温和冷却的过程中补偿内部金属管和外部玻璃管之间热胀冷缩的差异。聚焦的太阳直接辐射能可以在集热管表面转化为热能,传送至导热介质,并将介质加热至最高温度400℃。外部玻璃管可以作为附加防护,防止红外波长能量向外面辐射,以降低热损。玻璃管外部覆盖有减反射涂层,可使太阳辐射能量透过玻璃管。

2. 集热镜面

槽式太阳能光热发电所用集热镜面采用超白玻璃材质,既可保证一定聚焦精度,还具有良好的抗风、耐酸碱、耐紫外线等性能。镜面由低铁玻璃弯曲制成,刚性、硬度和强度能够经受住野外恶劣环境和极端气候条件的考验,玻璃背面镀镜后喷涂防护膜,防止老化。由于铁含量较低,该种玻璃具有很好的太阳光辐射透过性。

3. 支撑结构及控制系统

支撑结构用于固定槽式抛物面聚光镜,并配合控制系统对集热阵列进行一维跟踪,以获得有效太阳辐射能。支撑结构需要经过计算机模拟仿真研究、风洞实验和实际运行,在充分考虑最佳机械、光学和力学性能及最小成本的前提下进行设计。

4. 储热系统

在可再生能源领域中,储能技术一直是亟须解决的问题,但是,太阳能光热发电已经拥有很成熟的储能技术解决方案,这也是未来太阳能光热发电有望赶超风电、光电等其他新能源的最大优势。采用储热技术可以解决大规模太阳能光热发电站的储能问题。

槽式太阳能光热发电技术最主要的特点是使用了大量的抛物面槽式聚光器来收集太阳辐射能,并把光能直接转化为热能,通过换热器使水变成高温高压的蒸汽,并推动汽轮机来发电。因为太阳能是不确定的,所以在传热工质中加了一个常规燃料辅助锅炉,以备应急之用。

槽式太阳能光热发电的缺点如下。

(1)虽然这种线性聚焦系统的集光效率由于单轴跟踪有所提高,但很难实现双轴跟踪,致使余弦效应对光的损失每年平均达到30%。

(2)槽式太阳能光热发电系统结构庞大,在我国多风、高风沙区域难以立足。

(3)由于线型吸热器的表面全部裸露在受光空间中,无法进行绝热处理,尽管设计了真空层以减少对流带来的损失,但是其辐射损失仍然会随温度的升高而增加。

16.1.2 塔式太阳能光热发电系统

太阳能塔式发电应用的是塔式系统。塔式系统又称为集中式系统。它是在很大面积的场地上装有许多台大型太阳能反射镜,通常称为定日镜,每台都各自配有跟踪机构,准确地将太阳光反射集中到一个高塔顶部的接收器上。接收器上的聚光倍率可超过1000倍。这里把吸收的太阳光能转化成热能,再将热能传给工质,经过蓄热环节,再输入热动力机,膨胀做工,带动发电机,最后以电能的形式输出(图16-4)。该系统主要由聚光子系统、集热子系统、蓄热子系统、发电子系统等部分组成。

塔式热发电系统有以下关键技术。

1. 反射镜及其自动跟踪

由于这一发电方式要求高温、高压,对于太阳光的聚焦必须有较大的聚光比,需用千百面反射镜,并要有合理的布局,使其反射光都能集中到较小的集热器窗口。反射镜的反光率应在80%~90%,要同步自动跟踪太阳。

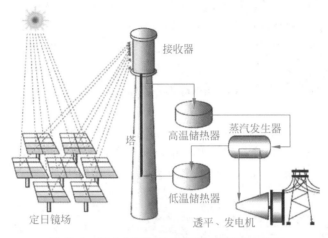

图 16-4 塔式太阳能光热发电系统原理示意图

2. 接收器

接收器也叫太阳能锅炉,要求体积小,换热效率高,有垂直空腔型、水平空腔型和外部受光型等类型。

3. 蓄热装置

应选用传热和蓄热性能好的材料作为蓄热工质。水汽系统有很多优点,为工业界和使用者所熟悉,有大量的工业设计和运行经验,附属设备也已商品化。其不足之处是易被腐蚀。对于高温的大容量系统来说,可选用钠做传输工质,它具有优良的导热性能,可在3000kW 的热流密度下工作。

塔式技术能量集中过程是靠反射光线一次完成的,方法简捷有效,且聚光倍数高,容易达到比较高的工作温度。其中,镜场中的定日镜数目越多,其聚光比越大,吸热器的集热温度越高,光热转换效率也就越高。

我国新月沙丘电站为全球首个百兆瓦级塔式熔盐电站,于 2016 年 2 月 22 日实现并网发电,装机容量为 110MW,配 10h 储热系统,设计年发电量为 50 万 MW·h,但目前新月沙丘的发电情况还未达到设计预期。

2016 年 12 月 26 日,我国首航高科能源技术股份有限公司自主投资建设的敦煌 10MW塔式熔盐光热发电示范项目(图 16-5)成功并网发电,这是全球第三座、亚洲第一座可实现

图 16-5 敦煌 10MW 塔式熔盐光热发电示范项目

24h 连续发电的熔盐塔式光热发电站。此项目占地 $120hm^2$，总投资 4.2 亿元，由 1525 台定日镜围绕着 138.3m 高的吸热塔环形布置；储热系统两个储热罐的直径为 21m，罐高 10m，熔盐储量为 5800t，其储热能力可供 10MW 汽轮发电机组连续发电 15h。

16.1.3 碟式太阳能光热发电系统

碟式（又称盘式）太阳能光热发电系统（图 16-6）是世界上最早出现的太阳能动力系统。近年来，碟式太阳能光热发电系统主要开发单位功率质量比更小的空间电源。碟式太阳能光热发电系统应用于空间，与光伏发电系统相比，具有气动阻力低、发射质量小和运行费用便宜等优点。

图 16-6　碟式太阳能光热发电系统

碟式太阳能光热发电系统（抛物面反射镜斯特林系统）由许多镜子构成的抛物面反射镜组成，接收在抛物面的焦点上，接收器内的传热工质被加热到 750℃，驱动发动机进行发电。

碟式系统可以独立运行，作为无电偏远地区的小型电源，一般功率为 10～25kW，聚光镜直径为 10～15m；也可用于较大的用电户，把数台至数十台装置并联起来，组成小型太阳能光热发电站。

太阳能碟式发电尚处于中试和示范阶段，但商业化前景较好，它和塔式及槽式系统既可单纯应用太阳能运行，也可安装成为与常规燃料联合运行的混合发电系统。

对于上述几种形式的太阳能光热发电系统，相比较而言，槽式光热发电系统是最成熟，也是达到商业化发展的技术；塔式光热发电系统的成熟度不如抛物面槽式光热发电系统，而配以斯特林发电机的抛物面碟式光热发电系统虽然有比较优良的性能指标，但主要还是用于偏远地区的小型独立供电源，大规模应用成熟度则稍逊一筹。应该指出，槽式、塔式和碟式太阳能光热发电技术同样受到世界各国的重视，各国正在积极开展相关研究工作。

16.2　太阳能热水系统

太阳能热水系统是利用太阳能集热器采集太阳热量，在阳光的照射下，使太阳的光能充分转化为热能，通过控制系统自动控制循环泵或电磁阀等功能部件将系统采集到的热量传输到大型储热水箱中，再匹配当量的电力、燃气、燃油等能源，把储热水箱中的水加热并成为比较稳定的定量能源设备。该系统既可提供生产和生活用热水,又可作为其他太阳能利用形式的冷热源,是太阳热能应用发展中最具经济价值、技术最成熟且已商业化的一项应用产品。

16.2.1 系统组成

太阳能热水系统(图 16-7)主要由太阳能集热器、储热水箱、管道保温系统(连接管道)、自动控制系统和其他外部设备(如循环泵、电磁阀及伴热带等)组成。

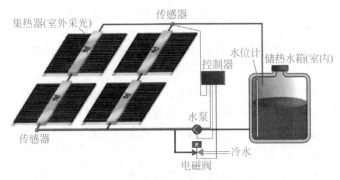

图 16-7 太阳能热水系统的组成

1. 集热器

系统中的集热元件,其功能相当于电热水器中的电加热管。与电热水器、燃气热水器不同的是,太阳能集热器利用的是太阳的辐射热量,故而加热时间只能在有太阳照射的白昼,所以有时需要辅助加热,如锅炉、电加热等。

我国市场上最常见的是全玻璃太阳能真空集热管(图 16-8)。结构分为外管、内管,其内管外壁镀有选择性吸收涂层。平板集热器的集热面板上镀有黑铬等吸热膜,金属管焊接在集热板上。平板集热器较真空管集热器成本稍高,近几年,平板集热器呈现上升趋势,尤其在高层住宅的阳台式太阳能热水器方面有独特优势。全玻璃太阳能集热真空管一般为高硼硅 3.3 特硬玻璃制造,选择性吸热膜采用真空溅射选择性镀膜工艺。

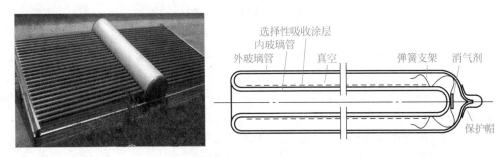

图 16-8 全玻璃太阳能真空集热管示意图

2. 储热水箱

和电热水器的储热水箱一样,是储存热水的容器。因为太阳能集热器只能在白天工作,而人们一般在晚上才使用热水,所以,必须通过储热水箱把集热器在白天产出的热水储存起来。容积是每天晚上用热水量的总和。

水箱内胆是储存热水的重要部分,其所用材料强度和耐腐蚀性至关重要。市场上有不锈钢、搪瓷等材质。保温层保温材料的好坏直接关系着保温效果,在寒冷季节显得尤其重要。较好的保温方式是聚氨酯整体发泡工艺保温。外壳一般为彩钢板、镀铝锌板或不锈钢板。

3. 连接管路

连接管路是将热水从集热器输送到储热水箱、将冷水从储热水箱输送到集热器的通道,使整套系统形成一个闭合的环路。设计合理、连接正确的循环管道能使太阳能系统达到最佳工作状态。热水管道必须做保温防冻处理,管道必须有很高的质量,保证有 20 年以上的使用寿命。

同时,为了减少热量在管道传输过程中的损失,连接管路还应具备保温系统。

4. 控制中心

自动控制系统是热水系统的大脑,各种信号传感器就是系统的神经。太阳能热水系统与普通太阳能热水器的区别就是控制中心。作为一个系统,控制中心负责整个系统的监控、运行、调节等功能,可以通过互联网远程控制系统的正常运行。

5. 其他外部设备

其他外部设备主要包括循环泵、增压泵、供水泵和电磁阀。这些设备要根据循环管道的粗细、流量的大小、集热器串并联的组数、集热器安置位置的高低等因素确定。

16.2.2　太阳能热水系统分类

1. 按太阳能集热器的类型分类

按太阳能集热器的类型,太阳能热水系统可以分为以下五种。

(1)平板太阳能热水系统:采用平板集热器的太阳能热水系统。

(2)真空管太阳能热水系统:采用真空管集热器的太阳能热水系统。

(3)U 形管太阳能热水系统:采用 U 形管集热器的太阳能热水系统。

(4)热管太阳能热水系统:采用热管集热器的太阳能热水系统。

(5)陶瓷太阳能热水系统:采用陶瓷集热器的太阳能热水系统。

2. 按储水箱的容积进行分类

根据用户对热水供应的需求,可确定储水箱的容量。按照储水箱的容积,系统可分为以下两种。

(1)家用太阳能热水系统:储水箱容积小于 $0.6m^3$ 的太阳能热水系统,通常也称为家用太阳能热水器。

(2)公用太阳能热水系统:储水箱容积大于或等于 $0.6m^3$ 的太阳能热水系统,通常也称为太阳能热水系统。

3. 按热水使用情况分类

根据用户对热水供应的需求,可分为间歇供热水太阳能热水系统和连续供热水太阳能热水系统。

(1)间歇供热水太阳能热水系统:主要供应那些定时用热水的单位,例如部队、学校、工厂等。

（2）连续供热水太阳能热水系统：是指那些 24h 连续使用热水的系统，例如医院、宾馆、酒店、生产线等。

16.2.3　太阳能热水系统的防冻措施

太阳能热水系统中的集热器及其置于室外的管路，在严冬季节经常因积存在其中的水结冰膨胀而胀裂损坏，高纬度寒冷地区的情况更为严重。因此，必须从技术上考虑太阳能热水系统的"越冬"防冻措施。常用的太阳能热水系统防冻措施大致有以下几种。

1．集热器的防冻

集热器是太阳能热水系统中必须暴露在室外的重要部件，如果直接选用具有防冻功能的集热器，就可以避免对集热器在严冬季节冻坏的担忧。

热管式真空管集热器及内插管的全玻璃真空管集热器都属于具有防冻功能的集热器。因为被加热的水都不直接进入真空管内，真空管的玻璃罩管不接触水，再加上热管本身的工质容量又很少，所以，即使在零下几十摄氏度的环境温度下，真空管也不会被冻坏。

另一种具有防冻功能的集热器是热管平板集热器，它跟普通平板集热器的不同之处在于吸热板的排管位置上用热管代替，以低沸点、低凝固点介质作为热管的工质，因而吸热板也不会被冻坏。不过由于热管平板集热器的技术经济性能不及上述真空管集热器，应用尚不普遍。

2．双循环系统的防冻

双循环系统（或称双回路系统）就是在太阳能热水系统中设置换热器，集热器与换热器的热侧组成第一循环（或称第一回路），并使用低凝固点的防冻液做传热工质，从而实现系统的防冻。双循环系统在自然循环和强制循环两类太阳能热水系统中都可以使用。

在自然循环系统中，尽管第一回路使用了防冻液，但由于储水箱置于室外，系统的补冷水箱与供热水管也部分敷设在室外。在严寒的冬夜，这些室外管路虽有保温措施，但仍不能保证管中的水不结冰。因此，在系统设计时，需要考虑采取某种设施，在用完后使管路中的热水排空。例如，采用虹吸式取热水管，兼作补冷水管，在其顶部设置通大气阀，控制其开闭，实现该管路的排空。

3．回流系统的防冻

在强制循环的单回路系统中，一般采用温差控制循环水泵的运转，储水箱通常置于室内（底层或地下室）。在冬季白天有足够的太阳辐照时，温差控制器开启循环水泵，集热器可以正常运行；夜晚或阴天，在太阳辐照不足时，温差控制器关闭循环水泵，这时集热器和管路中的水由于重力作用全部回流到储水箱中，避免因集热器和管路中的水结冰而损坏；次日白天或太阳辐照再次足够时，温差控制器再次开启循环水泵，将储水箱内的水重新泵入集热器中，系统可以继续运行。这种防冻系统简单可靠，不需增设其他设备，但系统中的循环水泵要有较高的扬程。

近年来，国外开始将回流防冻措施应用于双回路系统，其第一回路不使用防冻液，而仍使用水作为集热器的传热介质。当夜晚或阴天太阳辐照不足时，循环水泵自动关闭，集热器中的水通过虹吸作用流入专门设置的小储水箱中，待次日白天或太阳辐照再次足够时，重新泵入集热器，使系统继续运行。

4. 排放系统的防冻

在自然循环或强制循环的单回路系统中，在集热器吸热体的下部或室外环境温度最低处的管路上埋设温度敏感元件，接至控制器。当集热器内或室外管路中的水温接近冻结温度（3～4℃）时，控制器将根据温度敏感元件传送的信号开启排放阀和通气阀，集热器和室外管路中的水由于重力作用排放到系统外，不再重新使用，从而达到防冻的目的。

5. 自动循环系统的防冻

在强制循环的单回路系统中，在集热器吸热体的下部或室外环境温度最低处的管路上埋置温度敏感元件，接至控制器。当集热器内或室外管路中的水温接近冻结温度（如3～4℃）时，控制器打开电源，启动循环水泵，将储水箱内的热水送往集热器，使集热器和管路中的水温升高。当集热器或管路中的水温升高到某设定值（或当水泵运转某设定时段）时，控制器关断电源，循环水泵停止工作。这种防冻方法由于要消耗一定的动力以驱动循环水泵，因而适用于偶尔发生冰冻的非严寒地区。

6. 自限式系统的防冻

在自然循环或强制循环的单回路系统中，将室外管路中最易结冰的部分敷设自限式电热带。它将一个热敏电阻设置在电热带附近，并接到电热带的电路中。当电热带通电后，在加热管路中的水时，也使热敏电阻的温度升高，随之热敏电阻的电阻增加；当热敏电阻的阻值增加到某个数值时，电路中断，电热带停止通电，温度逐步下降。这样无数次重复，既保证了室外管路中的水不结冰，又防止因电热带温度过高而造成危险。这种防冻方法也要消耗一定的电能，但对于十分寒冷的地区还是行之有效的。

16.2.4　太阳能热水系统的特点

太阳能热水系统目前应用广泛，源于它自身的优势。

（1）具有环保效益：相对于使用化石燃料制造热水，能减少对环境的污染，以及减少温室气体（如 CO_2）的排放。

（2）节省能源：太阳能是属于每个人的能源，只要有场地与设备，任何人都可免费使用它。

（3）安全：不像使用煤气有爆炸或中毒的危险，或使用燃料油锅炉有爆炸的顾虑，或使用电力时会有漏电的可能。

（4）不占空间：不需专人操作自动运转。另外，太阳能集热器装在屋顶上，不会占用任何室内空间。

（5）具有经济效益：太阳能热水器不易损坏，寿命至少在 10 年以上，甚至有达到 20 年的。因为基本热源为免费的太阳能，所以使用它十分符合经济成本效益。

16.2.5　太阳能热水系统的应用和案例

1. 应用现状

随着经济和社会的不断发展，石油、天然气和煤炭等常规能源的短缺问题越来越明显，人们利用可再生能源的需求日益迫切。同时，随着国际上要

教学视频：
太阳能热水
系统案例

求减少 CO_2 等温室气体排放的呼声越来越高,人们对使用清洁能源的意愿不断增强。因此,作为主要的清洁和可再生能源,在世界范围内,太阳能正被日益广泛地得到研究和应用。然而,由于技术、工艺、经济和政策的不同,国内外在太阳能热水系统的应用方面还存在较大差异。

欧洲的太阳能应用已处于世界领先地位。与我国界定资源贫乏区的年太阳辐照量标准(小于 $4200MJ/m^2$,上海的年太阳辐照量为 $4200\sim5400MJ/m^2$)相比,德国的年太阳辐照量为 $3600MJ/m^2$,低于我国资源贫乏区的标准。然而,由于缺乏常规能源及拥有良好的环保意识,德国在太阳能利用,特别是太阳能热水系统的应用方面做了大量的探索性工作,拥有世界上先进的技术和产品。

国内太阳能热水系统的应用较晚,尚处于起步阶段。虽然拥有世界上最大的太阳能集热器安装量和制造能力,但技术含量普遍较低,产品质量良莠不齐,集热效率和使用寿命远低于欧洲国家产品。而且,由于缺乏应有的准入制度,太阳能集热器的规格、尺寸和安装位置等因不同生产厂家而有所不同,与建筑的结合情况较差,再加上大多数的太阳能热水工程由生产厂家自行设计、安装,在系统优化、参数设定、运行控制、现场施工等诸多方面均不尽如人意。在有些时候,太阳能热水系统成了摆设和负担。

2. 应用案例一

1) 应用概况

某职业学院在食堂楼顶设计了太阳能热水系统(图 16-9),太阳能热水集热板铺设面积约为 $224.40m^2$,储热水箱体积为 $15m^3$,系统采用 $58mm \times 1800mm/78$ 支 $/45°$(直径为 $58mm$、长为 $1800mm$ 的太阳能真空管,78 支,$45°$安装)管竖插管集热模块 60 组,控制系统为 T902 全自动智能控制,不用专人值守。该系统主要为学校教师公寓和职工公寓提供生活热水,经测算,全年可节约 $43.97t$ 标准煤。

图 16-9 某学校食堂太阳能热水系统

2) 技术方案

全集中式太阳能热水系统主要包括集中安装的太阳能集热器、控制系统、集中储热水箱、水泵和空气源热泵等。该太阳能热水系统采用温差循环的运行方式,水在集热器中接受太阳辐射的加热,温度上升到一定程度后,当集热器出水温度和储热水箱的水温差达到设定值时,循环水泵开始循环,促使水在集热器和水箱中流动,从而将水箱中的水进行加热。

当恒温水箱的温度低于设定值时,空气源热泵启动对恒温水箱内水进行加热,达到设定温度时自动停止加热。

集中式太阳能热水系统原理见图 16-10。

集中式太阳能热水系统由真空管型集热器(共 60 组,每组 30 根,每根尺寸 $58mm \times 1800mm/45°$(直径为 $58mm$、长为 $1800mm$ 的太阳能真空管,$45°$安装),单块轮廓采光面积为 $3.74m^2$,总面积为 $224.40m^2$)、储热水箱、空气源热泵和循环水泵组成。太阳能热水系统的主要技术参数见表 16-1。

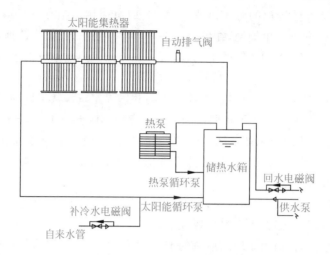

图 16-10　集中式太阳能热水系统原理示意图

表 16-1　太阳能热水系统的主要技术参数

系 统 形 式	全 集 中 式		
集热器类型	真空管型	集热器倾角	45°
集热器数量	60 根	集热器朝向	正南
单块轮廓采光面积	1.7×2.2=3.74(m²)	总轮廓采光面积	224.40m²
储热水箱	数量	1 个	保温材料	聚氨酯发泡
	容水量	15m³	保温厚度	40mm
辅助热源	空气源热泵		
控制方式	温差控制：当集热器出水温度和储热水箱的水温差达到设定值时开始循环		

该项目中太阳能热水系统的总投资约为 28.6666 万元,增量成本为 35.90 元/m²。

3) 系统能效分析

本太阳能热水系统针对太阳能热水建筑应用面积、全年太阳能保证率、全年常规能源替代量、项目费效比、CO_2 减排量、SO_2 减排量、烟尘减排量、年节约费用、静态投资回收年限等技术指标进行了综合能效评估,测评指标汇总见表 16-2。

表 16-2　太阳能热水系统测评指标汇总

序号	评 估 项 目	评 估 结 果
1	太阳能热水建筑应用面积/m²	7985
2	全年太阳能保证率/%	43.64
3	全年常规能源替代量/t 标准煤	43.972
4	项目费效比/[元/(kW·h)]	0.29
5	CO_2 减排量/(t/年)	108.61
6	SO_2 减排量/(t/年)	0.88
7	烟尘减排量/(t/年)	0.44
8	年节约费用/(万元/年)	6.514
9	静态投资回收年限/年	4.40

（1）全年太阳能保证率。实际测得的太阳累计辐照量由小到大依次为 J_1，J_2，J_3，J_4。统计当日太阳累计辐照量小于 $8MJ/m^2$ 的天数为 X_1；当日太阳累计辐照量小于 $12MJ/m^2$，且大于或等于 $8MJ/m^2$ 的天数为 X_2；当日太阳累计辐照量小于 $16MJ/m^2$，且大于或等于 $12MJ/m^2$ 的天数为 X_3；当日太阳累计辐照量大于或等于 $16MJ/m^2$ 的天数为 X_4。

经测试，当日太阳累计辐照量小于 $8MJ/m^2$ 的太阳能保证率为 η_1；当日太阳累计辐照量小于 $12MJ/m^2$，且大于或等于 $8MJ/m^2$ 的太阳能保证率为 η_2；当日太阳累计辐照量小于 $16MJ/m^2$，且大于或等于 $12MJ/m^2$ 的太阳能保证率为 η_3；当日太阳累计辐照量大于或等于 $16MJ/m^2$ 的太阳能保证率为 η_4。

全年太阳能保证率 $\eta_{全年}$ 按照以下公式计算：

$$\eta_{全年} = \frac{x_1\eta_1 + x_2\eta_2 + x_3\eta_3 + x_4\eta_4}{x_1 + x_2 + x_3 + x_4}$$

全年太阳能保证率统计见表16-3。

表16-3 全年太阳能保证率统计

序号	检测项目		当日太阳累计辐照量/(MJ/m^2)			
			$J<8$	$8\leqslant J<12$	$12\leqslant J<16$	$J\geqslant16$
1	太阳能热水系统	天数（X_1，X_2，X_3，X_4）	114	79	64	108
2		当日实测系统太阳能保证率（η_1，η_2，η_3，η_4）	25.15%	39.14%	51.92%	61.55%
3		全年太阳能保证率 $\eta_{全年}$	43.64%			
备注	当日太阳累计辐照量指平行于集热器表面太阳总辐射表的监测数据，监测时间以达到要求的太阳累计辐照量为止。实测当日集中式热水系统太阳累计辐照量分别为 $J_1=7.04MJ/m^2$，$J_2=10.56MJ/m^2$，$J_3=14.47MJ/m^2$，$J_4=17.52MJ/m^2$。本项目的全年太阳能保证率的气象数据参照使用南京市典型气象年数据					

实测全年太阳能保证率为43.64%，满足资源较富区三级标准的要求。

（2）全年常规能源替代量（吨标准煤）。经测试，当日太阳累计辐照量小于 $8MJ/m^2$ 的集热系统得热量为 Q_1；当日太阳累计辐照量小于 $12MJ/m^2$，且大于或等于 $8MJ/m^2$ 的集热系统得热量为 Q_2；当日太阳累计辐照量小于 $16MJ/m^2$，且大于或等于 $12MJ/m^2$ 的集热系统得热量为 Q_3；当日太阳累计辐照量大于或等于 $16MJ/m^2$ 的集热系统得热量为 Q_4。常规能源替代量统计见表16-4。

表16-4 常规能源替代量统计

序号	检测项目	当日太阳累计辐照量/(MJ/m^2)			
		$J<8$	$8\leqslant J<12$	$12\leqslant J<16$	$J\geqslant16$
1	天数（X_1，X_2，X_3，X_4）	114	79	64	108
2	当日实测集中式热水系统得热量（Q_1，Q_2，Q_3，Q_4）/MJ	630.69	981.64	1302.07	1543.67

续表

序号	检测项目	当日太阳累计辐照量/(MJ/m²)			
		J<8	8≤J<12	12≤J<16	J≥16
3	项目全年得热量/MJ	399497.46			
4	常规能源替代量/t标准煤	43.972			
备注	1. 热水系统的全年常规能源替代量根据抽检系统的测量数据计算确定; 2. 常规能源替代量依据《可再生能源建筑应用工程评价标准》(GB/T 50801—2013)中的公式(4.3.5-2)计算得到。其中,标准煤热值的为29.307MJ/kgce,电加热器相对标准煤的一次能源转换率取0.31				

该项目全年常规能源替代量为43.972t标准煤。

(3)项目费效比[元/(kW·h)]。根据项目申报单位×××学院职工公寓、教师公寓太阳能热水系统提供的资料,太阳能热水系统投资总额为28.6666万元。年节约费用为6.514万元,寿命期为15年,则项目费效比=286666÷65140÷15=0.29[元/(kW·h)]。

该项目的项目费效比为0.29元/(kW·h)。

(4)CO_2减排量、SO_2减排量、粉尘减排量。根据项目全年常规能源替代量的计算结果,该项目的全年常规能源替代量约为43.972t标准煤。

CO_2减排量、SO_2减排量、粉尘减排量的计算方法与地源热泵系统相同,这里不做重复说明。计算结果见表16-5。

表16-5 CO_2减排量、SO_2减排量、粉尘减排量统计 单位:t/年

参数	标准煤节约量	CO_2减排量	SO_2减排量	粉尘减排量
数值	43.972	108.61	0.88	0.44

(5)年节约费用。根据项目全年常规能源替代量的计算结果,常州市的居民基本电价约为0.5283元/(kW·h),全年累计太阳能得热量为399497.46MJ,电加热器效率取0.90,年节约费用为0.5283×399497.46÷0.90÷3.60=6.514(万元)。

(6)静态投资回收年限。静态投资回收年限=增量成本÷年节约费用=286666÷65140=4.40(年)。

3. 应用案例二

图16-11是目前应用广泛的太阳能+热泵互补热水系统。通过太阳能集热器组收集太阳能使集热器中的冷水加热,当冷水加热到55℃时,使其流入储热水箱,储热水箱跟供热水管相连,负责热水的供应。而在阴雨天气,太阳能不能保证储热水箱的水量时,热泵机组投入使用,负责加热冷水后,将热水储存至储热水箱,而一旦储热水箱中的水温不够55℃时,可以通过循环泵重新回太阳能集热器组中进行加热,阴雨天气也可以重新回热泵机组进行加热。

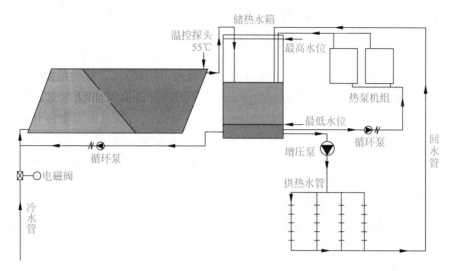

图 16-11 太阳能＋热泵互补热水系统

16.3 太阳房

太阳房是利用太阳能采暖和降温的房子。它是一种既可以取暖发电,又可以去湿降温、通风换气的节能环保住宅。最简便的一种太阳房叫被动式太阳房,建造容易,不需要安装特殊的动力设备。比较复杂但使用方便舒适的另一种太阳房叫主动式太阳房。更为高级的一种太阳房则为空调制冷式太阳房。

"太阳房"一词起源于美国。人们看到用玻璃建造的房子内阳光充足,温暖如春,便形象地称其为太阳房。太阳房是直接利用太阳辐射能的重要途径,把房屋看作一个集热器,通过建筑设计把高效隔热材料、透光材料、储能材料等有机地集成在一起,使房屋尽可能多地吸收并保存太阳能,达到房屋采暖的目的。太阳房概念与建筑结合,形成了"太阳能建筑"技术领域,成为太阳能界和建筑界共同关心的热点。

太阳房可以节约 75%～90% 的能耗,并具有良好的环境效益和经济效益,成为各国太阳能利用技术的重要方面。欧洲在太阳房技术和应用方面处于领先地位,特别是在玻璃涂层、窗技术、透明隔热材料等方面居世界领先地位。日本已利用这种技术建成了上万套太阳房,也在大力推广节能幼儿园、节能办公室、节能医院。我国也正在推广综合利用太阳能,使建筑物完全不依赖常规能源的节能环保性住宅。在不久的将来,太阳房将造福越来越多的人。

16.3.1 太阳房原理分析

太阳房采暖主要利用南坡屋面的铁板吸收太阳能,加热从屋外引进的冷空气。当通过屋顶最高处的玻璃板时,空气温度被大幅度抬升,将通气层内的热空气吸过来聚集到热气通道里,然后通过控制箱送到地板下面储存起来,并从靠墙的地板风口流出来。太阳下山后,风扇会自动停止转动,控制箱内的风门会自动关闭,避免室外的冷空气流入室内,储存在地板下的热量也会慢慢释放出来,使室温下降速度减慢,使房屋尽可能多地吸收并保存太阳能,从而达到取暖的效果。

从理论上讲,温度高的物体都会向温度低的物体或空间辐射热。夏天的夜晚,室外的气温一般在 $25\sim30℃$,而晴朗的高空温度只有 $-60\sim-40℃$。屋顶的铁板不断向高空辐射热量,一般情况下,比外界气温低 $2\sim4℃$,这时采取与冬季取暖相同的方式引进室外空气屋顶通气层内的空气被铁板降温,流入屋内。除了利用冷辐射原理降温,这种太阳房还在地下 $1.5m$ 深处敷设塑料管道,将地下的凉气以 $1m^3/s$ 的流量送入室内,从而达到取凉的目的。太阳房的屋面由吸热铁板、太阳能电池板、集热空气层、集热气通道和隔热层组成,不用任何大型机器,完全靠巧妙的建筑构造来利用太阳能。

利用这种技术建成的太阳房虽然比普通住宅多投资 1/10,但节能效率高达 33%,而且利用屋顶装有的太阳能电池板完全可以满足普通家庭的用电需求,还可以将剩余电能并入电网,最大限度地节约能源。

16.3.2　太阳房分类

按照国际上惯用的名称,太阳房分为主动式太阳房和被动式太阳房两大类。主动式太阳房的一次性投资大,设备利用率低,维修管理工作量大,而且要耗费一定量的常规能源。因此,居住建筑和中小型公用建筑主要采用被动式太阳房。被动式太阳房是通过建筑朝向和合理布置周围环境,巧妙处理内部空间和外部形体,以及恰当选择建筑材料和结构、构造,在冬季集取、保持、储存、分布太阳热能,从而解决建筑物的采暖问题。

1. 主动式太阳房

主动式太阳房(图 16-12)一般由集热器、传热流体、蓄热器、控制系统及适当的辅助能源系统构成。它需要热交换器、水泵和风机等设备,电源也是不可缺少的。因此,这种太阳房的造价较高,但是能主动控制室温,方便使用。一些经济发达的国家已建造很多种类型的主动式太阳房。例如,日本于 1956 年建造的柳叶太阳房,该建筑作为私人住宅,建筑面积为 $223m^2$,集热器为铝制管板型,采暖或降温用的集热器面积为 $98m^2$,热水用的集热器为

图 16-12　主动式太阳房

$33m^2$,装有两个储箱的热泵系统。供热时,集热器收集太阳热 $5\sim25℃$,通过循环液传送到低温容器,经热泵升温可达到 $42℃$,并用管道输送到高温储箱。降温时,热泵用高温储箱中的水作降温介质,而把冷却了的水储存于低温储箱。热泵功率为 $2.2kW$。蓄热器容量高温为 $10m^3$,低温为 $4m^3$。

日本兴建较多的太阳房为八崎式,采用具有选择性表面的平板集热器,并配有水-溴化锂吸收式制冷器,建筑面积为 $143m^2$,采用不锈钢管板式集热器,集热面积为 $104m^2$,蓄热器容量为 $6000L$,辅助热源为液化石油气。

2. 被动式太阳房

被动式太阳房(图16-13)是一种经济、有效地利用太阳能采暖的建筑,是太阳能热利用的重要领域,具有重要的经济效益和社会效益。它的推广有利于节约常规能源、保护自然环境、减少污染,使人与自然环境得到和谐的发展。被动式太阳房主要根据当地气候条件,把房屋建造得尽量利用太阳的直接辐射能。它不需要安装复杂的太阳能集热器,更不用循环动力设备,完全依靠建筑结构造成的吸热、隔热、保温、通风等特性来达到冬暖夏凉的目的。

因此,相对而言,被动靠天,即人为的主动调节性差。在冬季遇上连续坏天气时,可能要采用一些辅助能源补助。正常情况下,早、中、晚室内气温差别也很大。但是,对于要求不高的用户,特别是本身没有采暖条件的农村地区,由于它简易可行且造价不高,所以仍然受到欢迎。在一些经济发达的国家,如美国、日本和法国,建造被动式太阳房的也不少。

图 16-13 冰岛的被动式太阳房

我国从 20 世纪 70 年代末开始这种太阳房的研究示范,已有较大规模的推广,北京、天津、河北、内蒙古、辽宁、甘肃、青海和西藏等地均先后建起了一批被动式太阳房。各种标准设计日益完善,并开展了国际交流与合作,受到联合国太阳能专家的好评。

被动式太阳房的类型很多,如果从利用太阳能的方式来划分,大致有以下几种类型。

(1)直接受益窗式。这是让太阳光通过透光材料直接进入室内的采暖形式,是太阳能采暖中和普通房差别最小的一种。冬季阳光通过较大面积的南向玻璃窗,直接照射到室内的地面、墙壁和家具上面,使其吸收大部分热量,因而温度升高。少部分阳光被反射到室内的其他面(包括窗),再次进行阳光的吸收、反射作用(或通过窗户透出室外)。被围护结构内表面吸收的太阳能,一部分以辐射和对流的方式在室内空间传递,另一部分导入蓄热体内,然后逐渐释放出热量,使房间在晚上和阴天也能保持一定的温度。

(2)集热墙式。这种太阳房主要是利用南向垂直集热墙,吸收穿过玻璃采光面的阳光,然后通过传导、辐射及对流把热量送到室内。墙的外表面一般被涂成黑色或某种暗色,以便有效地吸收阳光。

(3)附加阳光间式。这种太阳房是直接受益窗式和集热墙式的混合产物。其基本结构是将阳光间附建在房子南侧,中间用一堵墙(带门、窗或通风孔)把房子与阳光间隔开。实际上,在一天的所有时间里,附加阳光间内的温度都比室外温度高。因此,阳光间既可以供给房间以太阳热能,又可以作为一个缓冲区,减少房间的热损失,使建筑物与阳光间相邻的部分变成温和的环境。由于阳光间可以直接得到太阳的照射和加热,所以它本身就起着直接受益系统的作用。白天，当阳光间内空气温度大于相邻的房间温度时，开门（或窗或墙上的通风孔）将阳光间的热量通过对流传入相邻的房间，其余时间关闭。由两个或两个以上被动式基本类型组合而成的系统称为组合式系统。不同的采暖方式结合使用，就可以形成互为补充的、更为有效的被动式太阳能采暖系统。直接受益窗式和集热墙式两种形式结合而成的组合式太阳房，可同时具有白天自然照明和全天太阳能供热比较均匀的优点。

太阳房应用领域主要有三个方面：民用太阳房、学校太阳房、办公楼。同时，我国北方地区较多采用种植蔬菜和花卉的太阳能温室。全国太阳能温室面积总计约 700 万亩[①]，发挥着较好的经济效益。

我国太阳房的发展存在以下问题。

（1）对太阳房的设计和建造，没有和建筑真正结合起来，没有变成建筑师的设计思想和概念，没有纳入建筑规范和标准，一定程度上影响快速发展和实现商业化。

（2）太阳房的用途还仅局限在采暖保温方面，而利用太阳房去湿降温在国内尚属首次。这里所说的降温同传统意义上空调器的制冷降温有很大区别。它是通过空气在室内的自然循环达到房屋温、湿度的均匀，相对于室外气温有所下降，从而获得凉爽宜人的生活空间，好比在炎热的夏天里人们在树荫下乘凉的感觉。

（3）相关的透光隔热材料、带涂层的控光玻璃、节能窗等没有商业化，使太阳房的建造水平受到限制。

16.4　太阳能光热利用的现状与发展

16.4.1　国际光热发电市场发展趋势

20 世纪 80 年代，在美国和以色列合资的 Luz 公司引领下，全球掀起了光热发电建设的热潮，此后由于技术和政策障碍出现停滞。此后，随着技术的进步和各国对清洁能源需求的增加，光热发电又一次成为新能源领域的热点。根据国际可再生能源署（IRENA）的统计数据，截至 2020 年底，全球光热电站总装机容量已达 6.5GW，其中西班牙的在运光热电站总装机容量为 2304MW，为全球第一；其次为美国，总装机容量为 1758MW。两者合计约占全球光热电站总装机容量的 63%。

16.4.2　我国光热发电现状

我国的太阳能光热发电产业及相关技术的发展起步于 21 世纪初。

2006 年 12 月，国家"863"计划"太阳能热发电技术及系统示范"重点项目正式立项。

2012 年我国自行研发、设计和建设的首座兆瓦级塔式太阳能电站——八达岭太阳能热发电实验电站建成投运。

2016 年 8 月，中控德令哈 50MW 塔式太阳能热发电站实现满负荷发电，是我国第一座正式投入商业运营的塔式太阳能光热电站。

[①]　1 亩＝666.7m²，全书同。

2018 年 6 月,我国首个大型商业化槽式光热电站——中广核德令哈 50MW 光热项目投产,成功填补了我国大规模槽式光热发电技术的空白。

2020 年 6 月,我国首座商业化熔盐线性菲涅尔式光热发电项目——敦煌大成 50MW 熔盐线性菲涅尔式光热电站正式投入商业运行。至此,我国完成了塔式、槽式和菲涅尔式等三种不同技术路线的光热电站的商业化示范项目的建设。

从总体来看,我国光热装机规模远小于风电和光伏,光热产业的发展比较缓慢。

16.4.3 我国光热发电商业化发展建议及展望

1. 做好示范项目经验总结

示范项目的意义在于通过对示范项目的效果验证,形成一批可推广可复制的成熟技术模式,并带动推进整个行业相关领域整体技术产出水平的提高。必须总结已建成的首批示范性光热项目从设计到建设、调试、运维的各个阶段的问题和经验,形成一套标准化技术体系,为后续光热发电的大规模商业化应用奠定坚实的基础。

2. 引导盘活存量光热项目

截至 2021 年年底,我国首批光热示范项目中仍有 13 个项目共计 899MW 处于未完工或停建、缓建状态。针对存量光热项目推进不力的种种原因,有关部门可考虑允许存量项目变更技术方案、股权结构等,在土地、税收等方面给予相关优惠,积极引导建设企业重启项目建设。若这些存量项目能够顺利推进,则我国的光热产业链将得到进一步巩固和发展,光热发电技术也可以再上一个新台阶。

3. 规模化建设促产业升级

光热发电的成本取决于光照条件、技术路线、装机容量、储能方式等多种因素,目前建设成本仍然较高,且降低成本难度大,光热发电的成本削减还需更大程度地规模化生产、应用以及技术进步。我国的光热资源主要集中在内蒙古西部、西藏、青海、新疆、甘肃等地区,相较于抽水蓄能电站,光热储能发电对水资源的需求小,适宜在广袤的沙漠、戈壁和荒漠等土地资源上进行大规模开发。经过多年的研究和示范化光热项目建设,我国已初步具备规模化发展条件。规模化发展光热项目将有效降低其投资成本,促进产业升级,同时带动当地经济发展,成为西北大开发的新引擎。

4. 优先发展多能互补项目

在我国"碳达峰、碳中和"的目标要求下,随着风电和光伏发电平价上网的实现,全国新上风电及光伏项目如雨后春笋般不断增长,但随之而来的调峰能力不足问题也日益显现,弃风弃光现象普遍。特别是在我国西北地区,在规划大型风电或光伏发电项目时,可配套光热发电项目,建设一批"光热+光伏/风电"多能互补示范项目,以光热发电作为调峰手段,通过多种能源的有机整合和集成互补,缓解风光消纳问题。我国已建成的鲁能海西州多能互补集成优化国家示范项目总装机容量为 700MW,其中,光伏发电 200MW,风电 400MW,光热发电 50MW,电储能 50MW,配套建设 330kV 汇集站和国家级多能互补示范展示中心,是世界首个集"风、光、热、储、调、荷"于一体的多能互补科技创新项目。依靠其 50MW 的光热项目和储能电池,该项目完全摆脱了火电调峰实现新能源的 100% 比例外送。将光热与风电、光伏以及储能等深度融合,不仅可以提升新能源电力的品质,提高电网的稳定性,也能有效提高可再生能源发电项目的实际可用效率和应用比例。

5.研究争取更多政策支持

为实现"碳达峰""碳中和"的整体目标,国家已经陆续出台了一系列针对新能源项目建设的支持政策。建设单位需要充分解读各项政策,争取各项奖励、补贴政策,积极使用绿色金融服务,以降低建设成本。此外,随着全国碳排放权交易在上海环境能源交易所正式启动,相关各方可积极开展太阳能光热 CCER(China Certified Emission Reduction,国家核证自愿减排量)项目方法学的研发工作,并推动将其纳入全国碳交易市场,实现碳减排效果的经济效益。此外,可研究将光热项目的上网电价与其配套的储热能力和调峰的作用相关联,以市场化的电价调动光热发电项目参与调峰的积极性。

6.推动光热项目走出国门

光热发电项目不仅适宜在我国西北的大部分地区建设,在全球其他国家和地区也有广阔的市场。2018 年 4 月,上海电气成功签订全球最大的光热电站项目——迪拜 700MW 光热发电项目总包合同,标志着我国光热项目建设成功迈向国际化。积极应对全球气候变化、推动绿色低碳可持续发展,已成为全球各国的共识。光热发电作为一种纯绿色的清洁能源,可以作为推进绿色"一带一路"建设,加快"一带一路"投资合作绿色转型的有力补充,进而有效带动我国绿色低碳技术和产品走出去。

学习笔记

第17讲 风能的应用

空气流动所形成的动能称为风能。风能是太阳能的一种转化形式。

由于太阳辐射造成地球表面各部分受热不均匀，引起大气层中压力分布不平衡，在水平气压梯度的作用下，空气沿水平方向运动形成风。

风能是可再生的清洁能源，储量大、分布广。但它的能量密度低，只有水能的 1/800，并且不稳定。在一定的技术条件下，风能可作为一种重要的能源得到开发和利用。风能利用是综合性的工程技术，通过风力机将风的动能转化为机械能、电能和热能等。

据估计到达地球的太阳能中，虽然只有大约 2% 转化为风能，但其总量仍是十分可观的。全球的风能约为 2.74×10^9 MW，其中可利用的风能为 2×10^7 MW，比地球上可开发利用的水能的总量还要大 10 倍。

17.1 风能概述及特点

17.1.1 风能概述

风能（wind energy）是因空气流做功而提供给人类的一种可利用的能量，属于可再生能源（包括水能、生物能等）。空气流具有的动能称为风能。空气流速越高，动能越大。人们可以用风车把风的动能转化为旋转的动作去推动发电机，以产生电力，方法是透过传动轴，将转子（由以空气动力推动的扇叶组成）的旋转动力传送至发电机。

现代利用涡轮叶片将气流的机械能转为电能而成为发电机。在古代则利用风车将收集到的机械能用来磨碎谷物和抽水。

风力被使用在大规模风农场和一些供电被隔绝的地点，为当地的生活和发展做出了巨大的贡献。

数千年来，风能技术发展缓慢，也没有引起人们足够的重视。但自 1973 年世界石油危机以来，在常规能源告急和全球生态环境恶化的双重压力下，风能作为新能源的一部分才重新有了长足的发展。风能作为一种无污染和可再生的新能源，有着巨大的发展潜力。特别是对沿海岛屿、交通不便的偏远山区，地广人稀的草原牧场，以及远离电网和近期内电网还难以达到的农村、边疆，作为解决生产和生活能源的一种可靠途径，风能有十分重要的意义。即使在发达国家，风能作为一种高效清洁的新能源，也日益受到重视。

现在我国海上风力发电产业发展计划以山东和江苏作为建设的重点，同步加快浙江、上海和河北等地区的建设。然而，我国海上风电技术还不够成熟，还不能在沿海地区的风力条件比较恶劣的环境下进行工作，海上风电技术还需要不断地发展，还有很大的发展前景。因此,我国现在风电产业主要还是重点发展陆上风电。虽然我国东北、华北、西北等风力资源丰富的地区已经进行了大量的开发,但是南方还有很多低风速区域有待发展。我国风电产业的发展已经在从以前的集中式发展转变为集中式建设和分布式开发共同发展。

风能目前作为除水能外的最可实现市场化运营的清洁能源,已经得到了世界主要国家与地区的认可。风电在世界发达国家与地区中已经实现了大规模的产业化运营,且风电不会产生大的环境污染。

目前国际上风电机组技术的创新很快,主要有以下三个特点。

(1) 更大的单机容量,目前国际上主流的风电机组已达到 $2\sim3MW$。

(2) 新型机组结构形式和材料,最新主流技术为变桨变速恒频和无齿轮箱直驱技术。

(3) 开始对海上专用风电机组的探索。

17.1.2 风能的特点

1. 优点

风能为洁净的能量来源。风能设施日趋进步,大量生产降低成本,在适当地点,风力发电成本已低于其他发电机。风能设施分布在各地,不占用道路,不妨碍建筑和其他设施,可有效保护陆地和生态。风力发电是可再生能源。

2. 缺点

风力发电在生态上的问题是可能干扰鸟类,如美国堪萨斯州的松鸡在风车出现之后已渐渐消失。目前的解决方案是离岸发电,虽然离岸发电价格较高但效率也很高。

在一些地区,风力发电的经济性不足,许多地区的风力有间歇性,更糟糕的情况是如中国台湾等地在电力需求较高的夏季及白日是风力较少的时间,必须等待压缩空气等储能技术发展。

风力发电需要大量土地兴建风力发电场,才可以生产出比较多的能源。

进行风力发电时,风力发电机会发出巨大的噪声,所以要找一些空旷的地方来兴建。

现在的风力发电技术还未成熟,还有相当大的发展空间。

3. 限制及弊端

风能利用存在一些限制及弊端。

(1) 风速不稳定,产生的能量大小不稳定。

(2) 风能利用受地理位置限制严重。

(3) 风能的转换效率低。

(4) 风能是新型能源,相应的使用设备也不是很成熟。

(5) 地势比较开阔、障碍物较少的地方,或地势较高的地方,适合用风力发电。

17.2 风力发电系统概述

17.2.1 风力发电系统原理

把风的动能转变成机械动能,再把机械动能转化为电力动能,这就是风力发电。风力发电的原理是利用风力带动风车叶片旋转,再透过增速机将旋

教学视频:
风力发电系
统概述

转的速度提升来促使发电机发电。依据风车技术,大约是 3m/s 的微风速度,便可以开始发电。风力发电正在世界上形成一股热潮,因为风力发电不需要使用燃料,也不会产生辐射或空气污染。

风力发电所需要的装置称作风力发电机组(图 17-1 和图 17-2)。这种风力发电机组大体上可分风轮(包括尾舵)、发电机和塔筒三部分。

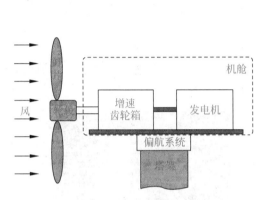

图 17-1　风力发电机组的组成一

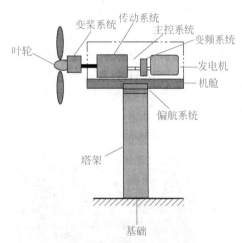

图 17-2　风力发电机组的组成二

【注】　大型风力发电站基本上没有尾舵,一般只有小型(包括家用型)才会拥有尾舵。

风轮是把风的动能转变为机械动能的重要部件,它由若干只叶片组成。当风吹向桨叶时,桨叶上产生气动力驱动风轮转动。桨叶的材料要求强度高、重量轻,多用玻璃钢或其他复合材料(如碳纤维)来制造。还有一些垂直风轮,S 形旋转叶片等,其作用也与常规螺旋桨型叶片相同。

由于风轮的转速比较低,而且风力的大小和方向经常变化,这又使转速不稳定。所以,在带动发电机之前,还必须附加一个把转速提高到发电机额定转速的齿轮变速箱,再加一个调速机构使转速保持稳定,再连接到发电机上。为保持风轮始终对准风向以获得最大的功率,还需在风轮的后面装一个类似风向标的尾舵。

铁塔是支撑风轮、尾舵和发电机的构架。它一般修建得比较高,为的是获得较大的和较均匀的风力,又要有足够的强度。铁塔高度视地面障碍物对风速影响的情况,及风轮的直径大小而定,一般在 6~20m 范围内。

发电机的作用是把由风轮得到的恒定转速,通过升速传递给发电机构均匀运转,因而把机械动能转变为电能。

17.2.2　风力发电系统的种类

尽管风力发电机多种多样,但归纳起来可分为两类:第一类是水平轴风力发电机,风轮的旋转轴与风向平行;第二类是垂直轴风力发电机,风轮的旋转轴垂直于地面或者气流方向。

1. 水平轴风力发电机

水平轴风力发电机是风力发电机中的一种(图 17-3),装置有风向传感元件及伺服电动机,可分为升力型和阻力型两类,可以集中气流,增加气流速度。

升力型风力发电机旋转速度快,阻力型旋转速度慢。对于风力发电,多采用升力型水平轴风力发电机。大多数水平轴风力发电机具有对风装置,能随风向改变而转动。对于小型风力发电机,这种对风装置采用尾舵,而对于大型的风力发电机,则利用风向传感元件及伺服电机组成的传动机构。

风轮在塔架前面的风力机称为上风向风力机,风轮在塔架后面的风力机则称为下风向风力机。水平轴风力发电机的样式很多,有的具有反转叶片的风轮;有的在一个塔架上安装多个风轮,以便在输出功率一定的条件下减少塔架的成本;还有的水平轴风力发电机在风轮周围产生旋涡,集中气流,增加气流速度。

2. 垂直轴风力发电机

垂直轴风力发电机(图 17-4)在风向改变的时候无须对风,它在这点相对于水平轴风力发电机具备一定优势,不仅使结构设计简化,而且减少了风轮对风时的陀螺力。

图 17-3　水平轴风力发电机

图 17-4　垂直轴风力发电机

垂直轴风力发电机主要分为阻力型和升力型。阻力型垂直轴风力发电机主要利用空气流过叶片产生的阻力作为驱动力,而升力型垂直轴风力发电机则利用空气流过叶片产生的升力作为驱动力。由于叶片在旋转过程中随着转速的增加而阻力急剧减小,升力反而会增大,所以升力型垂直轴风力发电机的效率要比阻力型高很多。

目前升力型垂直轴风力发电机采用空气动力学原理,针对垂直轴旋转的风洞模拟,叶片选用了飞机翼形形状,在风轮旋转时,它不会因变形而改变效率等;它由垂直直线 4～5 个叶片组成,由 4 角形或 5 角形的轮毂固定、连接叶片的连杆组成的风轮,由风轮带动稀土永磁发电机发电,送往控制器进行控制,输配负载所用的电能。

随着科技的发展,垂直轴风力发电机组以其设计方法先进、风能利用率高、启动风速低、基本不产生噪声等优点,已经逐渐重新被人们认识和重视,具有广泛的市场应用前景。

17.3　风光互补发电系统

17.3.1　风光互补发电系统的诞生

随着能源危机日益临近,新能源已经成为今后世界上的主要能源之一,风光互补系统应运而生。由于太阳能与风能的互补性强,风光互补发电系统在资源方面弥补了风电和光电独立系统的缺陷。同时,风电和光电系统在蓄电池组和逆变环节可以通用,所以能降低风光互补发电系统的造价,系统成本趋于合理。

17.3.2　风光互补发电系统的组成

风光互补电站又称为分布式风光互补电站,采用风光互补发电系统。风光互补电站系统主要由风力发电机、太阳能电池方阵、智能控制器、蓄电池组、多功能逆变器、电缆及支撑和辅助件等组成一个发电系统(图 17-5),将电力并网送入常规电网中。夜间和阴雨天无阳光时由风能发电,晴天由太阳能发电,在既有风又有太阳的情况下,两者同时发挥作用,可实现全天候的发电功能,比单用风机和太阳能更经济、科学、实用。

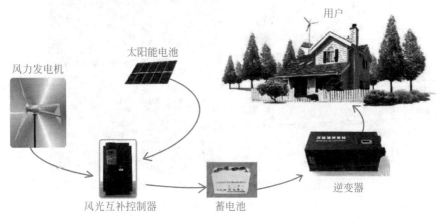

图 17-5　风光互补发电系统

17.3.3　风光互补发电系统的特点及适应场合

风光互补发电系统具有以下特点。

(1) 风力系统和光伏系统相互独立,可自行控制,避免发生大规模停电事故,安全性高。

(2) 该系统可弥补大电网稳定性的不足,在意外发生时继续供电,成为集中供电不可或缺的重要补充。

(3) 可对区域电力的质量和性能进行实时监控,非常适合向农村、牧区、山区,以及发展中的大、中、小城市或商业区的居民供电,大幅度减小环保压力。

(4) 输配电损耗低,甚至没有损耗,不用建配电站,可降低或避免附加的输配电成本,土建和安装成本低。

(5) 调峰性能好,操作简单。

(6) 由于参与运行的系统少,启停快速,便于实现全自动作业。

此发电系统适用于道路照明、农业、牧业、种植、养殖业、旅游业、广告业、服务业、港口、山区、林区、铁路、石油、部队边防哨所、通信中继站、公路和铁路信号站、地质勘探和野外考察工作站及其他用电不便地区。

17.4　太阳能风光互补路灯

风光互补路灯(图 17-6)是利用风能和太阳能进行供电的智能路灯,同时兼具风力发电和太阳能发电两者的优势,为城市街道路灯提供稳定的电源,可应用于道路照明、景观照明、交通监控、通信基站、学校科普、大型广告、家庭供电等各个方面,以及海水淡化、城市景观、科普教育、微波通信、军营哨所、海岛高山、戈壁草原、森林防火、防空警报、偏远农村等地域范围。

图 17-6　风光互补路灯

17.4.1　太阳能风光互补路灯的特点

太阳能风光互补路灯具有以下特点。

(1) 风光一体,把风能和太阳能转化为电能,用自然的可再生能源,取之不尽、用之不竭,两者互补性强,稳定性高。

(2) 适用范围广泛、适应性强、实用性强,且无污染、无噪声、无辐射。

(3) 只要一次性投入,便可实现持续性产出,且使用寿命长,可以说是无限产出,不用市电,长期受用,零维护。

(4) 安装简洁,无须架线或"开膛破肚"施工,无停电、限电顾虑。

(5) 12V 电压,绝无触电、火灾等意外事故,具有较高的安全性。

(6) 独立自主知识产权,科技含量高,控制系统智能化,性能稳定可靠,寿命长达 15～20 年。

(7) 适应性强,且适用范围广,风光互补可以克服环境和负载的限制,应用范围十分广泛。

17.4.2　太阳能风光互补路灯功能的优势

风光互补路灯采用高性能大容量免维护铅酸电池,可以为风光互补路灯提供充足的电能,保证阴雨天时 LED 风光互补路灯光源的亮灯时间,大幅提升系统的稳定性。它的主要优势主要有以下几个方面。

(1)节能减排,节约环保,无后期大量电费支出,资源节约型和环境友好型社会正成为大势所趋。对比传统路灯,风光互补路灯以自然可再生的太阳能和风能为能源,不消耗任何非再生性能源,不向大气中排放污染性气体,致使污染排放量降低为零。长久下来,对环境的保护不言而喻,也免除了后期大量支出的电费成本。

(2)免除电缆铺线工程,不用进行大量供电设施建设。市电照明工程作业程序复杂,缆沟开挖、敷设暗管、管内穿线、回填等基础工程需要大量人工;同时,变压器、配电柜、配电板等大批量电气设备也要耗费大量财力。风光互补路灯则简单得多,每个路灯都是单独个体,不用铺缆,也不需要大批量电气设备,省人力又省财力。

(3)个别损坏不影响全局,不受大面积停电影响。由于常规路灯是电缆连接,很可能会因为个体的问题而影响整个供电系统;风光互补发电路灯则不会出现这种情况。分布式独立发电系统中,个别损坏路灯不会影响其他路灯的正常运行,即使遇到大面积停电,也不会影响照明,因此大幅降低不可控的损失。

(4)节约大量电缆开销,更免受电缆被盗的损失。在电网普及不到的偏远地区安装路灯,架线安装成本高,并会有严重的偷盗现象。一旦电缆被盗,将影响整个电力输出,损失巨大。使用风光互补路灯则不会有此顾虑,每个路灯是独立的,免去电缆连接,即使发生偷盗现象也不会影响其他路灯的正常运作,将损失降到最低。

(5)智能控制,免除人工操作,施工简单,维护方便。风光互补路灯由智能控制器控制,可分为时控、光控两种自动控制方式,兼具安全性和经济性;自身独立一体的供电系统,不受大面积电路施工干扰,工序简单,工期短,维护更加方便。

(6)城市亮化。作为新兴的能源系统,风光互补路灯可节约成本,提高系统的稳定性,还能起到一定的亮化作用。在传统能源占据大部分市场的今天,新能源无疑成为城市和社区的一大亮点。

全球的大气污染相当严重,利用新能源,可有效提高人们的节能意识,使我们的生活更加优质和节能。太阳能风光互补路灯给我们的生活带来了很多便利、快捷和舒适之处,但是风光互补路灯的缺点也同样明显。如今政府大力提倡节能减排,各级政府及企业为了完成减排指标,花费大量资金和人力投入新能源的开发,带来经济的压力,而且太阳能风光互补路灯在应用过程中存在故障率高、噪声大、灯光亮度低、人为损坏严重、维修不及时等较为严重且亟待解决的问题。这里涉及技术、设计、安装等多个环节,要完善解决此问题,还有较长的路要走。

17.4.3 太阳能风光互补路灯系统结构

风光互补路灯主要由风力发电机、风光互补控制器、太阳能电池板、蓄电池以及 LED 灯组成,见图 17-7。

风光互补路灯可根据不同的气候环境配置不同型号的风力发电机,在有限的条件内以达到风能利用最大化为目的。

太阳能电池板采用目前转换率最高的单晶硅太阳能电池板,可大幅提升太阳能的发电效

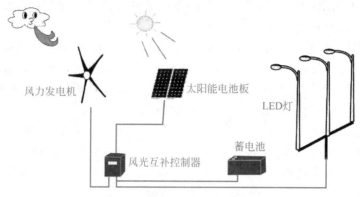

图 17-7　风光互补路灯结构图

能,有效改善当风资源不足的情况下,太阳能电池板因转换率不足,导致充电不足,无法保证正常亮灯的问题。

风光互补路灯控制器是风光互补灯系统内最主要的部件,充当对其他部件发号指令与协同工作的主要作用。风光路灯互补控制器集光控亮灯、时控关灯、自动功率跟踪、自动泄荷、过充过放保护功能于一身,性能稳定可靠,得到业界的一致好评。

风光互补跟灯采用高性能大容量免维护胶体电池,为其提供充足的电能,可以保证阴雨天时 LED 风光互补路灯光源的亮灯时间,大幅提升系统的稳定性。

17.5　风电综合信息化系统解决方案

为了加强对各个风电场的管理,使风电集团能够直观、动态、综合地掌握下属各风电场生产一线的情况,杜绝风电机组运行和生产经营数据的错报、迟报、漏报,同时便于进行数据统计、分析及提供技术支持,力控科技为许继许昌风电科技有限公司在总部建设了一套风电场生产数据采集、监测、储存、分析、展现系统,以便风电集团能及时获取风电场生产及风电机组运行状态的信息,为集中监测、故障分析、技术支持、经营决策等提供及时、准确的数据基础。

17.5.1　集团调度中心系统建设

1. 调度中心系统平台

调度中心信息化平台(图 17-8)由实时服务器、历史服务器、Web 服务器、决策分析服务器、报警服务器,以及各种辅助系统组成。

1)实时服务器

实时服务器主要为系统提供实时数据管理支撑,主要负责处理、存储、管理电站采集传来的实时数据,并为网络中的其他服务器和工作站提供实时数据。实时数据存放在实时数据库中,实时服务器中运行通信管理软件,完成与分布式光伏电站通信连接、协议转换、网络管理等任务。

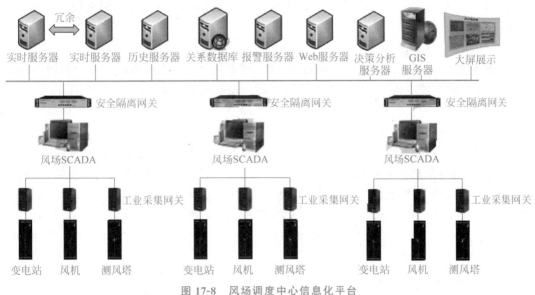

图 17-8 风场调度中心信息化平台

实时服务器软件平台采取冗余架构,两台服务器互为设备,通过实时心跳监测监控服务器的运行状态,一旦主机发生问题,副机可在最短时间内切换。

2)历史服务器

历史服务器主要用来完成历史数据的存储、管理,并为网络中的其他服务器和工作站提供数据服务,能自动恢复通信中断期间的数据。

历史服务器作为应用统计分析的数据支撑,同样配备力控科技 pSpace Server 软件平台。历史数据库通过磁盘阵列实现硬冗余。

3)Web 服务器

Web 服务器是实时监控系统与管理应用系统之间的衔接服务器。实时监控系统将有关信息写入 Web 服务器,并实时更新。Web 服务器在管理信息网络中以网站的形式出现,它既为管理系统提供生产信息,也避免了与生产实时监控系统等无直接关系的计算机直接访问实时监控系统服务器。

4)决策分析服务器

决策分析服务器是管控一体化信息平台的重要组成部分,此次在方案设计中将决策分析服务器单独设置,可以更为直观地反映集团各风电场的实时动态数据和历史数据。通过力控科技软件决策分析系统,可根据用户需求集成多种运算统计功能,并且可插入曲线、棒图、饼图等多种数据展现形式。

5)报警服务器

报警服务器主要用于系统报警服务及故障事件查询追溯,当系统运行过程中出现设备故障、网络故障、电力系统故障等情况时,首先可以通过声光、语音、弹窗等方式第一时间通知工作人员,并且可以通过短信、电话方式直接将故障信息发送给一线维修人员,并且结合 GIS 地理信息系统和视频系统,在调度中心大屏幕上显示出具体的报警区域,可通知现场人员第一时间了解事故现场情况,及时做出响应。

同时,软件在运行时可以自动记录系统状态变化、操作过程等重要事件,并且提供查询追溯功能。一旦发生事故,可就此作为分析事故原因的依据,为实现事故追诉提供坚实的基础资料。

2. 网络系统

考虑到集团各个风场的地理分布情况,本系统采用 VPN 的网络模式或者集团专用网络,组建大型网络的应用。虚拟私有网络 VPN(virtual private network)出现于 Internet 盛行的今天,它几乎使企业网络无限延伸到地球的每个角落,从而以安全、低廉的网络互联模式为包罗万象的应用服务提供了发展的舞台。

当风场 SCADA 与调度中心出现通信故障时,为保证数据的完整性,风场 SCADA 平台加装力控科技通信组件 Comm Server,该组件可实现断线缓存功能。通信恢复后,可将故障时段缓存的数据继续上传至调度中心信息平台,从而避免数据流失。

Comm Server 组件支持力控软件以各种网络方式互相通信,比如 RS-232/485/422、无线电台、电话轮巡拨号、GSM、GPRS、CDMA、以太网等方式,实现与其他节点力控软件的通信。该组件具有以下特性。

(1) 具备分组和地址概念,不同节点力控可相互寻址。

(2) 支持多个客户端同时进行访问该组件的服务器。

(3) 具备故障恢复功能,通信中断时具备断线缓存功能。

(4) 直接将离开区域数据库的数据进行发送,提高系统效率。

(5) 第三方程序通过开放协议可以多种网络方式直接访问力控实时数据库。

3. 安全系统

为提高系统的稳定性、可靠性、可用性,在中心系统的建设中,构建双重网络冗余,可以提高底层通信的稳定性。同时,考虑网络安全性,配备工业隔离安全网关 pSafety Link,所有风场 SCADA 均通过安全隔离装置进入调度中心平台。pSafety Link 以标准协议进行数据交换,把数据送入中心冗余数据库服务器,信息网络与控制网络实现互联时,如何保证过程控制网络的安全就成了一个严峻的问题。一旦实现信息网络与控制网络之间的互联,就相当于将控制网络直接暴露给外网,从而面临被攻击的可能。pSafety Link 是一种专为工业网络应用设计的防护设施,用于解决工业 SCADA 控制网络如何安全接入信息网络(外网)的问题。它与防火墙等网络安全设备不同的地方是它可以阻断网络的直接连接,只完成特定工业应用数据的交换。由于没有网络,攻击就没有了载体,如同网络的"物理隔离"。由于目前的安全技术,防火墙、UTM 等防护系统都不能保证攻击的一定阻断,入侵监测等监控系统也不能保证入侵行为能完全被捕获,所以最安全的方式就是物理意义上的分开。

力控风电场综合管理信息化平台采用完全的分布式架构体系,各种应用服务器与数据服务器相对独立运行。这种完全分布式的架构极大地提升了系统运行的稳定性、可靠性。

17.5.2 风场 SCADA 系统建设

各风场部署通信服务器(图 17-9)采集各风场 SCADA 系统各电气参数,以及其他设备运行参数、辅助系统(如气象系统)等信息,上传至调度中心服务器。

各风场站控级 SCADA 系统可实现风场各电气量,以及风机设备运行参数的监控。

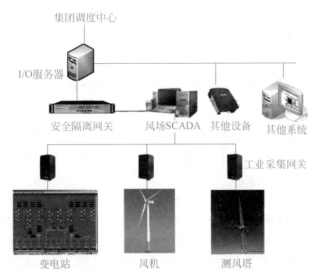

图 17-9　风场部署通信服务器

SCADA 软件通过标准协议直接与风机 PLC 进行通信,兼容巴合曼、倍福、贝加莱、西门子等风电常用 PLC。SCADA 软件与风机的通信变量满足软件功能,并根据甲方主控系统特点进行设计,包括变量的地址、数据类型、单位等。SCADA 软件将从风机 PLC 读取记录文件,并分类存储在监控计算机上。

风场 SCADA 系统可采用冗余服务器,负责汇总风机、变电站等的数据,可以通过风电场 SCADA 系统了解设备的工艺控制,如变电站和风机的工艺流程及主要生产数据。通过监管画面,客户和管理者还可以看到风电场的气象状况,如平均风速、气温;生产情况,如总发电功率;设备情况,如运行机组数量、备用机组数量、故障机组数量等;还可以深入监视每一个风轮的实时风速、发电功率、设备状况(运行、备用、故障)等,以及变电升压站的各项电气数据,如母线电压、电流、功率因数等。

生产监控系统和集团综合信息化系统之间加装网络隔离装置(俗称网闸),隔离生产网络和信息网络,可以杜绝网络风暴、网络恶意程序等的危害,同时启用交换机的访问控制、防火墙等功能,为计算机的访问设定相应的权限。

1. 生产数据实时采集

每个风电场的数据采集部分可以分为风机、电控、变电站、测风塔部分。远程控制系统的主机通过通信系网关将各类风电机的运行状态、运行数据、报警代码等内容采集并汇总到远程控制系统中,通过远程控制系统的软件处理,将风电机运行状态、运行数据、报警代码等内容显示在同一个画面中。

2. 基于地理背景的监视图

该系统可以直观地显示风电公司下属的所有风电场、各风电场设备设施(如风机、测风塔、变电厂等)的地理分布示意图。用户可以在地理图上直接显示各风电场的主要运行数据,可以通过选择特定风电场节点对该风电场的主要数据进行监控,并可作为导航节点直接进入指定风电场来进行更进一步的操作。

3. 数据存储和查询

风电运维中心软件历史数据库采用独特的压缩技术和二次过滤技术,使进入数据库的数据经过最有效的压缩,可极大地节省硬盘空间。选择变化保存并加上二次过滤条件,每秒1万点数据存储一年,仅需要 6GB 的空间,即一只普通硬盘也可存储 5~10 年的数据。同时,实时数据库 pSpace 采用独特的查询方式,用户可以很快捷地从数据库中查询历史数据,方便管理和分析数据。

4. 控制功能

风电场综合信息管理系统可以远程监控现场,就像值班人员在现场控制风电机的状态一样。远程控制系统根据预设的参数,将不同编号风电机的控制指令送到不同风电场中控室不同的主机上,再通过不同风电机系统的主机将控制信号送到所控制的风电机中。

5. 决策与分析

可以搭建数据总结分析和辅助决策工具平台,进行历史趋势分析,如年、月、日各气象趋势和发电量曲线,进行设备质量和运行寿命分析,如单机生产和配套厂家、检修后运行时间、设备可利用率等的统计,从而为与生产指标相关的各项计划、采购、检修等活动提供和费用控制提供统计依据。通过分析风速与风机发电量的关系,即风机实时功率曲线,判断风机的能量转化效率,探索影响风力发电效率的各项因素,如结冰、雾、雨水、温度、风速、风向等环境因素的影响。

6. 报警与事件管理

支持传统的声光报警、语音文件报警;支持操作人员报警确认管理机制;报警具有容易引起警觉的声响输出,具有语音提示功能;报警显示可由操作员抑制或消除;对过程变量超限数值,应给出警告、危险二级报警。

7. 风玫瑰图组件

该系统可根据用户输入的开始时间和结束时间,统计这一时间段内的风速、频次、功率、风速立方的情况,并根据数据在刻度盘上画扇形,直观反映某一地点、某一时间段内,风速、频次、风速立方和功率的情况。

8. 风电设备管理

通过系统设备管理信息统计显示,优化机组运行、降低机组寿命损耗有助于减少更换设备的费用,维持机组的可靠性和发电产出,量化机组当前运行工况下的寿命损耗率、评估运行工况变化对设备寿命的影响。优化运行是降低延长设备寿命风险的最佳方法。监测温度、压力、负荷,并将实时信息转换成蠕变、疲劳损伤系数。

用各种监测、测量、监视、分析和判断方法,结合设备的历史和现状,考虑环境的因素,对设备的运行状态进行评估,判别其是否处于正常、异常和故障状态,并对状态进行显示和记录,对异常状态做出报警,以便及时处理,为分析设备故障提供数据和信息。

9. 用户权限管理

系统提供了完备的安全保护机制,以保证生产过程的安全可靠。力控的用户管理具备多个级别,并可根据级别限制对重要工艺参数的修改,以有效避免生产过程中的误操作。系统在运行过程中,常会提出远程管理整个系统用户的需求,并且要求可以随时增加和删除用户,信息平台软件对此提供了远程用户登录和管理功能。

17.6 风力发电的发展趋势

风力作为一种重要的清洁能源,已经成为全世界关注的重点,且该产业发展有以下趋势。

(1)单机容量呈大型化发展。为提高风能的利用率,降低风电场的面积,提高风电的经济效益,大容量风电机组成为未来风电发展的趋势。

(2)变浆距将成为发展主流。风能具有随机性和不稳定性,要求在风度发生变化时,发电设备可以通过改变风轮的浆距角,使叶尖速比保持在最佳状态。在电网发生故障需要紧急停机时,可以通过调整叶轮浆距角降低风能的转化,从而优化停机策略,并且配合低电压穿越控制。

(3)变速恒频直驱永磁同步发电机系统将成为发展的主流。双馈风机具有控制性能好且成本较低的优势,已经占领了风电市场。直驱电机的使用,提高了系统的可靠性,全功率变流技术能够很好地满足低压穿越要求。

(4)海上风电将快速发展。随着风电机组和风电规模的日趋庞大,风电设备的运输和选址受到限制,加上海上风力资源极为丰富,使得海上风电场将成为风电发展的另一重要方向。

学习笔记

第18讲 地源热泵系统

地源热泵的概念最早在 1912 年由瑞士的专家提出,而这项技术的提出始于英、美两国。北欧国家主要偏重于冬季采暖,而美国则注重冬夏联供。我国的情况跟美国比较类似。

地源热泵是陆地浅层能源通过输入少量的高品位能源(如电能等)实现由低品位热能向高品位热能转移的装置。通常地源热泵消耗 $1kW \cdot h$ 的能量,用户可以得到 $4kW \cdot h$ 以上的热量或冷量。

冬季采暖时,从地下土壤中吸收热量通过载体(水)将热量释放到室内,满足室内供热与采暖的需求,此时地能为"热源"。

夏季制冷时,从室内吸收热量通过载体将热量释放到地下土壤中储存起来,同时载体得到冷却,从而实现对室内进行降温,此时地能为"冷源"。

18.1 地源热泵系统概述

18.1.1 地源热泵系统组成

教学视频:
地源热泵系
统概述

地源热泵系统由三部分组成(图 18-1),即室外地源换热系统、地源热泵主机系统和室内末端系统。

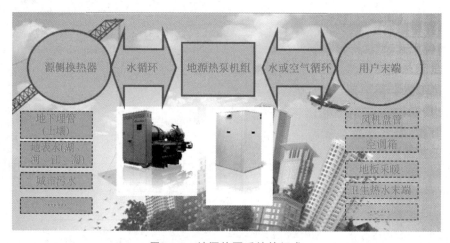

图 18-1 地源热泵系统的组成

(1) 室外地源换热系统也称为地源热泵室外地埋管道系统,其功能主要实现地源热泵机组与地下换热,可以将其理解为一个巨大的换热器。它通过地埋管道内的媒介水的循环流动,夏天将地下冷量置换输送到室内,冬天将地下热量输送到室内,从而实现制冷供暖。

（2）地源热泵主机系统一般安装在室内机房里,其作用主要通过压缩机做功,夏天将地埋管换热以后的循环水温降低,冬天将循环水温升高,满足室内制冷供暖的需要。地源热泵主机的正常寿命可达 15 年以上。

（3）室内末端系统就是使用地下冷源或热源的用户。这些用户包括风机盘管、空调箱、采暖用的地板及卫生热水末端。

在地源侧换热器中,作为介质的水与地源侧的冷(热)源进行热量交换,得到冷(热)量的介质水流回地源热泵机组中,在机组中进行热交换,将介质水获得的冷(热)量交换给用户末端,流过来交换热量的水或空气。这时,介质水获得的冷(热)量已经没有了,所以重新流回地源侧换热器中进行热交换,往复循环。而获得冷(热)量的用户端的水或空气将获得的冷(热)量交换给需要的风机盘管、空调箱等,交换完后,又回热泵机组中循环进行热量交换。

18.1.2　地源热泵工作原理

在自然界中,水总是由高处流向低处,热量也总是从高温传向低温。人们可以用水泵把水从低处抽到高处,实现水由低处向高处流动,热泵同样可以把热量从低温处传递到高温处。

所以,热泵实质上是一种热量提升装置,工作时,它本身消耗很少的电能,却能从环境介质(如水、空气、土壤等)中提取 4～7 倍电能的装置,提升温度进行利用,这也是热泵节能的原因。

地源热泵是热泵的一种类型,是以大地或水为冷热源对建筑物进行冬暖夏凉的空调技术,地源热泵只是在大地和室内之间"转移"能量。利用极小的电力来维持室内所需要的温度。

热泵机组装置(图 18-2)主要由压缩机、蒸发器、冷凝器和膨胀阀四部分组成。通过让液态工质(制冷剂或冷媒)不断完成蒸发(吸取环境中的热量)→压缩→冷凝(放出热量)→节流→再蒸发的热力循环过程,从而将环境里的热量转移到水中。

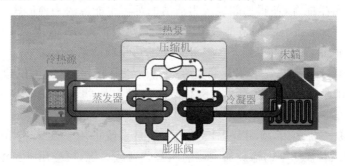

图 18-2　热泵空调工作原理

（1）压缩机起着压缩和输送循环工质从低温低压处到高温高压处的作用,是热泵(制冷)系统的心脏。

（2）蒸发器是输出冷量的设备,它的作用是使经节流阀流入的制冷剂液体蒸发,以吸收被冷却物体的热量,达到制冷的目的。

（3）冷凝器是输出热量的设备，从蒸发器中吸收的热量连同压缩机消耗功所转化的热量在冷凝器中被冷却介质带走，达到制热的目的。

（4）膨胀阀或节流阀对循环工质起节流降压作用，并调节进入蒸发器的循环工质流量。根据热力学第二定律，压缩机所消耗的功（电能）起补偿作用，使循环工质不断地从低温环境中吸热，并向高温环境放热，周而往复地进行循环。

在冬天，1kW的电力可将土壤或水源中4～5kW的热量送入室内。在夏天，过程相反，室内的热量被热泵转移到土壤或水中，使室内得到凉爽的空气，而地下获得的能量将在冬季得到利用。如此周而复始，将建筑空间和大自然联成一体，以最小的低价获取了最舒适的生活环境。

在制冷状态下（图18-2），冷媒在蒸发器内蒸发的过程中，将室内的热量吸收至冷媒中，再循环至冷凝器内冷凝释放热量，由循环水路将释放的热量吸收，最终通过室外地能换热系统转移至地下水或土壤里。

在制热状态下（图18-2），由室外地能换热系统吸收地下水或土壤里的热量，通过在蒸发器内的蒸发，将水路循环中的热量吸收至冷媒中，再循环至冷凝器内冷凝释放热量，由空气循环将冷媒所携带的热量吸收。

地源热泵系统中的冷（热）源可以是地下水、江河湖水、水库水、海水、城市中水、工业尾水、坑道水等各类水资源以及土壤源。

18.1.3 地源热泵系统的特点

地源热泵系统具有以下特点。

（1）地源热泵技术属可再生能源利用技术。由于地源热泵是利用了地球表面浅层地热资源（通常小于400m深）作为冷热源，进行能量转换的供暖空调系统。地表浅层地热资源可以称为地能，是指地表土壤、地下水或河流、湖泊中吸收太阳能、地热能而蕴藏的低温位热能。地表浅层是一个巨大的太阳能集热器，收集了47%的太阳能量，比人类每年利用能量的500倍还多。它不受地域、资源等限制，真正是量大面广、无处不在。这种储存在地表浅层近乎无限的可再生能源，使得地能也成为清洁的可再生能源的一种形式。

（2）地源热泵属经济有效的节能技术。其地源热泵的COP值达到4以上，也就是说，消耗1kW·h的能量，用户可得到4kW·h以上的热量或冷量。

（3）地源热泵环境效益显著。其装置在运行时没有任何污染，可以建造在居民区内，没有燃烧，没有排烟，也没有废弃物，不需要堆放燃料废物的场地，且不用远距离输送热量。

（4）地源热泵一机多用，应用范围广。地源热泵系统可用于供暖、空调，还可供生活热水。一套系统可以替换原来的锅炉加空调的两套装置或系统，可应用于宾馆、商场、办公楼、学校等建筑，更适用于别墅住宅的采暖。

（5）地源热泵空调系统维护费用低。地源热泵的机械运动部件非常少，所有的部件不是埋在地下，便是安装在室内，从而可以避免室外的恶劣气候。机组紧凑，节省空间；自动控制程度高，可无人值守。

18.1.4 地源热泵系统的分类

1. 地热能交换系统形式分类

按照地热能交换系统形式的不同,可将地源热泵系统分为以下四类。

(1)水平式地源热泵:通过水平埋置于地表面 2~4m 以下的闭合换热系统,它与土壤进行冷热交换。该系统适合用于制冷供暖面积较小的建筑物,如别墅和小型单体楼。该系统初投资和施工难度相对较小,但占地面积较大。

(2)垂直式地源热泵:通过垂直钻孔将闭合换热系统埋置在 50~400m 深的岩土体与土壤进行冷热交换。该系统适用于制冷供暖面积较大的建筑物,周围应有一定的空地,如别墅和写字楼等。该系统投资较高,施工难度相对较大,但占地面积较小。

(3)地表水式地源热泵:地源热泵机组通过布置在水底的闭合换热系统与江河、湖泊、海水等进行冷热交换。该系统适合用于中小制冷供暖面积,邻近水边的建筑物。它利用池水或湖水下稳定的温度和显著的散热性,不需要钻井挖沟,初投资最小。但需要建筑物周围有较深、较大的河流或水域。

(4)地下水式地源热泵:地源热泵机组通过机组内闭合式循环系统经过换热器与由水泵抽取的深层地下水进行冷热交换。地下水排回或通过加压式泵注入地下水层中。此系统适合建筑面积大、周围空地面积有限的大型单体建筑和小型建筑群落。

2. 按照输送冷热量方式分类

按照输送冷热量方式可分为分散系统、集中系统和混合系统。

(1)分散系统:用户使用自己的热泵、地源和水路或风管输送系统进行冷热供应,多用于小型住宅,别墅等户式空调。

(2)集中系统:热泵布置在机房内,冷热量集中通过风道或水路分配系统送到各房间。

(3)混合系统:用中央水泵,采用水环路方式将水送到各用户作为冷热源,用户单独使用自己的热泵机组调节空气。此系统一般用于办公楼、学校、商用建筑等,可将用户使用的冷热量完全反应在用电上,便于计量,适用于独立热计量要求。

18.2 地源热泵系统的应用案例

某职业学院的地源热泵系统采用土壤源热泵系统作为采暖、空调和生活热水的冷热源。地源热泵机房设在教育技术中心地下一层。

教学视频:
地源热泵系统
的应用案例

18.2.1 地源热泵系统的布置

冷热源机房共选用 4 台螺杆式地源热泵机组,全部采用满液式机组,均达到一级能效要求。其中,2 台型号为 WPS325.2C 的螺杆式地源热泵机组,单台额定制冷量为 1161.7kW,额定制热量为 1108.9kW;1 台型号为 WPS510.3C 的螺杆式地源热泵机组,单台额定制冷量为 1876.3kW,额定制热量为 1794.4kW;1 台型号为 WPS325.2C-HR 的螺杆式地源热泵机组,单台额定制冷量为1161.7kW,额定制热量为1108.9kW,热回收量为1088.3kW(表18-1)。

表 18-1　某学校地源热泵系统热泵机组情况一览表

型　号	数量	额定制冷量/kW	额定制热量/kW	热回收量/kW
WPS325.2C	2	1161.7	1108.9	—
WPS510.3C	1	1876.3	1794.4	—
WPS325.2C-HR	1	1161.7	1108.9	1088.3

土壤源热泵系统制冷工况主机进水温度为12℃,出水温度为7℃。冷却水进水温度为30℃,出水温度为25℃;热水出水温度为55℃。

在集中式地源热泵系统设计中,特别考虑了行政办公类建筑与学生宿舍之间供冷需求时间上(表18-2)的差别。在满足基本供冷需求的情况下,通过白天和夜间分别对行政办公类建筑和学生宿舍分别供冷,整个能源站的装机容量仅为5361.4kW,约为传统独立单休建筑冷源容量的50%,极大地减小了建设初投资和运行用电峰值负荷对城市电网的压力。

表 18-2　行政办公类建筑与学生宿舍地源热泵供冷(热)时间

行政办公类建筑	上班时间	8:00—17:00	供冷(热)时间	8:00—17:00
学生宿舍	开放时间	17:00—8:00(次日)	供冷(热)时间	17:00—8:00(次日)

18.2.2　地源热泵系统的工作流程

整个系统由三个循环(图18-3)组成。循环1是热泵机组内部的循环,这个循环主要负责空调侧和地源侧的热交换;循环2是地源侧循环,这个循环为用户提供冷(热)量;循环3是空调侧循环,从地下土壤获取冷(热)量。

本项目的地源热泵系统布置了若干埋地管,埋地管地源系统是把热交换器埋于地下,通过水在由高强度塑料管(如PE管、PB管等)组成的封闭环路中循环流动,从而实现与大地土壤进行冷热交换的目的。夏季通过机组将房间内的热量转移到地下,对房间进行降温。同时储存热量,以备冬季使用;冬季通过热泵将土壤中的热量转移到房间,对房间进行供暖,同时储存冷量,以备夏季使用。

18.2.3　地源热泵系统的冷热平衡策略

地源热泵应用会受到不同地区、不同用户及国家能源政策、燃料价格的影响;一次性投资及运行费用会随着用户的不同而有所不同;采用地下水的利用方式,会受到当地地下水资源的制约;打井埋管受场地限制比较大,必须有足够的面积用于打井和埋管;设计及运行中对全年冷热平衡有较大要求,要做到夏季往地下排放的热量与冬季从地下取用的热量大体平衡。

夏热冬冷地区的夏季供冷量往往大于冬季供热量,多出的热量可通过冷却塔散去,也可通过余热回收系统,用于供应生活热水,在一定程度上缓解土壤热不平衡的问题。本工程通

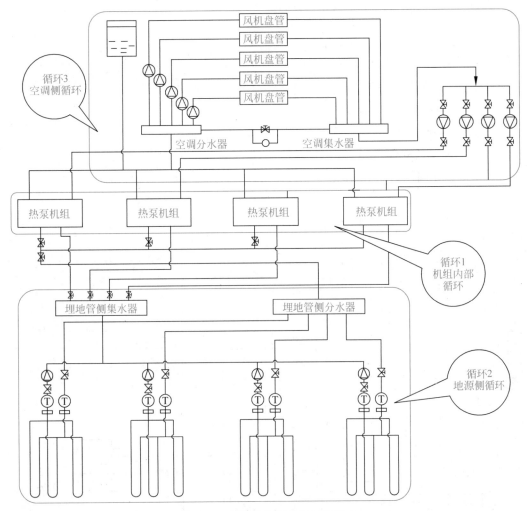

图 18-3 某学校地源热泵系统组成

过冷却塔及生活热水箱的设计(图 18-4),很好地解决了地下岩土的冷热不平衡问题。

混合式土壤源热泵系统的运行控制方案主要有两种方案。

方案一:冬季采用地源热泵机组进行采暖,夏季以土壤源热泵为主,在 3 台土壤源热泵机组全开,地源水泵流量最大,且地源侧的平均回水温度大于 27℃时,开启冷却机组,通过冷却塔进行制冷。这是目前大多数地源热泵系统采取的控制方案。

方案二:冬季采用地源热泵机组进行采暖,夏季始终开启冷水机组,采用冷却塔制冷,当冷却水泵流量最大,且冷却塔的回水温度大于 35℃时,开启地源热泵。这是本工程中地源热泵系统采取的控制方案。

在两种方案运行 10 年的过程中,每个小时的地源侧回水温度仿真结果见图 18-5。

从图 18-5 中可以看出,方案一由于冬季、夏季取排热不平衡,且土壤的恢复期较短等因素的影响,10 年后平均的回水温度升高 4.3℃,无法保证系统的长期稳定运行。方案二中,由于冷却塔始终处于开启状态,不仅基本保证了冬季、夏季取排热的平衡,而且由于土壤的恢复期相对较长,10 年后地源侧回水温度基本没变,可以保证系统的长期稳定运行。

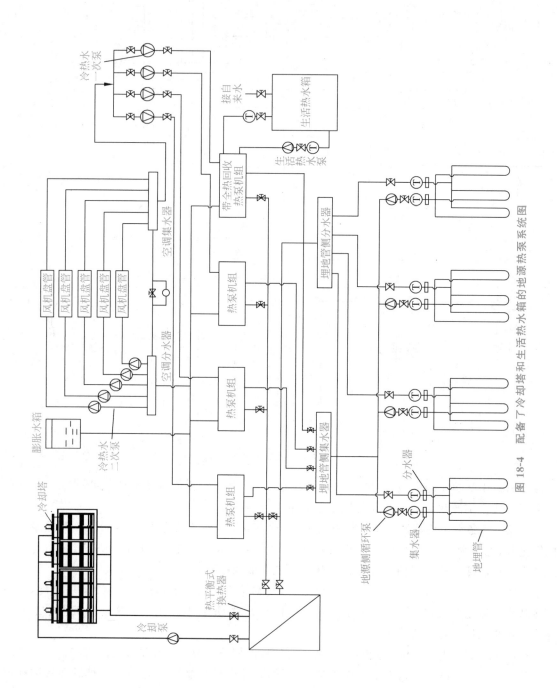

图 18-4 配备了冷却塔和生活热水箱的地源热泵系统图

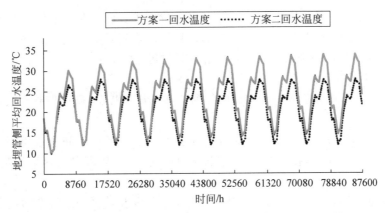

图 18-5　两种方案下系统 10 年内地埋管平均回水温度变化情况

　　在两种控制方案运行 10 年的过程中,冷水机组、热泵机组、循环水泵、冷却水泵和冷热水一次泵的能耗差见图 18-6。在第一年由于土壤温度较低,且冷却塔冷却时冷水机组的能效比要比地源热泵机组低,方案二比方案一的能耗高 0.93%。随着运行时间的增加,方案一的土壤温度不断上升,制热的能效比虽有所提高,但制冷能效比下降得更快。方案二制冷与制热的能效比变化不大,10 年累计的能耗比方案一低 0.8%。由此可以看出,从长期运行的角度看,方案二比方案一要节能,这也可以证明本工程所采用的控制方案的科学性和经济性。

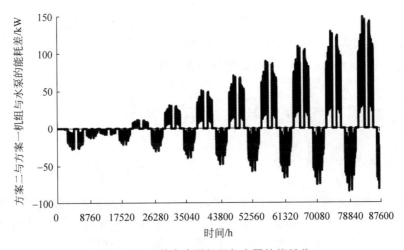

图 18-6　两种方案下机组与水泵的能耗差

　　大规模混合式土壤源热泵系统长期稳定可靠运行,在很大程度上依赖于其控制策略。为了使土壤的温度基本保持不变,最大限度地提高机组的能效比,节约能源,将系统的控制分为工况转换的控制、机组的运行台数控制、地埋管系统的间歇运行控制、冷热水变频控制、土壤热平衡控制五个局部控制系统。通过综合分析评价后,对整个系统进行优化控制,各子系统的优化控制策略如下。

　　1）工况转换的控制策略

　　根据机组的制冷与制热工况,控制系统进行一键式工况阀转换。为防止水系统的泄漏,在工况转换时,先关闭所有的阀门,再对要开启的阀门启动开阀门动作。在工况阀转换过程中,应时刻监测阀的开关状态,如有阀门未开启到位或未关闭到位,则系统报警提示工况转换失败,弹出有故障的设备代号及位置,提醒运行人员进行检修。对已转换的阀,自动恢复关闭状态。待阀门检修完毕后,人工重复工况阀切换操作。

2)节能优化的控制策略

机组的运行台数控制:系统大多数时间处于部分负荷状态,通过控制台数,可以有效地节约系统运行的能耗。

地埋管系统的间歇运行控制:控制各地埋管循环泵的运行时间大致相等,即可为土壤温度的恢复提供间歇时间,提高地埋管与土壤的换热效率,从而提高热泵的制冷(或制热)系数。

冷热水变频控制:根据供、回水的压差调节,对冷热水二次泵进行变频控制,最大限度地节约冷热水二次泵的能耗。

3)土壤热平衡的控制策略

夏季根据热泵机组冷凝器侧的出水温度启动冷却塔,进行冷却水与地埋管循环水的热交换,通过冷却塔将多余的热量散入空气中,减少向土壤的散热,保证土壤的热平衡。同时,可以保证冷凝器侧的进、出水温度不会提高太多,也就可以保证机组的制冷效率。

夏季优先开启全热回收机组,当生活热水箱内温度达到65℃时,关闭热回收系统,作为一般的热泵机组使用。通过全热回收系统,可以在不消耗电能的条件下,仅利用回收的余热来给学生提供生活热水,同时可以减少向土壤的排热,在部分负荷时,为土壤争取到更多的恢复时间。

在冬季晚上用电低峰时,可采用热泵方式制备生活热水,当生活热水箱内温度达到55℃时,关闭热回收系统。这样不仅可以向学生供应生活热水,同时可以节约运行费用,还可以增加对土壤的吸热,使土壤的吸、排热量基本平衡。

18.3 地源热泵行业现状和发展趋势

18.3.1 地源热泵行业现状

地源热泵技术进入我国后得到快速发展,我国地源热泵的安装已超过风力发电和太阳能发电的总和。与风电和太阳能产业相比,地热能利用是一个完全中国生产、中国受益的产业。数据显示,目前我国的地热能主要应用在供暖和温泉洗浴产业。

我国地域辽阔,南北气候相差大。北方供暖需求极大,目前除北京等少数地区采用天然气外,仍以燃煤采暖为主,成为温室气体的主要来源。地源热泵突破了传统的空气源热泵因大气温度偏低导致制热效率太低,从而在我国东北等寒冷地带无法使用的局限,它在我国北方地区的应用前景广泛。在南方,制冷需求大,与传统中央空调相比,地源热泵的效率更高,同样具有节能环保的显著优势。

18.3.2 地源行业发展趋势

地源行业未来发展重点在于浅层地热供暖(供冷)的分布式大型化发展以及"地热能+"

的广泛应用等。

1）地热能＋太阳能

"地热能＋太阳能"互补系统采用智慧能源运行模式。在采暖季，太阳能集热系统将热能与地热井热能并行输送至用户侧直接使用；在春、夏、秋非采暖季，太阳能集热系统将热能输送至地热井中蓄存，用于增加地热井热能，解决了太阳能能流密度低、季节性不平衡、难以跨季储存等问题。

2）地热能＋油井利用

大型石油公司是地热行业重要的合作伙伴，地热项目为油气公司提供绿色转型机遇。其中一个主要机遇就在于废弃或无效的采油和采气井，可以通过可行的方法改造这些井，用于地热能源发电，为化石燃料生产商提供进入可再生能源领域的明确切入点，同时解决如何让这些已耗竭资产安全退出的问题。

目前，我国东部地区多个油田已实施油田地热利用项目，包括原油管道加热、油管清洗、油水分离、房屋采暖、温室大棚以及中、低温地热发电等。这些项目集中在渤海湾盆地的华北油田、胜利油田、中原油田、辽河油田、冀东油田以及松辽盆地的大庆油田。

 学习笔记

绿色建筑的系统集成

第19讲　能源监测与管理系统

19.1　建筑节能与建筑能耗监测系统的相关技术标准

19.1.1　建筑能耗与建筑节能

在我国目前能耗结构中,建筑能源消耗已占我国总商品能耗的 20%～30%。在建筑的全生命周期中,建筑材料和建造过程所消耗的能源一般只占其总能源消耗的 20% 左右,大部分能源消耗发生在建筑物的运行过程中。

我国的建筑运行能耗控制水平,尤其是大型公共建筑的能耗控制水平远低于同等气候条件的发达国家。因此,我国大型公共建筑的节能应该有很大的空间。可通过建立大型公共建筑分项用能实时监控及能源管理系统,采集实际能源消耗数据,结合绿色建筑评价标准,逐步通过管理及技术改造实现建筑节能。

19.1.2　建筑能耗监测系统的相关技术标准

1. 国际标准

《IEEE 工业和商业设施能源管理推荐规程》(IEEE Std 739—1995)是由美国电气电子工程师学会制定的关于工业和商业企业系统中各系统和设备能量消耗监控和管理的指导性建议。该建议通过实施能源审计考察建筑物各设备有无能源浪费现象,并分别对照明系统、空调系统,电机、空压机等系统给出了判断和提高能效的方法。

《IPMVP 国际节能效果测量和认证规程》由国际节能效果测量和认证规程委员颁布,为评估确认能效、节水和可再生能源项目的实施效果提供了最新的技术及方法。

2. 国内标准

为逐步建立能耗统计、能源审计、能效公示、用能定额和超定额加价等标准,提高办公建筑和大型公共建筑节能运行管理水平,住房和城乡建设部于 2008 年 6 月正式颁布了国家机关办公建筑及大型公共建筑能耗监测系统技术导则,包括以下几种。

(1)《国家机关办公建筑和大型公共建筑能耗监测系统分项能耗数据采集技术导则》。

(2)《国家机关办公建筑和大型公共建筑能耗监测系统分项能耗数据传输技术导则》。

(3)《国家机关办公建筑和大型公共建筑能耗监测系统楼宇分项计量设计安装技术导则》。

(4)《国家机关办公建筑和大型公共建筑能耗监测系统数据中心建设与维护技术导则》。

(5)《国家机关办公建筑和大型公共建筑能耗监测系统建设、验收与运行管理规范》。

其中,《国家机关办公建筑和大型公共建筑能耗监测系统分项能耗数据采集技术导则》

规定了统一的能耗数据分类、分项方法及编码规则,为实现分项能耗数据的实时采集、准确传输、科学处理、有效储存提供支持。《国家机关办公建筑和大型公共建筑能耗监测系统分项能耗数据传输技术导则》规定了能耗监测系统中能耗计量装置、数据采集器和各级数据中心之间的能耗数据传输过程和格式。《国家机关办公建筑和大型公共建筑能耗监测系统楼宇分项计量设计安装技术导则》统一了楼宇分项计量和冷热量计量的方法。

19.2　建筑能源监测管理系统概述与架构

19.2.1　建筑能源监测管理系统概述

一般来讲,建筑能源监测管理系统就是将建筑物或者建筑群内的变配电、照明、电梯、空调、供热、给排水等能源使用状况实行集中监视、管理和分散控制的管理系统,是实现建筑能耗在线监测和动态分析功能的硬件系统和软件系统的统称。它由各计量装置、数据采集器和能耗数据管理软件系统组成。基本上,该系统通过实时的在线监控和分析管理实现以下效果。

(1) 对设备能耗情况进行监视。
(2) 找出低效率运转的设备。
(3) 找出能源消耗异常的地方。
(4) 降低峰值用电水平。

通过上述过程及方法,该系统实现降低能源消耗、节省费用的目标。

19.2.2　建筑能源监测管理系统架构

建筑能源监测管理系统一般由各计量装置、数据采集器和管理系统组成。它帮助用户建立实时能耗数据采集、能源管理、能耗数据统计与分析系统等。

以基于 Web 技术的能源监测及管理系统架构为例,各种计量装置用来度量各种分类分项能耗,包括电能表(含单相电能表、三相电能表、多功能电能表)、水表、燃气表、热(冷)量表等。计量装置具有数据远传功能,通过现场总线与数据采集器连接,可以采用多种通信协议(如 MODBUS 标准开放协议)将数据输出。数据采集器通过以太网将数据传至管理系统的数据库中。管理系统对能源管理工程进行组态和浏览能耗数据,将能耗数据按照《国家机关办公建筑及大型公共建筑能耗监测系统分项能耗数据传输技术导则》远传至上层的数据中转站或数据中心。

图 19-1 给出了基于 Web 技术的能源监测及管理系统的架构图,系统采用三层的分布式结构。

能源管理系统提供灵活的组态功能,用户可以根据实际需要配置能源管理工程。能源管理工程可包含多个能源管理组,能源管理组又包含多个能源管理成员。图 19-2 以某大楼为例,表明已配置的能源管理组的各类和分项能耗。

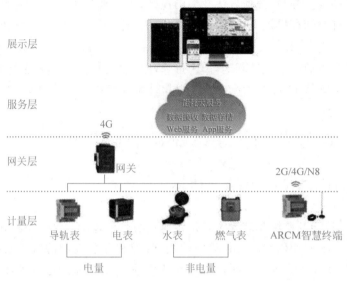

图 19-1　基于 Web 技术的能源监测及管理系统的架构图

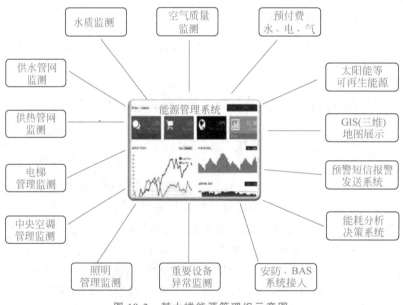

图 19-2　某大楼能源管理组示意图

19.3　建筑能源监测管理系统与 BAS 系统

19.3.1　建筑能源监测管理系统与 BAS 系统的关系

建筑能源监测管理系统的设计目标是对建筑的能耗实现精确的计量,进行能耗分类归总,计算单位平均能耗,并查找能耗点和挖掘节能潜力。

BAS系统的目标是对建筑内机电设备及环境信息进行实时的监测和管理,实现节能、舒适、高效、安全的目标。

一般会把这两个系统独立设计,作为并行的两套系统,末端设备独立、通信联网部分独立、软件独立。但无论是建筑能源监测管理系统,还是BAS系统,都是体现建筑内机电设备的特征之一。只有两者结合,才能描述完整的建筑内机电设备状态和环境状态,原因如下。

(1)建筑能源监测管理系统的表具(包括电表、水表等)价格较贵。如果完全依靠建筑能源监测管理系统测量,则投资巨大,影响用户安装的积极性。

(2)很多被测能耗,如照明灯具、风机、水泵等,属于固定功率运行。只需通过楼宇自控系统测量开机时间,即可得到比较准确的能耗数据,完全可用于建筑能源监测管理系统。

(3)建筑能源监测管理系统的能耗数据需要和设备状态相结合,进行耗能点分析,才更有价值;同时,设备自身的运行时间及运行规律与设备自身的寿命和维修周期有关,这同样属于建筑能源监测管理系统的范畴。

(4)建筑能源监测管理系统要与环境参数相结合,比如气象参数、室内环境参数等。一方面,节能要建立在满足用户正常需要的基础上;另一方面,自然环境的变化对能耗的影响,需要建立长期的数据模型,才能得出符合实际的规律。

(5)BAS系统对部分能源进行计量,这部分数据可直接进入建筑能源监测管理系统,避免重复投资。

(6)建筑能源监测管理系统和BAS系统可共享总线网络和网络控制器,节省投资。

(7)建筑能源监测管理系统会根据能耗数据进行分析,可对BAS系统的参数进行调整,以满足节能的目标。

综上所述,建筑能源监测管理系统和BAS系统应该作为一个整体加以设计,才能实现数据完整、功能完整、节省投资的目标。

两者的整体设计,建议采用如下步骤。

(1)按照能耗分类、分项、分区域的划分原则,列出建筑主要耗能机电设备清单。

(2)根据BAS系统的设计方案,列出BAS系统已监控的机电设备清单,如为额定功率运行,则计入时间型电计量点;否则不计入时间型电计量点。对于计入时间型电计量点的设备,需明确记录额定功率值。

(3)在耗能设备清单中,除去时间型计量点,余下部分需全部设计安装专用计量仪表(如水表、电表、热表等)。同时,必须选择带远传通信接口(一般为RS-485总线)的计量仪表,推荐采用支持开放通信协议的仪表。

(4)把专用计量仪表就近接入BAS系统的DDC中。

(5)按照标准BAS系统设计控制部分和通信部分。

(6)通过BAS系统工作站软件提供的对外开放协议接口,读取数据。

(7)BAS系统只提供能耗相关数据的实时值,对数据的二次加工(如把时间型电计量点转换为能耗数值等)和数据统计等,均在建筑能源监测管理系统中实现。

19.3.2　建筑能源监测管理系统实施要点

建筑能源监测管理系统的实施必须符合国家、地方相关技术导则标注及规范的要求。

实施建筑能源监测管理系统时,必须落实以下几点。

(1)现场调查:提前发现实施中可能出现的问题,并预先进行规划和改进。

(2)建筑能源监测管理系统必须与建筑已有系统充分结合,并尽量利用已有资源,不能影响现有系统安全及性能。

(3)系统必须具有完整的设计方案、工程图纸、设备清单及施工方案等资料。

(4)系统建设及验收必须严格执行相关技术标准。

(5)针对建筑管理者及使用者进行业务培训,提高相关人员业务水平。

(6)针对系统的日常运行维护及定期检修,必须制订严格的管理规范。

(7)系统应留有一定的升级扩展能力。

学习笔记

第20讲　信息集成系统

20.1　智能建筑信息集成系统总述

教学视频：
智能建筑信息
集成系统总述

随着技术的不断发展,各类关于绿色概念的建筑专业设备和技术正不断涌现,例如基于 LED 方式的照明系统,基于水、风、太阳能的各类绿色清洁能源的引入,水/地源热泵技术等。这使得现代建筑建设运维过程中的绿色能力逐步增强。目前,在大多数应用中,这些专业系统仍处于相对独立状态,不能很好地与建筑内的其他基础智能化子系统实现互联互通,更没有与建筑物所承载的功能及业务特点相结合,难以实现系统间的有机整合。无法从全局角度整合各个子系统的能力,难以发挥和体现这些绿色技术所能带来的最佳效能。在绿色建筑智能化项目的建设中,最终需要建设一套符合绿色建筑智能化信息集或系统通过集中采集、全面分析、综合协调以及智能管控的手段,以最大限度地发挥各子系统的能力。

绿色建筑智能化得以实现的核心前提是楼宇智能化系统全面集成,通过智能建筑信息集成系统实现对楼宇设备自动化系统(BAS)和通信自动化系统的整合,实现信息、资源和管理服务的一体化集成与共享,才能够实现针对楼宇内业务经营模式对环境的需求与影响等加以合理分析,并通过全方位、各系统的综合调度与调控,实现绿色、环保与智能的建筑智能化建设目标。而这一过程的具体表现就是借助日益成熟的 Internet/Intranet 技术,将建筑系统中,传统的 BAS、SAS、FAS、OAS 及 CNS(通信与网络系统)、INS(信息网络系统)集成为一个有机的整体,最终实现设备监控、业务管理等全方位的信息资源的集成管理。

这种集成实现的技术基础是数据库技术和网络技术,而针对各子系统信息的异构性和分布性的特点,如何具体实现各个子系统的有机集成,其本质是屏蔽异构环境的细节,以实现各子系统间正确的通信与互操作,从而完成从全局角度出发的各种建筑智能化系统的应用。

20.2　智能建筑信息集成系统架构

智能建筑信息集成系统在三层架构(应用与展示层、数据处理层、数据接入层)基础上,自下至上可细分出五个层次,见图 20-1。

1. 应用表示层

整个系统的对外展示窗口,是管控人员掌控当前整个系统运行状态及能耗状态的窗口,

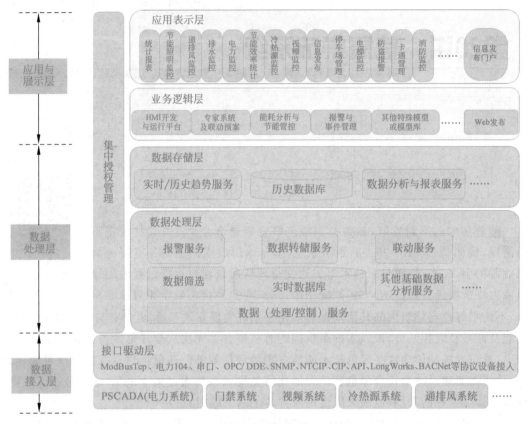

图 20-1   智能建筑信息集成系统架构

通常应包括各种监控画面和报表画面。应用表示层展示的子系统包括消防报警系统、防盗报警系统、广播系统、视频监控系统、楼宇自控系统、一卡通系统、停车场系统、地源热泵系统、节能监视系统、节能效率统计系统、能源信息集成系统等。同时,为了便于系统的部署、使用和维护,还应提供 Web 方式的管理门户,便于高层级管理人员的远程管控需求。

而系统的统计报表系统在提供传统的基于设备报警报表、设备故障报表、重要的设备参数、运行记录参数时,还应结合系统内绿色系统的能力,提供例如绿色能源供需分析、能耗对比分析、重点能耗与业务及区域的关系,以及能耗指标超标、预警分析、设备运维统计等与绿色环保密切相关的各类分析数据,切实为优化绿色运维管理策略提供基础数据支撑。

2. 业务逻辑层

整个系统的逻辑处理层包括联动管理、报警管理的逻辑功能处理模块。对于智能建筑各个子系统的协调、调度,都将在这一层予以执行,可以说这是智能建筑绿色概念的执行层。

其中,联动管理模块实现的主要功能是设定子系统之间的联动关系和联动条件。根据设定常规的联动条件(如子系统的一个或多个参数阀值或组合运算结果)的判断,或者接受来自专家库、专业子系统的管控模型库等专业库给出的分析结果和执行建议。然后使用全自动或人工确认并决策执行的方式,决定是否输出控制命令,让被联动的相关子系统执行相应的控制策略,驱动现场设备进行联动,实现跨系统间的协调调度,从全局角度整合发挥各个子系统的能力。

3. 数据存储层

该层将采集到的各子系统数据存储到数据库中,并做好数据的归类,以进行初步分析,为今后更高层次的数据分析与挖掘夯实基础。该层是智能建筑信息集成系统业务逻辑层中各类分析算法得以实现的基础。

数据存储层为进一步的数据分析、检索、查询提供依据。该层会将存储采集到的现场设备的数据信息,通过数据转储模块,将数据信息存储到 Oracle、SQL、DB2 等主流的大型商用关系型数据库中,便于今后开展数据挖掘工作。

4. 数据处理层

这一层的核心是实现对接口层上传的原始数据到数据存储层的转换,完成数据的规范化处理,便于系统内部的数据分析处理。其中应该设置有高性能的实时数据库,完成对数据处理层所采集到的各子系统数据的管理,并实现数据格式转换、存储转发。

同时,通过在最接近数据源头的处理层,针对实时数据的分析、处理,能够高效地提炼出智能楼宇管控需要的信息、事件与报警信息,高效地识别聚焦所关注的关键信息,并及时转发给业务逻辑层,确保针对各类实时信息、数据以及事件的高效应对和处置。

5. 接口驱动层

这一层是系统得以建立的基础,系统需要具备灵活、宽泛、开放的框架,能够实现对各类智能建筑子系统所采用的标准化协议的快速接入,实现市场主力标准化产品的接入,而通过提供构建化、开放的定制开发架构,系统应该能够实现对部分非标子系统的接入,实现对各类异构子系统的数据采集,并处理下发设备的一些控制指令。

此外,为了实现对智能建筑中多部门、多级别管控的需求,需要在智能建筑信息集成系统中纳入统一身份验证系统。该系统应该在整个系统架构中,从数据接入层便开始贯穿一种统一的身份验证框架,以这种可细化到具体设备接入点的授权管理方式,实现与管理单位结构相匹配的授权管理,并细致到具体资源的权限控制,从而在提供良好的安全性的前提下,确保权限设置的灵活性。

当然,从着眼未来的角度出发,考虑到智能延续系统在运维管理中与其他第三方业务平台之间的数据互联互通的需要,更是作为未来数字化城市重要组成部分的需要,智能建筑信息集成系统还需要具备良好的可扩展性与可接入性。因此,建议在系统的数据接入层之上建立一套符合 SOA 架构的标准化数据总线接口,便于系统与可能的第三方系统实现快捷、标准的互联互通。

20.3 智能建筑信息集成系统的基本功能

20.3.1 楼宇自控系统

楼宇自控系统一般包括空调与通风监控系统、给排水监控系统、电力供应监控系统、照明监控系统、电梯运行监控系统和报警管理功能等。

（1）空调与通风监控系统主要监视设备(包括新风机组、空调、风机等)的启停,以及新风机组和空调机组的风门执行器、调节阀的启停。

教学视频:
智能建筑信息集成系统的基本功能

（2）给排水监控系统主要监视控制水泵的运行状态及故障显示；各类水池、水箱的水位及报警等；给排水系统中主要控制水泵的启停等。

（3）电力供应监控系统主要对高低配电系统各参数进行监视。

（4）照明监控系统主要对大楼及公共区域的照明设备进行监控。

（5）电梯运行监控系统主要对电梯运行状态信息进行监视。

（6）当系统设备出现故障或意外情况时,智能化集成系统将进行采集和记录。报警管理功能可自动运行,不用操作人员介入。当设备发生故障时,显示器上将弹出警示窗口,并显示报警点的详细信息资料,包括位置、类别、处理方法、时间、日期等,并由系统自动将报警信息备案。发生设备故障时,能提供故障驱动,并在确认故障信号后,向相关系统发出联动指令。

20.3.2　安防系统

安防系统主要包括以下功能。

（1）监视防盗报警系统的防区状态,对防区进行布撤防控制。当防区发生报警,或者设备出现故障时,智能化集成系统将进行采集和记录。

当防区发生报警或设备发生故障时,在显示器上弹出警示提示窗口,并显示报警点的详细信息资料,包括位置、类别、处理方法、时间、日期等,并由系统自动将报警信息备案。

系统自动产生报警记录明细报表,发生防盗报警时,能提供报警联动,并在确认报警信号后,向机关系统发出联动指令。

（2）智能建筑信息集成系统集成安防的电子巡更系统,主要功能包括提供所有巡更路线的运行状态、提供所需巡更站点的信息(太早、正点、太迟、未到、走错);提供巡更信息的历史记录;提供人员的考勤报表。

20.3.3　火灾自动报警系统

火灾自动报警系统主要包括以下功能。

（1）提供各类火灾报警探测器的报警统计、归类和制表。

（2）提供以事件联动程序信息为主的报表,报表内容包括报警设备地址码、描述,联动设备名称、描述,报警时间等。

（3）提供消防值班员确认火灾报警信号的时间和修改者账号等资料。

（4）提供消防设备运行状况的信息。

（5）当火灾报警时,能提供报警驱动,并在确认报警信号后,向相关系统发出联动指令。

20.3.4　广播系统

广播系统的主要功能如下。

（1）系统提供广播回路的报警统计、归类和制表。

（2）系统监控广播音源、监视广播回路的运行状态、故障及报警信息。

20.3.5　一卡通系统

一卡通系统的主要功能如下。

（1）系统监视一卡通系统设备的运行状态、故障报警。

（2）系统能把监视一卡通系统的相关数据共享给物业和办公自动化等系统。

（3）系统能把智能卡的有关授权信息共享给相关子系统和设备。

（4）系统能对一卡通信息（包括进出门信息、门禁信息、消费信息、充值退款信息、停车场信息等）进行多功能查询。

20.3.6　停车场系统

停车场系统的主要功能如下。

（1）系统监视停车场系统的闸机运行状态、故障报警。

（2）系统监视停车场系统的已停车位、剩余车位数。

（3）车库车辆数据查询、打印。

（4）进出库车辆信息统计、查询、打印。

（5）停车场收费信息统计、查询、打印。

20.3.7　多媒体显示系统

多媒体显示系统的主要功能如下。

（1）系统监视多媒体显示系统设备的运行状态、故障报警。

（2）系统能把多媒体显示系统的相关数据共享给物业和办公自动化等系统。

（3）系统可在发生紧急情况下，利用多媒体显示系统显示疏散或逃生信息。

20.3.8　网络系统

可通过网络系统查询相关的网络信息，包括状态信息、流量信息、故障信息及报警信息、历史数据等。

20.3.9　地源热泵系统

地源热泵系统的主要功能如下。

（1）系统主要监视设备的运行状态、故障报警。

（2）系统能把地源热泵系统的相关数据共享给物业和办公自动化等系统。

20.3.10　智能建筑信息集成系统的综合联动功能

智能建筑信息集成系统通过对各子系统的集成，能有效地对建筑内各类设备进行监控，实时查看到对应的视频图像，当发生报警时，能有效地对建筑内各类事件进行全局的联动管理。

（1）智能建筑信息集成系统集成安防的防盗报警系统，某防盗报警装置监测到有入侵发生时，防盗报警主机向智能建筑信息集成系统发送防盗报警的消息。系统根据预先设定的联动预案，将工作站的视频画面切换为报警点附近的摄像机图像，并以声光的形式提醒监控管理人员注意已有防盗报警情况发生，在监控终端上显示有关报警的信息，在监控中心播报出相应的语音报警信息；启动照明系统，协助进行进一步的警情确认及起到震慑作用；还可以通过移动网络将报警信息及时发送到负责人的手机上，也可以进行电话语音报警、E-mail通知方式报警。

（2）智能建筑信息集成系统集成安防的电子巡更系统，能自动打开巡更点区域的照明，以利于保安人员对附近区域进行观察。

（3）门禁系统与照明系统能完成如下联动功能：当光线不足时，自动打开相关区域的照明；当发生非法入侵警报时，自动打开相关区域照明，关闭相关区域门禁，以便保安人员进行观察并确认警情。

（4）智能一卡通系统与停车场管理系统进行集成后，当发生警报时，能自动打开车库出入口的栅栏机，以便车辆及时疏散。

（5）根据其他子系统发生的报警和故障联动楼宇自控系统设备，对设备进行启停控制。

（6）基于时间计划的批量联动控制，可设定基于固定周期、间隔的或基于日历、节气等条件，自动批量执行对多个子系统设备的序列化联动调度操作，能够大幅降低管控人员的劳动强度。

20.4　智能建筑信息集成系统在节能方面的体现

教学视频：智能建筑信息集成系统在节能方面的体现

随着近年来绿色环保、节能减排的概念逐步得以实践，其所包含的内容早已从传统的简单地使用清洁能源、节约使用，逐步拓展到合理使用设备、延长设备使用寿命、提高系统效能、合理调配能源、减少人力消耗等诸多宽泛的概念。因此，建议作为一套绿色智能建筑信息集成系统，在绿色节能方面，除了传统的基于监测阈值并联动设备这种简单的调度，还需要体现以下能力。

1. 基于各类模型和算法分析结果的调度

对多子系统间的综合数据和外部系统的信息进行分析及模型计算后，对一系列设备进行调度，以实现最优化运行。

例如，空调系统，除了结合温控监测目标，还可结合当日的气象条件、季节变化以及建筑区域的面积、内部客流信息等，选取不同的运行模型，通过控制风阀开度，空调出风口温度设定参数、新风量等及通过合理的调配，既可提高系统运行的能效比，又能调整好室内温度和通风的舒适度。

再如,针对商务楼宇,能够通过结合 RFID 识别、感应识别等多种监测技术,甚至通过与物业管理系统关联的会晤安排,根据会议室等区域的人流信息,自动启停相关区域的风机盘管送风,自动控制照明模式的切换与开闭,避免浪费能源。

2. 智能化的设备运维管理

一套良好的设备信息集成系统,应能够有效地实现对在线设备巡检,并结合设备与运营特点,合理调配设备的维护、运行时间与运行负荷,保持设备最佳运行模式和状态,有效延长设备生命周期,并降低维护工作量。从降低设备损耗、延长设备使用寿命及降低人员劳动强度(同时降低其在巡检过程附带的电梯、照明等相关消耗)的角度来说,也可将该系统视作一种节能减排的模式。

具体的设备管理包括设备故障管理、设备维护管理和设备信息统计。

1) 设备故障管理

当设备发生故障时,管理中心发出声光报警并由值班人员通知维修人员处理现场事故,同时采用手机短信、电话、E-mail 方式通知相关负责人有故障发生;并将设备故障信息存储到数据库,记录至少可保存 3 个月,生成相应的报表,以供回溯。

2) 设备维护管理

在楼宇中,对设备进行定期保养是合理分配大楼整体系统维护总工作量的有效方法。利用智能建筑信息集成系统设备维护管理模块,可以随时掌握设备的保养进展工作,并定期打印派修单,使整个维护过程划分到不同的时间段,更有效、合理地利用人力资源,以防造成同时维护而人力不足的情况。主要功能包括以下几个部分。

(1) 建立楼宇智能化信息系统的资产树,并以此为基础整理所有资产的静态基础信息,形成清晰、完整的资产台账,构建维护人员、调度人员、采购人员、维修人员共同沟通的信息平台。同时,对设备的规划、安装、维修以及最终报废等动态信息进行及时的状态更新和维护,对设备的使用、租赁、报废等业务进行管理和跟踪,实现设备的全生命周期管理。

(2) 能够在点检工作的基础上,逐步建立楼宇智能化信息系统的点检知识体系,形成标准。

(3) 对设备管理的要求设定相关的 KPI,并通过系统自动收集系统中的数据,并及时反映,实现管控一体、实时高效、安全经济的维修目的。

(4) 全面准确记录、保存设备各项数据,特别是设备维修全过程,并对其进行全方位分析,建立故障数据库;为关键设备制订合理的维护规范与计划,提高维修效率,降低维修成本;降低事后维修的比例,提高预防性维修和状态维修的比例,从而提高设备的利用率和降低运营成本,避免或减少因设备运行过程中维护或维修不当而发生的安全事故;利用系统提供的流程和数据,安排合理的备件采购,从而降低备件采购成本,建立备件合理的库存。

3) 设备信息统计

设备信息统计分析主要包括以下功能。

(1) 统计各系统主要设备实际运行时间,当设备达到点检时间时,自动提醒。

(2) 计算一组设备运行的不均衡度,当达到一定程度时进行自动提醒,也可以自动进行均衡,如空调设备、电梯设备、照明设备的运行均衡。

(3) 统计各类设备报警信息、报警频率等,如防盗报警可统计防区报警频发点。对于频发点,可以通过加强巡逻或者调整摄像头位置等手段进行预防;对于空调温度的控制,通过跟踪监控温度监测设备的参数,可通过采取一些手段,如改变送风口位置、清洁送风通道等方式,尽可能优化调温效果。

(4) 统计各类设备故障信息、故障频率等,对于故障频发设备,可通过采取一些手段,如更换设备或者减少使用该设备的频率等,应尽可能避免发生故障。

3. 节能监视与建议

通过采集冷热机组、冷水机组、智能照明及各种计量仪表数据的运行数据,在智能建筑信息集成系统中进行统计对比分析,可判断子系统是否处于节能运行状况,并及时给出相关的节能建议以及节能操控。例如,在电力终端,如照明系统能够根据照度、季节、时间及人流密度信息联动照明系统,制订照明控制策略,优化照明供电消耗。

同时,基于全数字化的用电量计量、预警及调节,根据经验及需求设置电量计量警戒线。当发现用户用电情况异常时,系统能够及时给出通知,减少出现长时间浪费电能现象。为每个用户设定用电限额,超过该限额时,应进行预警及采取调节措施。此外,通过合理调配设备运行模式,例如通过变压器负荷监测,根据变压器配置情况,在监测到总负荷低于单台变压器的容量的某个比例时,给出提示及优化建议,可动态调整变压器运行方式,提高设备利用率,实现节能减排目标。

BMS平台应能实现在终端用户侧对能耗数据分类统计(最值分析、均值分析、异常值分析)、检索,其计量参数包括功率、谐波、需量等,并建立能耗计量数据库,统计分析重要能耗参数,制作动态曲线,并可以提供能耗时报、日报、月报、年报。

4. 节能效率统计

本模块可对各种节能系统的电力消耗和产生/节省的能量进行准确计算,统计出各种设备的节能效率,为设备后续的合理使用提供科学的数据依据。通过分析对象的能量的输入/输出关系,揭示出能量在数量上的转换、传递、利用和损失,确定系统的总体能效、系统某部分的能效,建立能耗计量的历史数据库,以便实现能耗的分析和优化,便于统计节能效率以及评价节能效果。

5. 基于数字城市的信息共享实现绿色目标

智能建筑作为未来数字城市的一个组成部分,应该通过在建筑内分享城市信息,如交通出行信息、观光景点信息、停车库信息等,实现与城市的双向互动。通过合理的内部调度,为更高层次的绿色节能目标做出贡献。例如,通过分享停车库诱导信息,减少周边交通拥堵及车辆尾气排放;通过向内部分享交通出行信息,让人员合理选择交通方式,合理分布交通方式等,这些都能够为建设绿色数字城市提供有效的帮助。

20.5 智能建筑信息集成系统性能指标

教学视频:
智能建筑信息集成系统性能指标

通常而言,在具备一定规模的智能建筑中,集成平台往往需要完成对10个以上的子系统的数据与资源实现集成管理,涵盖视频、音频、数据文件等多种形式和格式的数据信息,而运维管理团队的规模也较为庞大。

通过典型项目的参考估算,一栋地上 42 层和地下 3 层、拥有 11 个类似子系统的大楼,其 BMS 系统的数据接入规模在 3.5 万点左右。上海环球金融中心大厦(492m,101 层)中,仅 VAV 控制系统的监控点数量就达到了 3.6 万个以上。沙特哈利法大厦(828m,160 层),仅视频系统探头数量超过 1000 个,门禁数量超过 3000 个,无线对讲子站超过 800 个。因此,在建设智能建筑信息集成系统时,为了确保其高效运行,同时也作为实现科学管理和能源节约的途径,其性能指标对于信息集成系统的实施具有重要的指导意义,这里提出七条建议。

(1) 单服务器处理能力可达 50000 点/s。

(2) 客户端数据变化的刷新时间不大于 2s。

(3) 设备报警信息从产生到客户端显示的时间不大于 1s。

(4) 控制指令下发到设备响应的时间间隔不超过 500ms。

(5) 组态间面终端刷新时间最小为 500ms。

(6) 历史趋势数据一般保存 3 个月及以上。

(7) 节点服务器冗余切换时间不大于 3s。

通过使用智能建筑信息集成系统,争取达到以下三方面的效果。

(1) 减少 30%～50% 的维护人员。

(2) 节省 10%～30% 的维护费用。

(3) 把工作效率提高 20%～30%。

20.6　信息集成系统在智能建筑中的表现

智能化信息集成系统应成为建筑智能化系统工程展现智能化信息合成应用和具有优化综合功效的支撑设施。智能化信息集成系统功能的要求应以绿色建筑目标及建筑物自身使用功能为依据,满足建筑业务需求与实现智能化综合服务平台应用功效,确保信息资源共享和优化管理及实施综合管理功能等。

智能化信息集成系统的功能应符合下列规定。

(1) 应以实现绿色建筑为目标,应满足建筑的业务功能、物业运营及管理模式的应用需求。

(2) 应采用智能化信息资源共享和协同运行的架构形式。

(3) 应具有实用、规范和高效的监管功能。

(4) 宜适应信息化综合应用功能的延伸及增强。

学习笔记

参 考 文 献

[1] 顾永兴.绿色建筑智能化技术指南[M].北京：中国建筑工业出版社,2012.

[2] 李飞,杨建明.绿色建筑技术概论[M].北京：国防工业出版社,2014.

[3] 李一力,张少军.图说建筑智能化系统及技术[M].北京：中国电力出版社,2016.

[4] 中华人民共和国住房和城乡建设部.绿色建筑评价标准(GB/T 50378—2019)[S].北京：中国建筑工业出版社,2019.